云计算应用技术

万川梅 编著

西南交通大学出版社
·成都·

```
图书在版编目（CIP）数据

云计算应用技术 / 万川梅编著. —成都：西南交
通大学出版社，2013.8（2018.5 重印）
ISBN 978-7-5643-2566-4

Ⅰ. ①云… Ⅱ. ①万… Ⅲ. ①计算机网络 Ⅳ.
①TP393

中国版本图书馆 CIP 数据核字（2013）第 188365 号
```

云计算应用技术

万川梅　编著

责任编辑	李芳芳
助理编辑	黄庆斌
封面设计	墨创文化
	西南交通大学出版社
出版发行	（四川省成都市二环路北一段 111 号 西南交通大学创新大厦 21 楼）
发行部电话	028-87600564　028-87600533
邮政编码	610031
网　　　址	http://www.xnjdcbs.com
印　　　刷	成都市书林印刷厂
成品尺寸	185 mm × 260 mm
印　　　张	15.75
字　　　数	395 千字
版　　　次	2013 年 8 月第 1 版
印　　　次	2018 年 5 月第 2 次
书　　　号	ISBN 978-7-5643-2566-4
定　　　价	39.00 元

图书如有印装质量问题　本社负责退换
版权所有　盗版必究　举报电话：028-87600562

前言

随着云计算的兴起，各大企业纷纷抢滩中国"云计算"市场领域，由此互联网行业迎来新一轮巨大的云计算人才需求，其中位于产业链下游的技能型、应用型信息技术人才占总体需求的六到七成。目前国内有200余所高校设立了云计算专业，云计算课程的开设以云计算专业为主题，可辐射到物联网、信息安全、移动互联网等专业。

本书主要培养目标对应的岗位为云计算运维师、云计算应用开发师、虚拟技术工程师等。相应内容以多层次、分岗位学习项目为载体，围绕着云计算运维、云应用开发、虚拟技术等岗位能力要求展开教学，建立与云计算岗位相对应的实务与实践相结合的三个教学模块（云计算基础架构、云计算应用开发、开源分布式计算）。

本书特点如下：

（1）采用双线并行的架构设计，学习项目实训贯穿理论教学和单项岗位训练。

本书以多层次、分岗位学习项目为载体，采用双线并行的架构，将理论知识和单项岗位训练贯穿其中。按照云计算运维、云应用开发、虚拟技术等岗位技能的要求，引入行业职业标准，把从业人员实际工作中应用的知识纳入教学内容中。

（2）知识内容新颖，体现"教学做一体化、工学结合"的思想。

本书的知识内容新颖，主要围绕着云计算物理基础架构、虚拟架构部署与配置、企业云应用以及开源分布式计算等展开。在每部分的项目实训中贯穿了理论教学和单项岗位技能训练，体现了"教学做一体化，工学结合"的思想。

（3）语言通俗，图文并茂。

对于程序的运行结果，本书给出了大量的图示。本书不仅注重基础知识，而且非常注重实践，让读者能快速上手，迅速掌握Hadoop知识。

本书内容体系：

本书由浅入深，全面、系统地介绍了云计算的相关知识。主要内容包括云计算基础知识、虚拟技术、腾讯云计算、Google云计算、微软云计算、分布式框架Hadoop、分布式数据库HBase以及国内云计算平台。

本书适用对象：

无论是对于云计算的初学者，还是有一定基础的高级用户，本书都是一本不可多得的参考书。本书非常适用于云计算、物联网专业高职生、本科生及其教师，还可供广大科研和工程技术人员研读。

全书由万川梅负责总体设计并完成第 1、4、5、6 章，杨菁负责第 2、3 章和整体润色，李波完成第 7 章，杨倩完成第 8 章。热衷于云计算研究的实践者和研究者为本书做了大量工作，在此深表感谢！

由于作者水平有限，加之时间较紧，书中难免存在错漏或不妥之处，敬请读者批评指正。

编 者
2013 年 7 月

目 录

第一部分 云计算基础架构篇

第1章 云计算物理基础架构 2
1.1 云计算概念 3
1.2 云计算的实现机制 8
1.3 云计算与数据中心 10
1.4 云计算的发展与优势 16
项目1：云计算物理基础架构的部署 20
项目2：云终端设备 27
本章小结 29
本章习题 29

第2章 虚拟基础架构部署与配置 30
2.1 虚拟化技术 31
2.2 企业虚拟化 35
2.3 虚拟技术的业界动态 38
2.4 VMware 虚拟机简介 41
2.5 认识 VMware vSphere 架构 44
项目1：虚拟基础架构的网络规划与部署 51
项目2：vSphere 5 安装及部署 54
项目3：虚拟资源池的设置 65
项目4：虚拟桌面部署 78
本章小结 88
本章习题 88

第二部分 云计算应用篇

第3章 腾讯云计算应用 90
3.1 腾讯云计算概述 91
3.2 如何申请腾讯云计算平台的资源 94
项目：基于 WebQQ 平台开发 Web 应用 100
本章小结 105
本章习题 105

第 4 章　Google 云计算应用 ... 106
4.1　Google 云应用 ... 107
4.2　Google 云计算的关键技术 ... 123
4.3　Google App Engine 应用程序引擎 ... 128
项目：在 Google App Engine 平台部署应用 ... 134
本章小结 ... 137
本章习题 ... 138

第 5 章　微软云计算应用 ... 139
5.1　微软云计算概述 ... 140
5.2　Windows Azure 云平台简介 ... 142
项目：Windows Live 云应用 ... 146
本章小结 ... 150
本章习题 ... 150

第三部分　开源系统分布式计算篇

第 6 章　云计算分布式框架 Hadoop ... 152
6.1　Hadoop 开源云计算平台介绍 ... 153
6.2　Hadoop 子项目介绍 ... 159
项目 1：在 Windows 上安装与配置 Hadoop ... 170
项目 2：在 Linux 上安装与配置 Hadoop ... 181
项目 3：编写 MapReduce 程序 ... 186
项目 4：部署 Hadoop Eclipse 框架 ... 199
本章小结 ... 210
本章习题 ... 210

第 7 章　分布式数据库 HBase ... 212
7.1　HBase 简介 ... 213
项目 1：HBase 的安装与配置 ... 218
项目 2：在 HBase 中创建学生成绩数据库 ... 226
本章小结 ... 233
本章习题 ... 233

第 8 章　国内云计算平台 ... 234
项目 1：新浪云计算 ... 235
项目 2：盛大云平台 ... 242
本章小结 ... 244
本章习题 ... 244

参考文献 ... 246

Part 1 第一部分

云计算基础架构篇

本书第一部分介绍的是云计算的基础架构，主要由两章节组成。第 1 章为云计算物理基础架构，主要内容包括云计算概念、云计算的实现机制、云计算与数据中心以及云计算的发展与优势，最后以云计算物理基础架构的部署项目来提高学生实际操作技能。第 2 章为虚拟基础架构部署与配置，简单介绍了虚拟化背景知识，着重介绍了虚拟化行业领头羊 VMware 公司的产品，重点讲述了采用 VMware vSphere 体系来部署云计算虚拟基础架构。在该章节中涉及三个学习项目，如虚拟基础架构的网络规划与部署、vSphere5 安装及部署、虚拟资源池的设置。

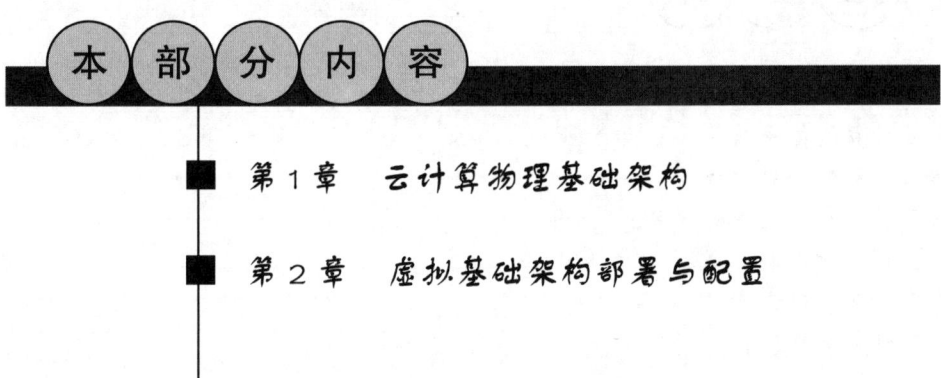

本部分内容

- 第 1 章　云计算物理基础架构
- 第 2 章　虚拟基础架构部署与配置

第 1 章　云计算物理基础架构

云计算已经来临，自 2007 年谷歌的一篇论文提出了云计算的理念后，各个 IT 巨头纷纷抢滩云计算。如 IBM、Google、微软等把云计算作为自己发展的战略核心，它引发了一次新的 IT 变革。云计算的出现，让很多专家认为在未来主要的计算、存储等工作离开了个人计算机转而由远端的计算中心来完成，人们不需要 U 盘、存储设备等工作工具，甚至只需要一部手机，就可以完成所有的信息搜索、处理和数据运算等任务。云计算已不再遥远，它正慢慢地融入大家的工作、学习、工作等各个方面。

本章重点讲述云计算的概念、云计算的发展、云计算与数据中心、云计算的物理基础架构等知识。

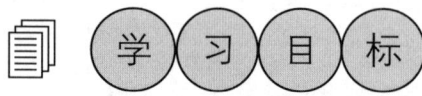

- 掌握什么是云计算
- 了解云计算的体系结构
- 了解云计算的发展政策
- 了解云计算与数据中心的关系
- 识别云计算物理服务器
- 识别云计算存储设备
- 识别云计算终端设备

引导案例

各个 IT 巨头公司都纷纷要优先抢占云计算市场，部署云计算战略发展目标。而企业工作人员在面临市场上的各种各样的云计算解决方案时，应该如何选择适合公司发展的云计算解决方案呢？如果某公司要开展云计算业务，又应该从哪里开始着手呢？目前很多人对于云计算这个概念还是比较陌生，但大家在生活中已不知不觉地在使用它，只是不知道正在使用的这种模式就是云计算模式，如网上购物、百度搜索、Google 搜索、亚马逊网上书店等这种网上购物商业模式正在改变着大家的生活方式。困扰着我们的是到底什么是云计算，它与我们的生活又有什么联系呢？接下来我们就通过云计算物理基础架构的学习来解开云计算的底层的真正的神秘面纱。

📖 **相关知识**

1.1 云计算概念

云计算不知不觉已经出现在我们身边了。如我们每天使用的搜索工具 Google、百度、雅虎就是一种云计算模式；我们使用的 Web 电子邮件，也是一种云计算模式；我们在淘宝、亚马逊购买书籍、衣服、化妆品、电子产品等也是在云计算支持的模式下完成的；我们使用 Google 的在线文档编辑、使用微软的 Windows Live 在线相片管理、使用腾讯的 WebQQ 在线应用等这一切都是通过浏览器访问这些文件，而我们不需要去担心计算机硬件发生故障而丢失资料。作为用户，我们不需要下载安装任何软件，只需要一个浏览器就足够了。上述这些功能足够说明了云计算已经进入了我们的生活、学习、工作，我们的生活方式在悄无声息地发生着改变。

1.1.1 云计算的由来

云计算的出现并不是偶然的，早在 20 世纪 60 年代，就有人提出了把计算能力作为一种像水、电和天然气一样的公用事业提供给用户的理念，这是云计算的最早思想起源。

当前 IT 部门面临着很多挑战，如资源管理无序导致其资源的利用率很低等现状促进了云计算的大力发展。

1. 目前 IT 面临的挑战

目前 IT 面临着各种挑战（见图 1.1）：如越来越多的资源（高达 85%）被闲置，直接导致资源的浪费；IT 的管理和维护成本也越来越高，其中 1 元钱中有 0.7 元的费用将用于管理和维护，特别是电费成本越来越高，剩下的仅仅只有 0.3 元用于增加新容量；在互联网行业和云计算行业的蓬勃发展下，大数据越来越受到人们的关注，信息爆炸式的增长使得存储的数据量每年以 54% 的速度在增长，如何存储这些大数据是现在迫切需要解决的问题；消费品和零售行业每年因为供应链的问题直接导致它们丧失 3.5% 的营业率，相当于 400 亿美元的金额；33% 的消费者会因为企业的信息安全问题终止与该企业进行联系等，这一系列问题都是目前 IT 发展面临的问题。此时应该换一种方式来思考基础架构的问题了。

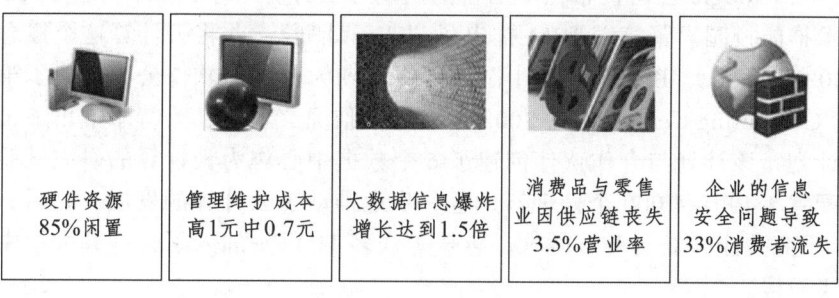

图 1.1 IT 面临的挑战

2. 当前企业级数据中心面临的挑战

当前企业级的数据中心面临的挑战：企业级数据中心体系庞大、结构复杂，系统维护和管理难度很大；IT 成本很高，资源占用多，负载均衡差，表现特别突出的是配置资源按谷峰值的方式进行配置，这样直接导致了资源很大浪费；系统的稳定性、可靠性比较低，采用人工服务为主方式不能动态地进行资源配置，导致的后果就是高成本、低满意度；IT 的传统部署模式不适合现在多种多样的业务部署，其部署的速度也很慢，据统计在传统的 IT 模式下部署一个新的业务需要 2 个月的时间，从效率来说是不能满足企业需求的。当前企业级数据中心的模式如图 1.2 所示。

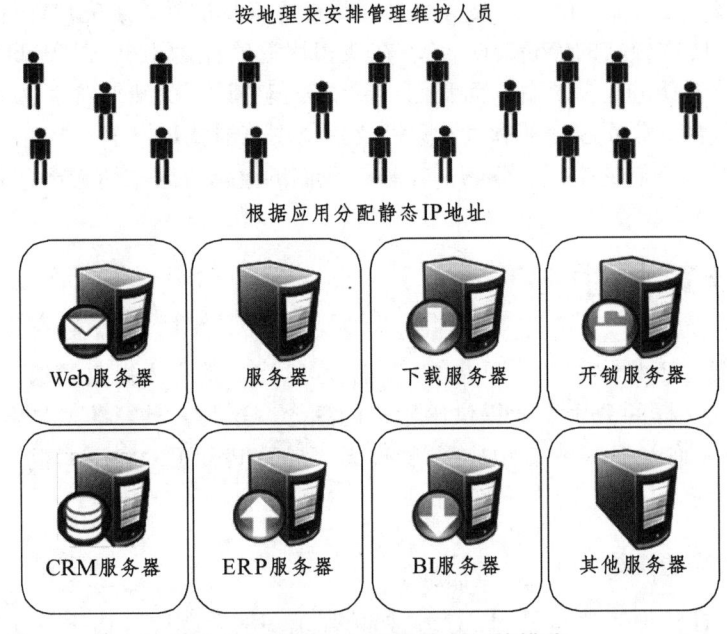

图 1.2　当前企业级数据中心的模式

3. 云计算的起源

2007 年 Google 公司首次提出了云计算理念，在同年的 10 月 Google 与 IBM 开始在美国大学校园（包括麻省理工学院、斯坦福大学等）一起研发推出了云计算计划，这项技术的目的是降低分布式计算的研发成本，Google 公司和 IBM 公司为这项计划提供了软硬件设备和技术支持。

在 2008 年，Google 公司宣布在中国台湾启动"云计算学术计划"，与台大、交大合作，将云计算技术推向校园。紧接着 IBM 推出了"蓝云计划"，并将云计算这个概念成功推向了市场。在 2008 年 2 月，IBM 公司在中国的无锡太湖为中国的软件公司创建了第一个云计算中心（Cloud Computing Center）。在 2008 年 7 月，雅虎、惠普、英特尔推出了云计算研究测试联合研究计划，该计划与合作伙伴创建了 6 个数据中心作为云计算的研究试验平台，每个数据中心将配置 1 400 ~ 4 000 个处理器，进一步地推动了云计算的发展。之后，云计算受到了众多的 IT 厂商关注，亚马逊、微软、惠普等众多 IT 巨头加入了云计算大军中，迎来云计算发展的起飞阶段。

1.1.2 什么是云计算

云计算的定义众说纷纭,到现在还没有一个统一的定义。有人说"云计算是以互联网为中心的软件";也有人说"云计算指的是一个大的宏图,就是让用户透过 Internet 访问各种技术服务";还有人说"云就是一个庞大的资源池,按需购买,云是虚拟化的,可以像自来水、电、煤气那样计费"。那到底什么是云计算呢?

1. 云计算的概念

云计算就是一种商业计算模式。它将计算任务分布在大量计算机构成的资源池上,以满足不同用户需求,用户根据自己的需要选择不同的服务,按需付费。用户不需要搞清楚计算所需要的硬件、软件、数据的存储而只需要选择服务。

云计算也是一种基于因特网的超级计算模式。在远程的数据中心,成千上万的计算机、服务器、存储器连成一片电脑云,其计算能力是超强的,可以体验每秒 10 万亿次的运算能力,可以模拟核爆炸、预测天气预报以及市场发展的趋势,用户可以通过终端设备及因特网接入数据中心,选择自己需要的服务。云计算的计算模式如图 1.3 所示。

图 1.3 云计算模式

2. "云"是什么

云计算中的"云"指的什么?与天空中的白云有什么关联吗?为什么叫"云"而不叫其他呢?现在来回答上述问题。在云计算中,云就是提供资源的虚拟计算资源,它可大可小,就跟天上的云一样可以无限扩展收缩,可以动态为用户提供资源,并且能随时获取,用户只要按需付费就行了。

虚拟计算资源通常指的是一些大型的服务器集群,包括计算服务器、存储服务器、通信资源、带宽资源、软件资源、平台资源等,把这些资源集中起来,通过专业的软件来实现对这些资源的自动管理,无需为一些烦琐的细节而烦恼,管理者能够更加专注于自己的业务,以便提高效率、降低成本以及创新技术。

3. 云计算的特点

云计算与其他 IT 部署模式的区别在哪里？云计算自身的特点有哪些？

（1）资源池。云计算将它的计算资源汇集在一起并部署成各种不同的应用供用户使用，用户按需付费即可。

（2）按需、自动服务。用户可以根据自己的需求，通过 Internet 网络申请服务、调研。当用户不用或不需要服务时，服务商可以及时进行资源的回收以及重新配置。

（3）快速弹性。表现在可以动态伸缩，满足应用和用户的变化需求。服务商可以根据访问用户的多少，增减 IT 资源（包括 CPU、存储、宽带和软件应用等），从而可以快速并弹性地为用户提供不同的服务。

（4）超大规模。云计算具有超大规模，Google 的数据中心已经有 100 多万台服务器，亚马逊、IBM 等公司的云均有十几万台服务器，云在这些超大集群中才能提供超强的计算能力。

（5）虚拟化。通过虚拟技术，云计算使这些硬件设备形成资源池并部署在不同的物理服务器中，用户使用云服务无需了解这些服务具体到哪一台物理设备上，它们都来于云。

（6）高可靠性。云计算采用多副本的容错机制来保证数据的高可靠性。

（7）价格低廉。云的规模是超大的，通过自动管理使得它的运维成本很低，因此在向用户提供服务时，价格也是低廉的。

（8）安全性高。云计算提供了安全性极高的数据存储中心。

1.1.3 "云"服务

云计算服务即云服务，云服务是一种商业模式，它提供了丰富的个性化产品，以满足市场上不同用户的个性化需求。云服务可以为不同的用户提供不同类型的服务，这些用户包括政府用户、企业用户、普通用户等，他们需求的服务是各不相同的。政府用户关心办公效率，节约信息化成本并帮助其管理创新和服务转型；企业用户关心数据安全、数据存储以及部署快捷；普通用户关心服务的整合、使用方便。

1. 云服务按应用方式分类

云服务提供商为大、中、小型企业搭建信息化所需要的网络基础设施、硬件运作平台、软件平台（包括其实施、后期、维护的一系列过程）。对企业而言不需要硬件、软件、维护，只需要选择你所需要的服务即可，为你选择的服务付单就行了。对用户来说就这么简单，买服务然后付款。

云服务按应用方式可以分为架构即服务（IaaS）、数字即服务（DaaS）、软件即服务（SaaS）、云平台应用（PaaS）等服务，如图 1.4 所示。

IaaS 服务：IaaS 服务是指云计算模式将 IT 基础设施也就是 IT 硬件资源和操作系统虚拟化封装成服务供用户使用。把虚拟化的资源做成资源池，然后把资源池的多种资源组装成虚拟机提供给 IT 应用。如 Amazon 的 AWS 弹性计算云 EC2 和简单存储服务 S3。在 IaaS 中给用户提供虚拟机，这个虚拟机的资源有 CPU、内存、硬盘、存储、网络等资源，用户相当于

第 1 章 云计算物理基础架构

```
┌─────────────────────────────────┐
│  SaaS 服务（Software as a Service） │   如：Salesforce 公司
│       软件作为服务                │
├─────────────────────────────────┤
│  PaaS 服务（Platform as a Service） │   如：Google App Engine
│       平台作为服务                │       Microsoft Windows Azure
├─────────────────────────────────┤
│  DaaS 服务（Data as a Service）    │   如：云盘
│       数据存储作为服务             │
├─────────────────────────────────┤
│  IaaS 服务（Infrtatructure as a Service）│ 如：Amazon EC2/s3
│       将基础设施作为服务           │
└─────────────────────────────────┘
```

图 1.4　云服务按应用分类

使用裸机和磁盘，可以运行不同的操作系统，可以做任何想做的事情。同时 IaaS 负责虚拟机的供应过程、运行状态的监控和计量等工作。

当运行的 IaaS 的服务器的规模达到几十万台的时候，用户可以申请的资源几乎是无限的，IaaS 面向用户可以是公共的，因此它具有更高的资源利用率。

PaaS 服务：PaaS 服务给用户提供了应用程序的运行环境，它一般指的就是中间件平台。对应用平台（如 J2EE、BPM、ESB、Portal Server 等）抽象，进行平台虚拟化，把应用平台作为一个资源池进行管理分配，形成共享平台或是应用平台资源池。典型的如 Google App Engine，微软的云操作系统 Microsoft Windows Azure。

Saas 服务：SaaS 服务将特定的应用软件功能封装成服务，它是专门为某些用途的服务而调用的。SaaS 服务不像 PaaS 服务一样提供计算或存储类的服务，也不像 IaaS 一样提供虚拟机服务，它提供的是应用软件方面的服务。典型的如 Salesforce 公司提供的在线客户关系管理 CRM 服务。

PaaS 服务与 IaaS 服务的对比：

IaaS 虽然帮助我们构建了一个虚拟的硬件平台，节省了底层基础架构的建设和运维成本，但是仍然给我们遗留了大量的工作，包括：

（1）在租用虚拟机上的选择和部署中间件问题。
（2）配置中间件拓扑结构问题。
（3）各种中间件之间的集成问题。
（4）安装应用。
（5）后期的管理、配置、维护中间件平台和应用等问题。

PaaS 相对于 IaaS 服务而言，可以进一步提供如下的能力：

（1）一个完整的、开箱即用的中间平台。
（2）自动化的中间产品维护和服务质量的管理。
（3）基于 IaaS 抽象层可以兼容不同基础架构。
（4）只需关注应用本身，不需关注中间件的细节。

2. 按云计算部署来分

云计算按部署来分，可以分为公有云、私有云、混合云，如图 1.5 所示。

公有云指的是第三方提供商为用户提供的云服务，用户只需要通过 Internet 方式就能使用它。公有云一般是价格低廉或免费的。公有云是云计算的主要形态，目前在国内市场发展

图 1.5　云计算部署分类

很好，主要的形式有：政府主导的地方云计算平台，如重庆的在岸、离岸数据中心，北京的"祥云"计划等；传统的电信基础设施运营商，如电信、移动、联通等；互联网巨头公有云平台，如盛大云、腾讯云等；原有的 IDC 运营商，如世纪互联等；引进国外的云计算技术的国内企业，如风起亚洲云。目前国内还没有完全开放国外企业进入中国进行云计算业务，但在 2012 年 11 月，微软云计算平台 Windows Azure 在中国落地，这拉开了外国企业进军中国云计算市场的序幕。

　　私有云是针对企业用户或个人用户单独使用的。它对数据的安全性和隔离性要求很高。企业一般有自己的基础设施，部署和配置企业内部需要的应用程序。私有云一般部署在企业的防火墙内，企业内部使用私有云时，一般很稳定、快速。

　　混合云既包括了公有云，也包括了私有云，它提供的服务可以供别人使用，也可以为自己使用，混合云的部署方式对提供者要求很高。

　　目前云应用和云服务的种类还在不断丰富。除了主流的 PaaS、SaaS、IaaS 服务外，云计算服务种类还将不断扩展，租用邮箱、在线杀毒、网络会议、Office 在线等应用是目前用户使用得最多的应用，在 SaaS 应用服务这块，其应用服务将分工越来越细，新的产品将很快面世。

1.2　云计算的实现机制

　　从技术角度来说，云计算本身并不是一种新的技术，它更接近于现有技术的重新组合，它关注的是最终用户以及用户的体验，是一种商业模式。云计算的实现需要三大基石：虚拟化、标准化、自动化，构建在这三大基础之上的云计算才能提供高效、稳定、可靠的服务。

1.2.1 云计算的基本原理

云计算实现的基本原理是:在大量的分布式计算机集群上,通过虚拟化技术使这些硬件基础设施形成集群,实现不同的资源池(如存储资源池、网络资源池、计算机资源池、数据资源池和软件资源池),对这些资源池实现自动管理,部署成不同的服务供用户使用。用户根据需求选择应用,这使得企业能够将资源切换成需要的应用,用户根据需求访问计算机和存储系统。将这种计算能力作为一种商品进行流通,形成按需使用按需付费的商业模式。

1.2.2 云计算的构成

从行业的产业链角度来说,云计算的发展离不开它的产业链。在政府的监管下,云计算的服务提供商、软件服务提供商、硬件服务提供商、网络基础设施服务商以及云计算咨询、规划、运维、集成服务商、云计算终端设备厂商构成了云计算的生态链,能为政府、企业、一般用户提供服务,在这中间,政府履行规则的制定和运行的监管等职责,如图1.8所示。

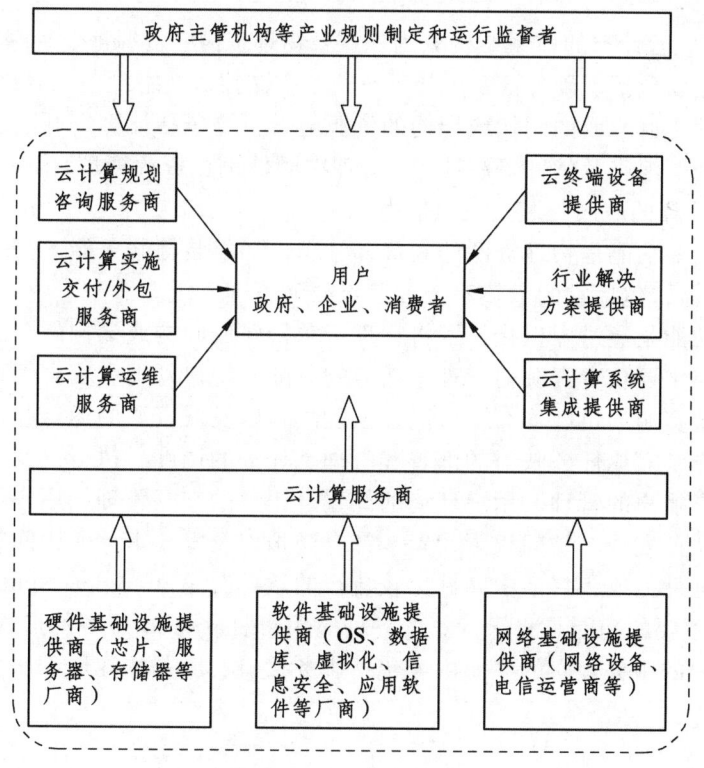

图 1.6 云计算产业链

由于云计算分为 IaaS、PaaS 和 SaaS 三种类型,目前各个厂商还没有统一的标准,不同的厂商又提供了不同的解决方案,直接导致了用户在选择解决方案时的困惑。因此,有必要根据目前不同厂家解决方案的特征,对云计算的主要功能进行归纳总结,提供一个供参考的模型,如图1.7所示。每一种解决方案或许只能解决其中一项功能,或部分功能还没有概括进来。

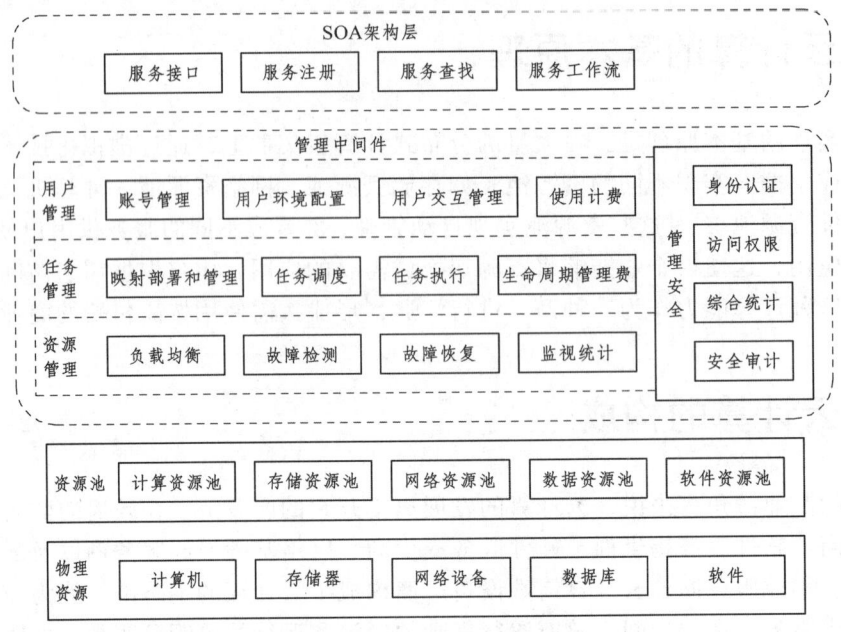

图 1.7 云计算体系结构

由图 1.7 可知，云计算的体系结构分为四层：物理资源、资源池、管理中间件、SOA 层。其中物理资源层主要包括了硬件产品（如计算机、存储器、网络设备）、数据库和软件等。资源池是由物理硬件集群构成的同构或异构的资源池，主要包括计算资源池、存储资源池、网络资源池和数据资源池以及软件资源池等。管理中间件负责资源管理、任务管理和用户管理。SOA 架构层将云计算的应用封装成网页服务。

物理资源的主要功能是物理资源的集群和管理，如集装箱服务器，在一个标准的集装箱里放 2000 台服务器，包括它的散热系统和节点故障管理系统。

资源池主要功能是通过虚拟化技术将物理资源构建成同构或异构的资源池。

中间件管理层主要负责资源的管理、任务的调度、用户管理和安全管理等。资源管理主要任务是自动调整资源的负载均衡、检测、恢复故障以及对资源的运行起监控统计作用。任务调度主要的工作是完成任务映射的部署和管理、任务的调度、执行以及生命周期管理等。用户管理主要负责账户的管理、用户环境的配置、用户的交互管理、用户使用计费。安全管理主要包括身份认证安全、访问权限设置、综合防护以及安全审计。中间管理层中的这些工作主要由中间件软件完成，目前中间件比较流行的软件有 WebLogic，Sphere 等。

SOA 构建层主要的功能是将云计算的各种应用封装成 web 服务的形式。通过 web 接口用户可以选择需要的服务。它的主要内容包括服务接口、服务的注册、服务的查询、服务的访问以及工作流等。

1.3 云计算与数据中心

企业的数据中心（Data Center）是指在企业或机构内部之间实现信息集中管理和共享，并为企业内部或机构之间提供信息服务与决策的信息平台。数据中心可以是一个建筑物或者建筑物的一部分，它实现了数据信息的集中处理（包括数据的传输、存储、交换和管理），并且拥有完善的设备（包括通信设备、带宽接入、高性能的局域网、安全可靠的机房环境）。

目前，企业、院校、研究结构、大型超市、政府机构或者大型企业、联合机构等都设立了自己的数据中心，它几乎遍布了地球的各个区域。只是名称有所不同而已，例如计算机中心、网络中心、信息中心、数据中心。根据企业的规模，数据中心的规模也是可大可小的。数据中心如图 1.8 所示。

图 1.8　企业数据中心

在中国，企业数据中心（Enterprise Data Center，EDC）包含计算机设备、服务器设备、网络设备、通信设备以及存储设备等关键设备，企业构建数据中心的目的主要是为企业内部、合作伙伴以及客户提供支撑信息的平台，可以处理数据和访问数据。

1. 数据中心的分类

在中国根据规模差异，将数据中心分为 A、B、C 三级，其中 A 级数据中心为容错型，主要是为了满足系统在运行期间不会因为操作失误、维护、故障检修等导致系统运行中断；B 级为冗余型，主要是为了满足系统在运行期间，在冗余范围内，不因设备故障等导致系统运行中断；C 级为基本型，在场地和设备正常情况下，能保证系统的正常运行。

2. 数据中心的结构

数据中心是信息高级发展阶段的核心工程，它的构建是十分复杂和艰巨的。它的结构主要包括基础设施层、信息资源层、应用支撑层、应用层和支撑体系层，如图 1.9 所示。

基础设施层是支撑整个系统的底层，主要包括机房、主机、服务器、网络设备、存储服务器、带宽接口、各种硬件和系统软件。

信息资源层中包含数据中心中所有的数据，包括数据库、数据仓库等。它负责整个数据中心信息的存储和规划。

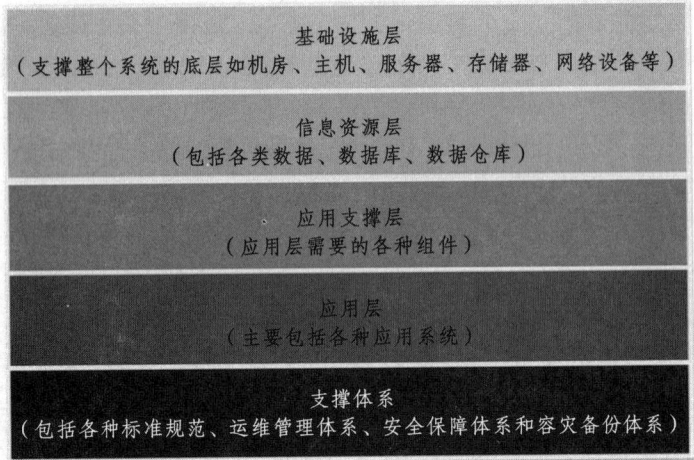

图 1.9 数据中心主要的结构

应用支撑层主要负责应用层中需要的各种组件，也包括第三方组件。

应用层主要包括数据中心定制开发的应用系统，包括数据服务类应用、管理运维类应用、标准建设类应用以及建设类应用，服务于不同对象企业的内部和外部的信息门户系统，如办公系统、邮件系统、门户网站等。

支撑体系主要包含标准规范体系、安全体系、数据容灾备份体系、运维管理体系等。

1.3.1 云计算时代的数据中心

随着信息量爆炸式的增长，要处理的数据也越来越多，大数据的时代已经到来。原有的数据中心面临着挑战，主要包括：原有的数据中心体系复杂，管理维护难度大；资源按谷峰需求进行配置导致资源占用多，很多时候资源都处于闲置状态，利用率低，造成了很大的浪费；系统的稳定性差，以人工服务为主，导致成本很高，解决问题的效率低；新兴的业务越来越多，而部署起来却很慢。云计算数据中心则可以解决传统数据中心面临的挑战。

1. 云计算数据中心

云计算数据中心与传统的数据中心的区别：云计算数据中心采用虚拟化技术，可以使服务器工作更加饱满，基础设施的工作更加饱满；云计算数据中心可以一直在高负荷的状态下运行，并能保证其高可靠性；云计算数据中心更加节能，主要表现在云数据中心负荷高，工作效率高，投入产出比高；云计算数据中心可以实现弹性自动负载均衡管理；对于云数据中心来说，某个服务器的维护、改建、迁移或停止不会对数据中心产生太大影响。总的来说，云计算数据中心最大的优势是更低的成本、更高的服务质量、更短的开发部署周期以及更便捷的运维管理，可以适应大数据时代。大数据如图 1.10 所示。

图 1.10 大数据时代

2. 传统数据中心如何改造成云数据中心

在云计算时代,传统的数据中心正向着云计算演进,企业正在改造原有的数据中心或者新建数据中心,在改造或新建过程中,应该注意哪些方面?

传统的数据中心的云化改造。首先要从规划开始,在可靠性、可用性、可管理型以及效率投资等各项指标中进行综合平衡,确定基础架构的环境、安全等级、服务等级等,预算处合适的成本价格。

其次,云数据中心改造是一个复杂和繁琐的过程,要实现数据中心的统一规划、统一模块化、分阶段进行、可循环使用,更好地满足不同用户的需求,最大限度地减少初期的一次性投入。云数据中心的安全性、自动性、资源的统筹以及运维能力等与数据中心的高效运营有着密切的关联。

最后,云数据中心采用标准化和模块化的架构有助于实现数据中心的高可靠性、高性能和易扩展性。

1.3.2 Google 数据中心介绍

云数据中心的建设以 Google 数据中心为例,全球超过 10 亿人在使用 Google 搜索引擎。Google 这个搜索巨人的搜索速度是如此之快,搜索出的网页量是如此之庞大。接下来我们来了解 Goodle 数据中心。海量的数据信息存放在它的数据中心里面,而它的数据中心一直是业界着迷的对象,但其暴露的信息很少,Google 到底有多少数据中心?这些数据中心又分布在什么地方呢?

目前 Google 公司的数据中心拥有的服务器的数量达到了 100 万台,每台服务器每小时用电量达到了 1 000 W,换句话说,Google 的搜索引擎每小时产生将近 1 000 万个搜索结果,每小时的耗电量达到了 100 万 kW。根据美国环境保护局的保守估计,数据中心在美国能源消耗中的比重占到了 1.5%,如果美国人使用 Google 搜索的频率提高,这个比例还得继续上涨。

Google 的数据中心一般会选择人烟稀少的、气候寒冷的、水电资源丰富的地区。由于不同区域的电价差距明显，人为成本、场地成本各不相同，因此 Google 的数据中心不会选择人口稠密的大都市，而会选择比较偏远的地区。选择偏远地区会面临的挑战就是光纤问题，Google 会专门铺设光纤到这些数据中心，光纤的铺设费用远比将电力用高压输电线路引入到城市容易得多。在 Google 的数据中心采用了高速自动化的云计算软件来管理，减少了人员，Google 的数据中心如此神秘，主要是因为技术保密而不让外人进入参观。

以前 Google 对自己的数据中心还守口如瓶，但这几年情况有了微妙的变化，Google 公司公开了一些数据中心的照片。一般而言，当 Google 公司公开一项新的技术时，意味着 Google 公司已经掌握了更新的更深层次的技术，并且 Google 公开的这些照片并没有揭露细节，不会向竞争对手透露出核心的技术。

目前 Google 的数据中心估算有 42 个：美国本土 24 个，欧洲 12 个，俄罗斯 1 个，南美洲 1 个，亚洲 3 个（其中中国香港 1 个，新加坡 1 个，中国台湾 1 个）。Google 的数据中心一个造价就高达 6 亿美元，在 2009 年 Google 就花了 19 亿元来建造它的数据中心；在 2007 年则花费更高，花了 24 亿元来建造它的数据中心。Google 数据中心的选择标准，主要参考这些参数：大量的廉价电力；注重绿色能源和可再生能源；靠近河流或湖泊便于冷却；用地广阔；与其他数据中心的距离以及税收政策等。

（1）Google 爱荷华州的 Concil Bluffs 数据中心。如图 1.11 所示是 Google 服务器，超过了 115 000 平方英尺的空间服务器正在运行服务和视频搜索程序。

图 1.11　Google 爱荷华州的 Concil Bluffs 数据中心

数据中心的路由器、交换机，还有光纤电缆如图 1.12 所示。

（2）Google 全球最大的数据中心：俄勒冈数据中心。该数据中心位于美国的俄勒冈州北部哥伦比亚河岸边，拥有 30 英亩的土地，拥有全球威力最强大的超级计算机，处理每天数十亿次搜寻和提供其他网络服务，是全球数据处理能力最强大的数据中心之一。在这个数据中心中有四个装备有巨大空调设施的仓库，存放着数万台的服务器，它们每天处理几十亿条的数据，并把这些信息传递给世界各个角落的用户。

图 1.12　爱荷华的路由器、交换机、光纤电缆

图 1.13　俄勒冈数据中心

如图 1.14 所示是俄勒冈数据中心的水冷系统，有些管子是供应冷水的，有些管子则是返回冷却水的。

图 1.14　水冷系统

虽然 Google 公司公开了一些数据中心的照片，但 Google 的核心关键技术目前还是保密的。Google 公司推翻了计算机界的传统做法，它数据中心的构建主要靠的是本身的技术，因此 Google 公司的命运掌握在自己手中。

1.4 云计算的发展与优势

继个人计算机、互联网变革之后，云计算作为 IT 发展的第三次浪潮正向我们走来，它将根本性地改变人们生活方式、生产方式以及商业模式，成为当今全球关注的热点。各个 IT 巨头公司纷纷加入云计算行业，制定了云计算发展战略，准备进军云计算市场。IT 发展的三次浪潮如图 1.15 所示。

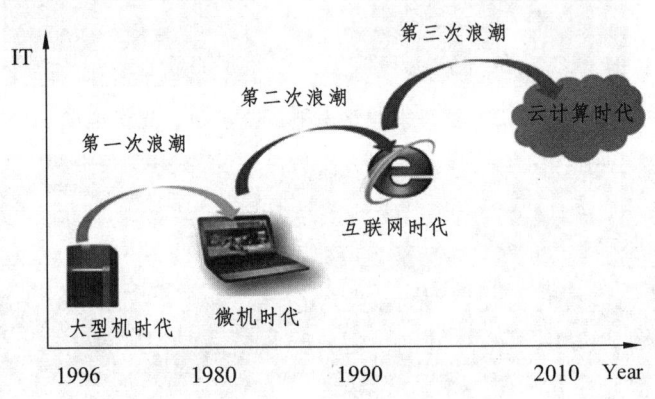

图 1.15 IT 发展的第三次浪潮

1.4.1 中国云计算的发展历程

中国是在 2008 年引进云计算概念的，中国的云计算发展主要分三个阶段：准备期、起飞期和成熟期，如图 1.16 所示。目前云计算发展处于大规模爆发的前夜。2010 年 6 月，胡锦涛总书记提出了"互联网、云计算、物联网、知识服务、智能服务的快速发展为个性化制造和服务创新提供了有力工具和环境"，把云计算的发展提到了战略发展位置。

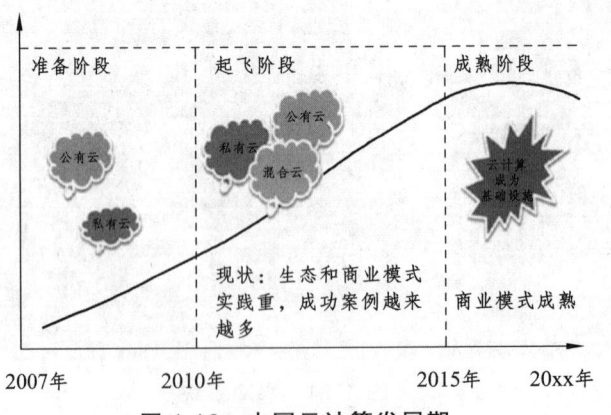

图 1.16 中国云计算发展期

（1）准备阶段（2007—2010）。这一阶段主要是技术储备和概念推广阶段，用户对云计算认知度很低，成功的案例也很少，商业模式和云计算的方案正在尝试中。

（2）起飞阶段（2010—2015）。在这一阶段，产业模式处于高速的发展，商业模式和行业生态环境越来越好，成功的商业模式逐渐丰富，用户对云计算的了解和认可程度在不断提高，越来越多的商家被强制走入云计算市场，出现了云计算的大量解决方案，用户可以根据自己的情况将业务融入到云计算中，公有云、私有云、混合云起头并进。

（3）成熟阶段（2015—）。云计算的产业链、行业生态环境基本稳定，各厂商提供了比较成熟稳定的云计算解决方案，市场上运行着很多 XaaS 产品，用户在云计算环境中运行比较良好，云计算成为了 IT 的重要组成部分，云计算成为了国际一项基本设施。

1.4.2　中国云计算的产业链构成

从 2010 开始，中国云计算应用市场的发展逐年加快，无论是"公有云"还是"私有云"，典型的案例也越来越多。大型的云计算中心正在加大力度建设，马上就可以投入使用，如重庆的在岸和离岸数据中心现在已经初具规模。同时还有众多的 SaaS 服务、PaaS 服务投入了市场。在政府的公有云项目推动下，云计算的发展是迅速的。

云计算的产业链也正在构建中，政府制定了行业的规则。在政府的监管下，云计算的各种运营商（包括云计算解决方案供应商、云计算规划咨询服务商、云计算运维服务商等与硬件、软件、网络基础设施服务商、终端设备商、集成服务商等）一起构成了云计算的生态产业链。云计算产业链如图 1.17 所示。

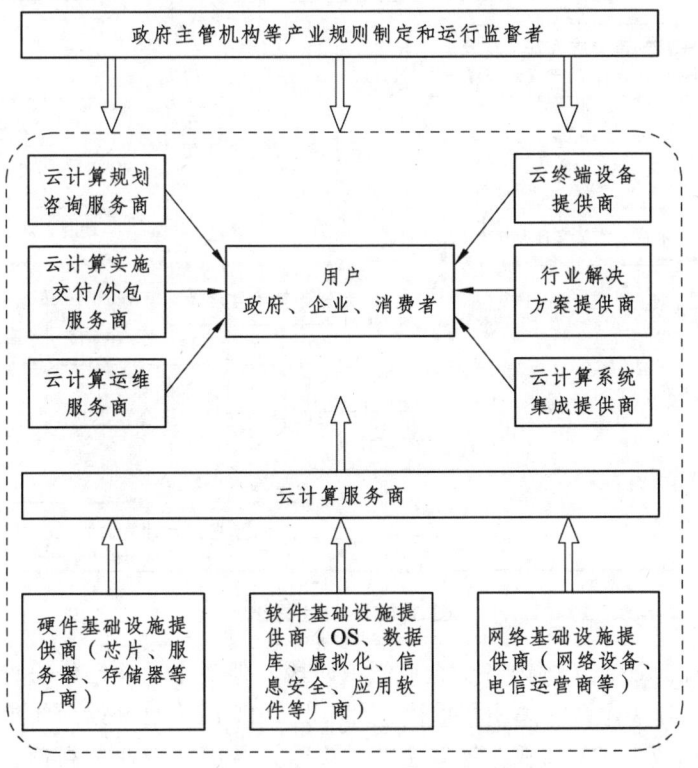

图 1.17　云计算产业生态链

政府的角色以及作用：在云计算产业中，政府除了作为云计算的用户，还在行业战略规划布局以及运行监控中承担了重要的作用。政府是产业的规划者和布局者，从产业的规模、从业人员、地域布局、产业生态建设等方面对产业进行合理规划和布局，并借助资金、技术、人才、土地等资源多方位调控以推进云计算行业的发展。

1.4.3 主要的云计算项目

中国云产业发展的国家规划已获国务院批准，规划包括"十二五"期间"中国云"产业的发展思路、重点任务、技术路线、支持体系等内容。权威机构预测，云计算有望成为继大型计算机、个人计算机、互联网之后的第三次IT产业革命。未来三年中国云计算产业链的产值规模将达到2 000亿元。2010年10月，国家发改委、工信部联合发布了《关于做好云计算服务创新发展试点示范工作的通知》，由国家发改委、财政部、工信部等部门一起批准国家专项资金支持云计算示范应用，设立5个云计算试点城市，遴选12个云计算重点项目并对其给予规模高达15亿元的资金支持。如图1.18所示。

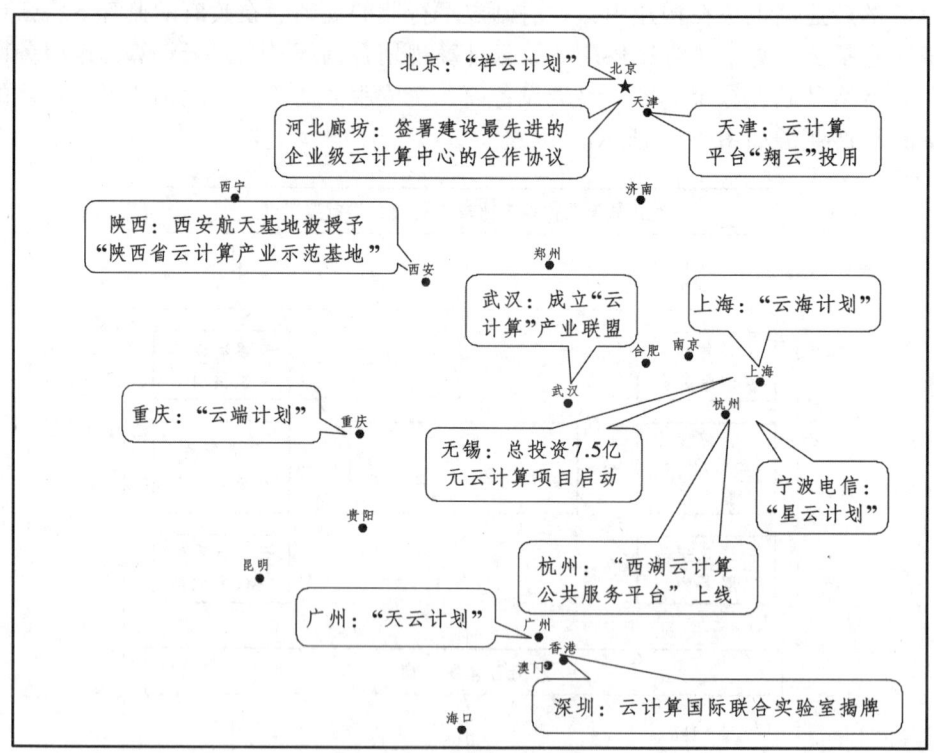

图1.18 云计算试点

目前虽然云计算还处于国内各个企业学习阶段，但各个企业已经纷纷制定了云计算的战略方针，显示出了对云计算的关注和重视，国外很多IT巨头也开始纷纷抢滩中国云计算发展的热点区域，如惠普、IBM、亚马逊等企业。不管是政府、企业、高校、研究机构都加入了云计算研究的大军中，积极地推动着中国云计算产业的快速发展。

1.4.4 云计算的发展优势

在未来 3 年，云计算应用主要以政府、电信、医疗、金融、石油化工、电力等行业为重点发展对象。目前市场上已经有了政府云、健康云、教育云、交通云、旅游云等业务。在中国的市场中，云计算会被越来越多的企业和架构所采用，市场规模也在逐年翻翻：从 2009 年的 92.23 亿元产值增长到 2012 年的 606.78 亿元产值，年均增长率达到了 87.4%，其发展势头很强，速度很快。云计算近几年的销售金额如图 1.19 所示。

云计算的发展带动了整个产业链的发展，对中国 IT 产业的发展产生了重要的影响，主要涉及基础架构（服务器、存储器、通信设备、网络设备等）、中间件、应用软件、操作系统、网络服务的规范、信息安全等在内的诸多领域，云计算将开创 IT 领域全新的应用前景。

赛迪顾问预测在最近的 5 年，云计算产业将保持高速增长态势。对中小型企业而言，由于自己投入资金建立数据中心成本太高，回报率低，因此采用云计算的租用模式正好

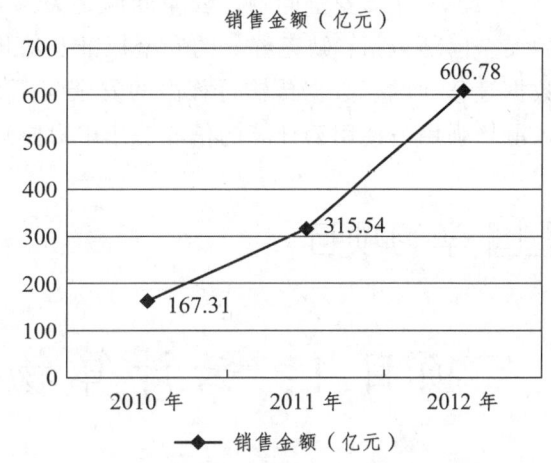

图 1.19 云计算近几年的销售金额

为中小型企业提供比较合适的解决方案。对服务器、存储等硬件厂商和软件提供商而言，可以通过云计算这个平台更好地将自己的产品进行推广以获得更多更好的市场机会。目前云计算运营商们正在大力地、快速地部署云计算。如全国各地正在兴建的数据中心，由政府部门及旗下事业单位主导的超级数据中心将有望成为面向公众的云计算主营。运营商、大型互联网公司、托管服务商、服务器提供商、存储器等硬件提供商、软件平台提供商等将成为最具有潜力的云计算运营商。

云计算作为新一代产业浪潮的重要驱动，将会对社会和经济的发展带来深远影响。主要表现在：

（1）将推动中国信息技术设施的建设和信息化发展的进程。

（2）将促进构建更大规模的生态系统，推动 IT 产业的发展。

（3）促进提升科技创新能力。

（4）可以实现降低成本，有助于绿色 IT 发展和节能减排。

1.4.5 中国云计算产业发展的关键障碍

目前云计算发展的障碍体现在：用户的认知不足、标准缺失（各个提供商各自为政没有统一的标准）、数据主权的争议、对稳定性和可靠性的担忧。其中关注最多的问题就是标准和安全问题。

（1）云计算标准问题。云计算标准问题对云计算发展来说是至关重要的问题。如果没有一个统一的标准，云计算就难以得到规范发展，很难形成规模和产业集群的发展。标准的制定包括了技术标准和服务标准。其制定过程需要云计算产业链中的各个商家，以及起主导作用的政府部门、行业协会研究学者等坐下来共同商讨、制定。另外，云计算标准的制定还需要考虑与国际标准的接轨问题。只有在标准的指导下，云计算行业才能有序的持续的发展。

（2）云计算安全问题。安全问题是关系着云计算是否被用户认可的关键因素。云计算的安全问题包括：缺乏统一的安全标准及法规、对用户隐私的保护问题、数据的主权问题、数据迁移问题、数据传输过程中的安全问题、数据灾备等。安全问题需要迫切解决，这样才能增强用户使用云计算的信心，让用户愿意将应用部署到云中，享受云计算带来的便捷。

学习项目

项目1：云计算物理基础架构的部署

本项目是云计算物理基础架构的部署。项目的主要内容是学习云计算物理架构中涉及的各种硬件设备，如云计算服务器、存储器以及云计算的各种终端设备。通过本项目的学习，使大家能够识别各种云服务器如塔式服务器、机架服务器、刀片服务器以及架构；能够识别各种存储器；能够识别云计算的各种终端产品。

任务1：识别云服务器

可以作为云计算物理基础架构的服务器很多，没有特别的要求，按服务器的机箱结构来分主要有台式服务器、机架式服务器、机柜式服务器和刀片式服务器。

1. 台式服务器

台式服务器是大家常说的"塔式服务器"。台式服务器在外观上与普通的计算机的机箱大致相同，只是有的会采用比较大容量的机箱，有点像个小的柜子。不同服务器的档次不同，机箱的结构也不相同，目前市场上台式服务器占了很大的份额。很多厂商都生产了台式服务器，如联想、惠普、戴尔等。

由于目前市场上有很多的服务器，其种类繁多，这就给企业用户在选择时带来很大的难度。根据用户的需求，建议购买时可以从以下几个方面来考虑。

存储空间：存储空间以服务器可以容纳硬盘的数量来衡量。

图 1.20　台式服务器

稳定性：服务器的稳定性指的是确保一台服务器在长时间内可以稳定运行，不发生宕机。这个性能对需要"7*24"不间断的企业应用来说是十分重要的。

功耗控制：服务器要考虑功耗问题，它可以帮助企业降低能源成本，也符合绿色 IT、节能 IT 发展的理念。

兼容性：服务器的兼容性很重要。需要考虑一台服务器是否能支持不同的处理器、不同的内存、硬盘。良好的兼容性有利于企业按需配置，从而避免了资源的过多浪费。

易管理性：服务器的后期维护也是很重要的。好的服务器提供了故障的自检、预警等功能，这样，后期的维护就显得容易很多。

2. 机架式服务器

很多的企业数据中心采用的是机架式服务器。机架式服务器的外观是按照统一标准进行设计的，它要配合机构统一使用。可以把机架式服务器看作是一种结构优化的塔式服务器，设计机架式服务器的目的是为了尽量减少服务器占用物理空间，方便统一管理，这样做的最直接目的就是在机房托管的时候价格会便宜很多。

（1）机架式服务器的结构。

机架式服务器的外观就是交换机，它的架构结构有统一的标准。它的宽度是 19 英寸，高度以 U 为单位（1U = 1.75 英寸 = 44.45 毫米），有 1U 到 7U 的几种标准高度的服务器。机架式服务器的配置不同，其价格也不尽相同。一般来说，规格越高的价格越高，从几千到几十万的规格都有。机架式服务器如图 1.21 ~ 1.25 所示。

图 1.21　1U 机架式服务器

图1.22 2U机架式服务器

图1.23 3U机架式服务器

图1.24 4U机架式服务器

图1.25 5U机架式服务器

(2)机架式服务器的特点。

机架式服务器的优点是占用空间小,便于统一管理。但是它的空间有所限制,其扩充性也会受到限制。由于机架式服务器存放在机柜中,因此它的散热是一个需要关注的问题。由于它单机的性能比较有限,因此应用范围也有所限制,主要用于网络服务或存储。机架式服务器一般为大型企业使用,也有一些中小企业采用,它们将服务器交给专门的机构进行托管,目前很多网站的服务器就是采用托管方式的。

(3)机柜。

机架式服务器存放在机柜里面,机构的尺寸也是采用的工业标准,通常有6U到42U的标准。机柜中有可以滑动或拆卸的托架,用户可以根据机架服务器的高度进行灵活调节,用于存放服务器、集线器、路由器或磁盘阵列等网络设备。

在机柜中存放的各种网络设备是如何布线的呢?机柜中网络设备的所有I/O线都是从机柜的后面引出,机架式服务器的I/O线也位于后方的,如图1.27所示,I/O线统一安置在机柜的线槽中,并贴上相应的标号,以便于统一管理,如图1.28所示。

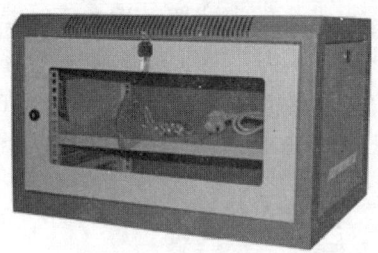 

（a）6U 的机柜　　　　　　　　　（b）12U 的机柜

图 1.26　机柜

图 1.27　布线细节

图 1.28　机柜后面的 I/O 线规范统一

市场上有种类繁多的机柜品牌，如何来选择机架呢？机柜根据其型号价格范围在几千到一万之间。而机架式服务器存放的机柜最好选择那种加深的机柜，高度就可以根据存放多少设备来决定。购买机柜时，品牌很重要，不同品牌的用料和做工都有很大的差别，目前比较出名的有跃图、图腾、建标、三盛、神州、华安、金盾等品牌。

3. 刀片服务器

刀片服务器是可以在标准的机架式机箱里面插入多个的卡式服务器单元，是高密度和高可用的服务器平台。它就像"刀片"一样，每一块的"刀片"实际上就是一个系统主板，它们可以通过硬盘来启动操作系统，类似于一个独立的服务器。刀片式服务器现在已经成为高性能计算集群的主流，目前全球 500 强和国内的 100 强企业数据中心，采用的就是这种刀片式集群架构。刀片式服务器如图 1.29 所示。

图 1.29　刀片式服务器

（1）刀片式服务器的设计。刀片式服务器的设计目的是耗能低、空间小、单机售价低等，但它也继承了传统服务器的某些技术指标，如把热插拔和冗余运用到刀片服务器中，通过它内置的负载均衡技术，可以有效地提高服务器的稳定性和核心网络性能。相对于传统的服务器来说，刀片式服务器能够最大限度地节省服务器的使用空间和费用，能为用户提供更加灵活、便捷的扩展升级手段。

（2）刀片服务器的特点。首先它比较节省空间，但是其散热问题比较突出，通常在机箱中装上大型的强力风扇进行散热。刀片服务器的机柜和散热器价格比较贵，因此它一般用于大型数据中心或者大型企业（如电信、金融行业的数据中心）。

任务 2：识别云存储器

简单地说，存储器就是存放数据的空间，如硬盘、光盘、磁带机等。随着计算机技术的进步，存储也成了一门独立的学问。云计算数据中心如果没有存储设备就无法提供大量的数据存储，也就开展了不了云存储业务。

1. 内部存储设备的问题

对企业来说，数据其实才是计算机操作的热点。数据存在硬盘中，在没有电力的情况下还能永久保留，随时随地供用户访问。

硬盘存储的限制性很大。它最大的问题就是其天生的限制，这些限制包括计算机机壳的大小；电源供应的瓦数；计算机在主板上或存储扩展卡能接上硬盘的数量；计算机通过主板与其他计算机提交数据的速度；操作系统支持硬盘的数量；操作系统支持文件系统的大小等。

内置硬盘的弹性空间有限制：同一设备上不可能安装两种不同接口类型的硬盘（如 SCSI 和 SATA）；无法在不关机的情况下，添加新的容量；在计算机运行过程中，若其他硬件（电源、主板、声卡、显示器等）设备出现故障，这台计算机就蓝屏了，就会引来单点故障问题。

2. 外置存储设备

为了解决内部存储设备自身的限制，可以利用外部存储设备。外部存储器拥有自身的电源系统，不需要一个完整的操作系统就能运行，而且可以支持多种文件格式，能容纳多种异构的硬盘（如 SCSI、SATA、SAS 硬盘），并且自身具有防灾机制。常用的外置存储设备有 DAS、NAS、SAN。

3. 直接连接存储设备 DAS

DAS 是最普遍的存储设备，现在计算机上接的硬盘就是 DAS 的一种，它也叫直接连接存储设备，即能与主系统直接连接的存储设备。DAS 通过总线连上主系统之后，主系统就可以直接访问上面的数据了。

DAS 只能被一台机器连接，它不能实现共享，这就使得 DAS 不能成为外置存储器的主流，DAS 的主要使用者集中在大部分的单人或小型企业。如外置式的硬盘使用 USB 来连接，这个 USB 硬盘就可以被视为 DAS 设备了，但如果外接式硬盘具有两个 USB 接口，并能让不同的两个主机并发利用这两个 USB 端口连入，并且可以并发性读写数据，那么这台外置式的 USB 硬盘，在不严谨的认定下，可以被视为 NAS 或是 SAN。

常见的 DAS 有 USB 硬盘、单机光盘机、各种接在计算机的硬盘、磁带机、JBOD 磁盘数组、外置 RAID 磁盘机、非网络服务器衍生存储设备，如图 1.30、1.31 所示。

图 1.30　磁带机、移动硬盘

图 1.31　JBOD 磁盘数组

4．网络连接存储设备 NAS

NAS 是大家最常听到的网络存储设备，它就是连接到网络的存储设备。NAS 是以文件为主的共享存储设备，在计算机网络与服务器之间进行数据交换，因为在 NAS 设备中看不到整个文件系统。另外，只要是网络协议都可以用在 NAS 上，因此 NAS 可以在不同的网卡中共享数据。

NAS 本身就是一台计算机：在硬件上有主板、CPU、内存、I/O 设备等；在软件上则有操作系统和应用程序。在 NAS 上操作系统的目的都是提供文件共享和文档系统，并且开放文件共享。

NAS 的底层是不同的磁盘，NAS 的外观和内部结构与 DAS、SAN（存储局域网络）没有多大的差别，主要区别在于它们的传输界面。NAS 根据不同的磁盘使用不同的界面，如 IDE、SATA、SCSI 等。NAS 产品示意图如图 1.32 所示。

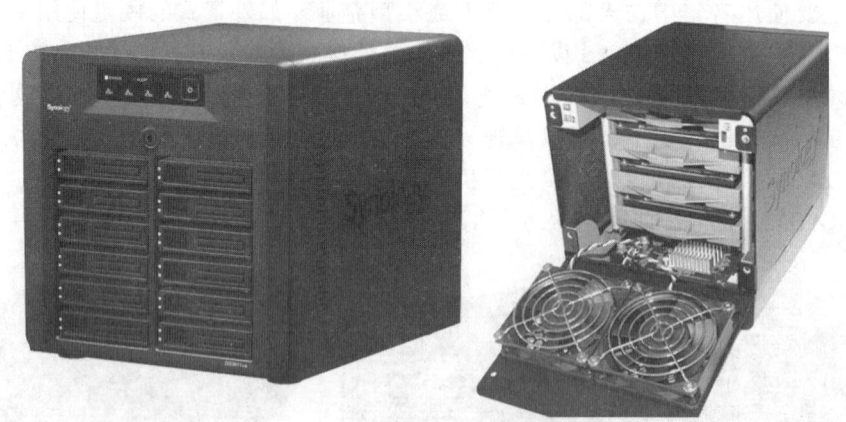

图 1.32　网络连接存储设备 NAS

总的来说，一台普通的计算机在安装好了 NAS 操作系统之后，也可以成为一台网络连接存储设备 NAS，通常会称这台计算机为软件 NAS 系统，NAS 存储必须以文件为基本单位。

5．存储局域网络 SAN

在企业应用中，SAN 一直是最受系统管理人员青睐的存储产品。SAN 具有功能强大、速度快、弹性大的特点。SAN 是一个完成 OSI 七层网络架构的网络，不是一种存储设备，这个网络是专门给主机连接存储设备用的，目的就是服务器能更便利地访问存储设备。

在拓扑结构上，SAN 与 LAN 可以说是大同小异，在存储设备上也需要一个交换机，在 SAN 上这个交换机要求是高速的，SAN 每秒钟处理的数据单位通常在 GB 级。

项目 2：云终端设备

云终端设备种类繁多，如我们身边能上网的工具都可以作为云终端设备。如 pc 机、笔记本、能上网的电视、智能手机、平板电脑，更有甚者微软推出的一款能上网的魔法眼镜、专门的瘦身云终端设备等。我们先来认识一下因云计算的发展而产生的新产品瘦身云终端设备。

任务 1：识别瘦身云终端设备

瘦身云终端是实现云部署的办公、接入的一种终端设备，瘦身云终端设备主要实现主机的资源共享。瘦身云终端设备只要接入网线、显示器和鼠标键盘，其用户就可以进行业务操作，它的实施是非常简便的。

服务端统一管理终端，包括操作系统、应用软件的升级都是在服务器端来完成的。终端则不需要维护工作。在瘦身云终端操作中，数据不是存放在瘦身云终端的，而是存放在服务器上，这样做让数据更加安全、可靠，同时瘦身云终端也不会有病毒感染的危险。

瘦身云终端设备的优势：首先，它的价格比较低廉（原因在于在硬件上没有大容量的硬盘、CD-ROM 和软驱），是普通 PC 机的 10%～20%，它采用硬件与软件一体化设计，可以实现共享主机的资源。其次，瘦身云终端的集成度很高，体积小，并且它不需要风扇散热，无噪音并且很省电，它的用电量在 5 瓦左右，比较节能减排、绿色环保。

瘦身云终端的应用领域主要有网络教育终端（如多媒体教室、电子阅览室、电子图书馆、培训机构等）、政府部门（如办公系统）、金融服务窗口、酒店管理客服终端等。瘦身云终端产品如图 1.33 所示。

图 1.33 瘦身云终端产品

如图 1.33 所示的瘦身云终端参数规格如下：
➢ 尺寸：长：189 mm；宽：134 mm；高：31 mm。
➢ 电源支持：输入：100～250 V；交流：50～60 Hz；输出：5 V 3.8 A。
➢ 内部硬件：部件固化设计，没有可移动部件，没有风扇，芯片系统集成。
➢ USB 闪存接口：USB 接口 3 个，可以接 USB 键盘、鼠标、U 盘、无线局域网卡、无线键鼠等设备。
➢ 主机连接：通过 10/100 M 以太网连接。
➢ 显示分辨率：支持分辨率为 640×480、768×576、800×600、1 024×768、1 152×864、1 280×1 024、1 440×900 模式。

任务 2：识别平板电脑

平板电脑是一种携带方便的、小型的个人计算机，是时下比较流行使用的个人电脑。它以触摸屏作为基本的输入设备，用户可以通过触控笔或数字笔来进行操作而不是用传统的键盘或鼠标。平板电脑最先是由比尔·盖茨提出来的，它支持 Intel、AMD、ARM 的芯片结构。它没有翻盖、没有键盘、小到可以直接放到口袋里面，是功能完整的小 PC 机。平板电脑如图 1.34 所示。

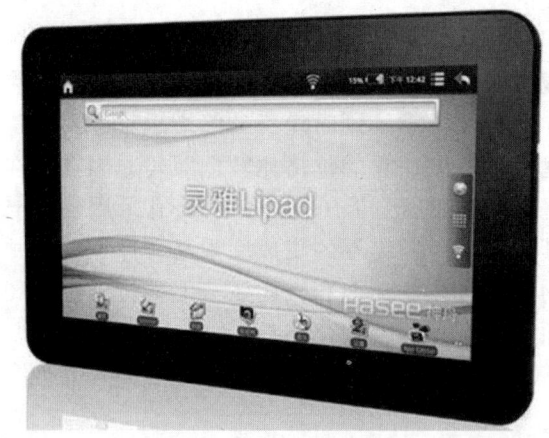

图 1.34　平板电脑

（1）平板电脑的优点。

平板电脑不但具备了计算机的功能（如上网、看电影、玩游戏、听音乐、基本的办公软件、微博、聊天等），还具有手机的功能、进行 GPS 导航等。它的便携性和美观性是笔记本无法比拟的。

（2）平板电脑的操作系统。

目前平板电脑的操作系统有 Android 系列、Windows XP、Windows 7、Windows 8、ios 系列等。

（3）平板电脑的尺寸。

平板电脑的主流尺寸有 7 英寸、7.7 英寸、7.9 英寸、9.7 英寸、10.1 英寸、10.6 英寸、

11.6 英寸等，其中款式型号最多的是 7 英寸和 10.1 英寸。7 英寸有很多品牌的产品，如三星、谷歌、联想等；7.9 英寸如 ipad mimi 产品；9.7 英寸如 ipad 系列产品；10.1 英寸也有很多品牌。目前平板电脑最大的尺寸就是 11.6 英寸，如微软的 surface。三星、华硕也有 11.6 英寸的产品。

（4）购买时如何选择平板电脑。

首先看外观和工艺。外观是否时尚、美观，质感是否够好，工艺是否精细。

其次看产品的品牌、型号。在选择平板电脑时，要注重品牌的选择，因为目前市场上有很多没有明确品牌、型号的产品，这类型的产品本身就是违反了国家相关法律规定，属于问题产品。

最后从产品的硬件配置以及性能因素考虑。CPU 的主频不要低于 1 G 的；要注意内存和内置 flash 闪存的区别，很多销售商在内存和内置 flash 上做文章来误导消费者，通常告诉顾客内存为 8 G 或 16 G 的计算机容量，实际上是指内置 flash 的容量，事实它的内存则为 256 M、512 M 或 1 G；注意是否采用多指电容屏，很多平板电脑采用的是电阻屏而不是电容屏，这两种屏在触摸操作上的感觉是完全不同的，购买时要多考虑电容屏。

本章小结

本章首先介绍了云计算的基本概念、云计算的体系结构、云计算的服务分类、云计算的发展优势、数据中心，云计算与数据中心的关联。最后通过两个项目让读者完成对云计算的物理基础架构中的硬件设备的认识。通过本章的学习，读者要学会什么是云计算以及云计算的服务分类；了解云计算的体系结构；了解数据中心以及云计算的发展优势；了解云计算物理基础架构需要哪些硬件设备。

本章习题

1. 什么是云计算？
2. 云计算的云服务有哪些？
3. 请简述中国云计算重点试点城市有哪些？包括哪些项目？
4. 云计算服务器分为哪些？他们各自有什么特点？
5. 请简述云计算产业生态链由哪些组成？
6. 请简述云计算的体系结构由哪些构成？
7. 列举出有哪些存储设备？
8. DAS、NAS、SAS 外置存储器各自的特点。
9. 重庆云计算的政策和发展方向是哪些？
10. 什么是 IaaS、PaaS、SaaS 云服务？
11. 公有云、私有云、混合云它们之间怎么区别？

第2章　虚拟基础架构部署与配置

自 2007 年谷歌公司首次提出云计算理念以来，Google、IBM、微软、亚马逊等 IT 巨头公司纷纷把云计算作为自己的发展战略，从而引发了 IT 技术新一轮的重大变革，引起了 IT 发展的第三次浪潮。在云计算领域中，虚拟化是云计算的关键技术，它是指在一台共享的计算机上聚集了很多的操作系统和应用程序，以便于更好地有效利用服务器。在虚拟化技术领域中，以 X86 体系结构虚拟化作为代表，VMware 公司目前在大力发展用于云计算基础架构的虚拟化技术，推出了面向云计算的一系列产品以用于云计算基础架构的部署与配置。本章的重点内容主要包括虚拟化基础知识、企业虚拟化、VMware 公司的云战略以及 VMware vSphere 架构，最后根据当前云计算基础架构规划与部署，完成 3 个项目：虚拟基础架构的网络规划与部署、vSphere 5 安装及部署、虚拟资源池的设置。

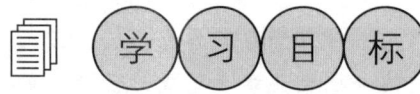

- 掌握虚拟化理论知识
- 了解企业虚拟化
- 熟悉 VMware 公司的虚拟化产品
- 分析云计算基础架构的网络规划与部署
- 会安装和部署 vSphere 架构
- 会设置和管理虚拟资源池

引导案例

在网络环境中，信息系统采用的模式有客户机/服务器模式、浏览器/服务器模式。其中客户机/服务器模式简称为 C/S（Client/Server）模式，这种模式是传统信息系统常采用的模式；浏览器/服务器模式简称为 B/S（Browser/Server）模式。随着互联网的广泛应用，目前信息系统的开发模式逐渐从传统的 C/S 模式转向 B/S 模式，采用 B/S 模式有利于云计算云应用的部署。在云计算领域中，运用虚拟化技术可以提高 IT 资源和应用程序的效率和可用性，可以打破"一台服务器、一个应用程序"的模式，可以在每台物理机上运行多个 VM 虚拟机，让 IT 管理员腾出手来进行其他的创新工作，不必花太多时间在管理服务器上。在非虚拟化的数据中心，仅在管理和维护现有的基础架构就要耗费 70% 的预算，而在创新上的预算则是微乎其微的，可以采用 VMware 虚拟化平台来构建云计算的虚拟架构，在维护、人工、效率等方面都是值得期待的。

相关知识

2.1 虚拟化技术

虚拟化是云计算的关键技术，云计算的应用必定要用到虚拟化技术。云计算是 IT 的第三代，它最大的特点就是动态，所有的信息和数据都是在动态的架构上，还能无限扩展用户的需求，来调节资源负载。没有虚拟化动态的技术就没有云。要达到将云计算的基础架构中的硬件变成一种动态服务的目的，关键在于产品的虚拟化能力。虚拟化是实现动态的基础，只有在虚拟化的环境中，云才能实现动态。

2.1.1 虚拟化的概念

什么叫虚拟化？虚拟化是一个广义的术语，在计算机方面主要指计算的元件是在虚拟的架构上运行而不是在物理机上运行。通过运用虚拟化技术，可以扩展硬件的容量，简化软件的配置过程，可以实现单个 CPU 模拟出多个 CPU，单个硬盘可以模拟出多个硬盘，单个网卡可以模拟出多个网卡，并且允许一个平台同时运行多个操作系统，应用程序也可以在相互独立的空间内运行并且相互之间不会有影响，从而有效地利用了计算机的闲置资源，从而提高了工作效率。

目前虚拟化是一种经过验证的软件技术，它现在以非常快的速度改变着 IT 的面貌，改变传统的 IT 模式，它不是最近这几年出现的。在 20 世纪 90 年代时，X86 处理器采用系统分区，就出现了虚拟技术，这种虚拟化技术最先用在苹果 Macintosh 操作系统中。在 20 世纪 90 年代末，VMware 公司一直致力于虚拟化的研究，推行的 VMware WorkStation 这款产品可以在 X86 操作系统上任意运行，如图 2.1 所示。实际上从上世纪以来，人们一直很关注系统的兼容、整合、集成能力，但是由于计算机、操作系统、通信协议以及接口的不一致，做的结果不是很好，采用虚拟化技术在很大程度上提供了帮助或者说解决了这一问题。如今，虚拟化技术已经有了很大的发展，其用户越来越多，包括个人用户、企业用户、地方政府数据中心等。

为什么越来越多的人选择使用虚拟化技术呢？从目前 IT 发展面临的一些挑战来看，主要的挑战集中在资源的闲置、IT 的运营维护成本的增长、大数据的爆发、产品的供应链跟不上等方面。根据统计分析的结果发现：目前 IT 的闲置资源高达 85%；IT 的运维和管理的成本在逐年上升，其中 1 元钱中就包含了 0.7 元的运维和管理成本；大数据给目前的 IT 环境带来了挑战，特别是电子商务这一领域的信息呈爆炸式的增长，每年增长速度高达 54%；产品供应链的效率低直接导致 3.5% 的营业额损失，接近 400 亿美元。这些都是目前 IT 环境要迫切解决的问题。采用虚拟化技术，可以缓解 IT 面临的这些问题。

1. 虚拟化技术优势

虚拟化技术的优势表现在以下几个方面：

（1）更高的资源利用率。

虚拟化技术可以实现物理资源和资源池的动态共享，有利于提高资源的利用率，用户可以动态地选择需求来满足他们资源的不同负载。

（2）降低管理成本。

虚拟化技术可以采用中央管理来简化公共管理任务，实现负载均衡的自动化管理，还可以支持在多个平台上使用公共的工具，从而降低了管理成本。

（3）提高使用的灵活性。

虚拟化技术可以实现动态的资源部署和重配置，可以满足用户不断变化的业务需求。

（4）高可用性。

能在不影响用户的情况下对物理资源进行删除、升级、更改。

（5）高扩展性。

虚拟化技术采用动态方式部署，可以根据不同产品对资源的需求，支持比物理资源小或大的多的虚拟资源。

（6）灵活的互操作性。

虚拟化技术能提供各种接口和协议的兼容性，这点远胜于物理资源。

（7）高安全性。

虚拟化技术可以实现简单的共享机制。这便于实现对数据和服务的可控和安全地访问。

（8）高效率。

对于虚拟化资源崩溃，由于不存硬件方面的问题能在很短时间内恢复。

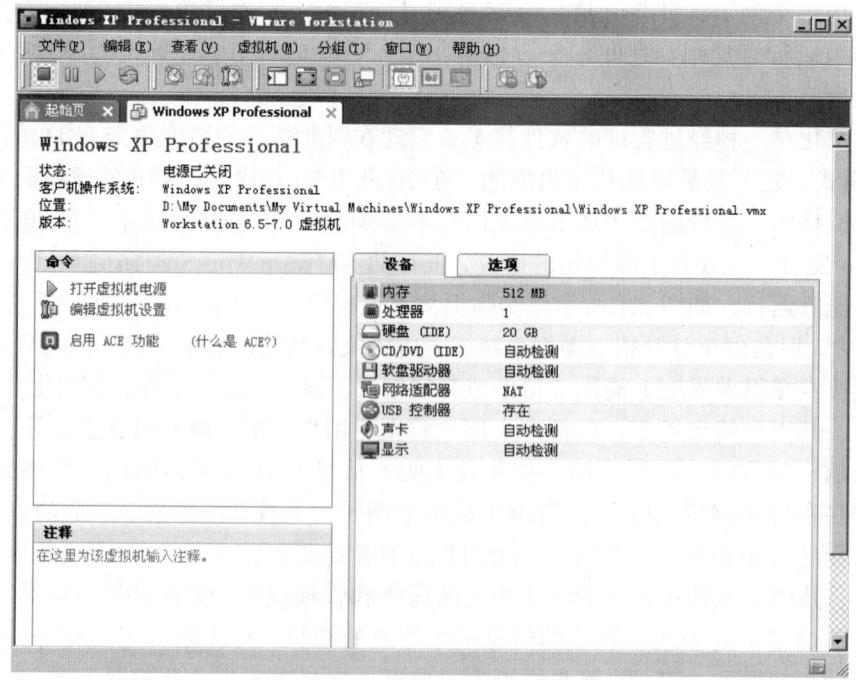

图 2.1　WorkStation 产品

2. 虚拟化技术与其他技术的区别

虚拟机技术不是多任务也不是多线程,多任务表示在一个操作系统中有多个程序同时并行运行,虚拟化技术是指在同一台物理机中可以运行多个操作系统,每个操作系统中有多个程序运行,在物理机运行的多个操作系统,其中的每个操作系统都可以运行在一个虚拟的CPU上或虚拟主机上。多线程技术表示在单个CPU上模拟双CPU来平衡各个程序的运行性能,模拟出的两个CPU不是独立的,它们不能分离,只是协同工作。而虚拟化技术则是从物理硬件上抽象出来,将物理硬件与操作系统分开,可以模拟多个CPU、多个硬盘、多个显卡等,从而提高了IT资源的利用率,减少了资源的闲置率,在资源、管理、利用率、灵活度方面都得到了较大提高。

3. 虚拟化与操作系统的区别

虚拟化可以在同一台物理机上运行多个虚拟机,一个虚拟机可以运行不同的操作系统。虚拟机都有自己的一套虚拟硬件(如CPU、RAM、网卡等),在这些虚拟硬件上加载操作系统和应用程序。运行在虚拟机的操作系统则把这些虚拟设备视为一组一致标准化的硬件。

4. 虚拟化技术的发展

虚拟化技术的首次提出是在20世纪60年代。在80年代虚拟机技术已不再广泛使用。到了20世纪90年代,研究人员采用虚拟化技术来解决不同型号的物理设备的兼容问题、利用率不足问题、管理成本逐渐增加问题。现在虚拟化技术处于技术的前沿,可以帮助企业升级和管理,从而保障了企业在世界各地对IT基础架构的使用。

2.1.2 虚拟化的分类

虚拟化技术有很多,有内存的虚拟化、桌面虚拟化、CPU虚拟化、硬盘虚拟化、网络虚拟化等。目前虚拟化在X86平台中使用得特别多。这里讲的虚拟化主要指的是系统虚拟化。

系统虚拟化的目的是通过使用虚拟化管理器(Virtual Machine Monitor,VMM),在一台物理机上虚拟和运行一台或多台虚拟机(Virtual Machine,VM)。VMM主要有两种形式:

(1) Hypervisor VM。它直接运行在硬件(Bare Metal)上面,能提供接近于物理机的性能,并在I/O上面做了特别多的优化,主要用于服务器类的应用。

(2) Hosted(托管)VM。它运行在物理机的操作系统上,虽然其本身性能不如Hypervisor(因为它和硬件之间隔了一层OS),但是其安装和使用非常方便,而且功能丰富,如支持三维加速等特性,常用于桌面应用。

1. 系统虚拟机的分类

由于所采用技术的不同,可以将系统虚拟化分为五大类:

(1) 硬件仿真(Emulation)。属于Hosted模式,通过在物理机的操作系统上创建一个模拟硬件的程序(Hardware VM)来仿真所想要的硬件,并在此程序上跑虚拟机,虚拟机内部的客户操作系统(Guest OS)无需修改。

（2）全虚拟化（Full Virtualization）。主要是在客户操作系统与硬件之间捕捉和处理那些对虚拟化敏感的特权指令，使客户操作系统无需修改就能运行，速度会根据不同功能的实现而不同，但大致能满足用户的需求。这种方式是业界现今最成熟和最常见的，而且属于 Hosted 模式和 Hypervisor 模式的都有，知名的产品有 IBM CP/CMS、VirtualBox、KVM、VMware WorkStation 和 VMware ESX（其 4.0 版，被改名为 VMware vSphere）。

（3）半虚拟化（Parairtulization）。它与完全虚拟化有一些类似，它也利用 Hypervisor 来实现对底层硬件的共享访问，但是由于在 Hypervisor 上面运行的 Guest OS 已经集成了与半虚拟化有关的代码，使得 Guest OS 能够非常好地配合 Hyperivsor 来实现虚拟化。通过这种方法将无需重新编译或捕获特权指令，使其性能非常接近物理机，最经典的产品就是 Xen，因为微软的 Hyper-V 所采用技术和 Xen 类似，所以也可以把 Hyper-V 归属于半虚拟化。

（4）硬件辅助虚拟化（Hardware Assisted Virtualization）。Intel/AMD 等硬件厂商通过对部分全虚拟化和半虚拟化使用到的软件技术进行硬件化来提高性能。硬件辅助虚拟化技术常用于优化全虚拟化和半虚拟化产品，而不是独创一派，最出名的例子莫过于 VMware WorkStation。它虽然属于全虚拟化，但是在它的 6.0 版本中引入了硬件辅助虚拟化技术，比如 Intel 的 VT-X 和 AMD 的 AMD-V。现在市面上的主流全虚拟化和半虚拟化产品都支持硬件辅助虚拟化，包括 VirtualBox、KVM、VMware ESX 和 Xen。

（5）操作系统级虚拟化（Operating System Level Virtualization）。这种技术通过对服务器操作系统进行简单地隔离来实现虚拟化，主要用于 VPS。主要的技术有 Parallels Virtuozzo Containers，Unix-like 系统上的 chroot 和 Solaris 上的 Zone 等。

2. 虚拟机

虚拟化的基础是虚拟机，虚拟机是一种严密隔离的软件容器，它可以运行自己的操作系统和应用程序，就好像一台物理计算机一样。虚拟机的运行完全类似于一台物理计算机，它包含自己的虚拟（即基于软件实现的）CPU、RAM 硬盘和网络接口卡（NIC）。一台常见的虚拟机工作原理如图 2.2 所示。

操作系统无法分辨出虚拟机与物理计算机之间的差异，应用程序和网络中的其他计算机也无法分辨。即使是虚拟机本身也认为自己是一台"真正的"计算机。不过，虚拟机完全由软件组成，不含任何硬件组件。因此，虚拟机具备物理硬件所没有的很多独特优势。

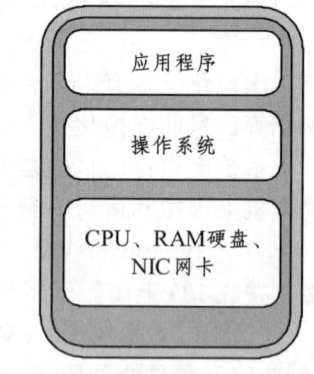

图 2.2　虚拟机工作原理

3. 虚拟化的优点

虚拟化所带来的好处是多方面的，总体来说主要包括了以下几点，如图 2.3 所示。

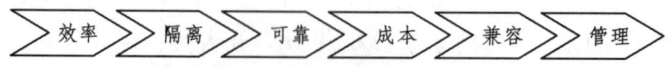

图 2.3　虚拟机的优点

（1）效率：将原本一台服务器的资源分配给了数台虚拟化的服务器，有效地利用了闲置资源，从而确保企业应用程序发挥出最高的可用性和性能。

（2）隔离：虽然虚拟机可以共享一台计算机的物理资源，但它们彼此之间仍然是完全隔离的，就像它们是不同的物理计算机一样。因此，在可用性和安全性方面，虚拟环境中运行的应用程序之所以远优于在传统的非虚拟化系统中运行的应用程序，隔离就是一个重要的原因。

（3）可靠：虚拟服务器独立于硬件进行工作，通过改进灾难恢复解决方案提高了业务连续性。当一台服务器出现故障时，可在最短时间内恢复且不影响整个集群的运作，在整个数据中心实现了高可用性。

（4）成本：降低了部署成本，只需要用更少的服务器就可以实现需要更多服务器才能做到的事情，也间接降低了安全等其他方面的成本。

（5）兼容：所有的虚拟服务器都与正常的 X86 系统相兼容，它改进了桌面管理的方式，可部署多套不同的系统，将因兼容性造成问题的可能性降至最低。

（6）便于管理：提高了服务器/管理员比率，一个管理员可以轻松地管理比以前更多的服务器而不会造成更大的负担。

2.2　企业虚拟化

虚拟化的起因很简单，就是因为硬件资源的浪费，主要针对的问题就是硬件资源利用效率的低落。在计算机 CPU 和内存的效能、数量以穆尔定律倍数成长的同时，CPU 和内存在操作系统中的使用效率低落的情况反而加重。所谓的效率低落，就是无法完全发挥 CPU 的完整性能。虽然软件和操作系统的专家不断地改良效率，但速度远远比不上 CPU 和内存发展的速度，因此让单个硬件平台运行多个操作系统的观念，成为了解决这个问题的最好答案。当前大部分服务器的 CPU 使用率常在 5% 以下，内存更在 30% 以下，若把多个操作系统放在一台机器中，可以让 CPU 的利用率高一些。

2.2.1　企业虚拟化目的

虚拟并不是将服务器合并而已，也不是只能省下电费和买机器的钱。在当今如此复杂的 IT 环境中，虚拟化的设计不断考验着公司 CEO 以及 IT 人员，因此要设计一个完善的企业基础架构。匆忙导入和使用虚拟化是十分不明智的，在此之前必须要考虑许多细节。

1. 提高硬件资源效率

随着网络环境的多度膨胀，加上服务器的空间、耗电、散热成本不断提高，CPU 等资源利用率过低，使得虚拟机厂商们将目标放在"单个物理服务器上运行多个操作系统环境"。这样可以让每一个系统服务（如数据库、WEB 服务器）在单个的操作系统上运行，而多个操作系统可以在同一台服务器上并行运行，不但保持了服务隔离，更让前文提到的问题迎刃而解。CPU、内存资源浪费如图 2.4 所示。

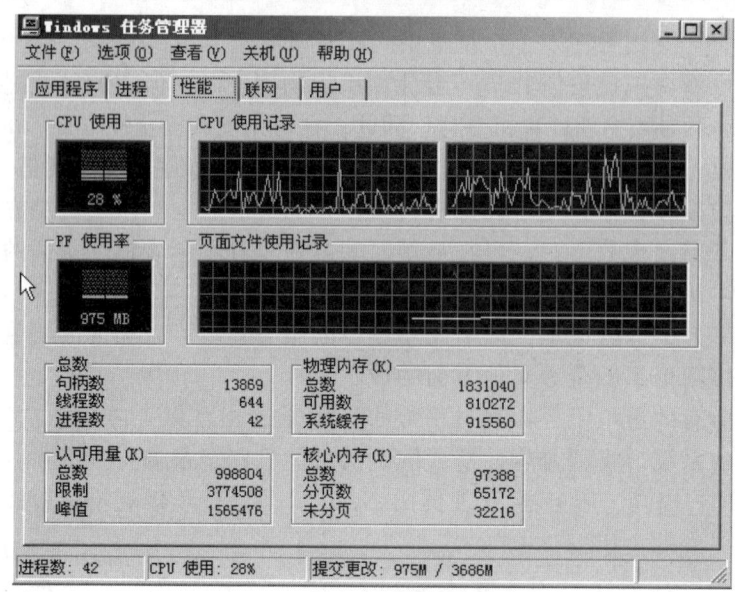

图 2.4 CPU、内存使用率低

2. 管理优势

虚拟化提供的功能可以让 IT 管理人员再度合作。不但一个人管理上千台服务器不再是梦，而且可以让机器具有高可效性，当然完善的管理功能必须创建在良好的架构之上。一个管理员管理上千台服务器如图 2.5 所示。

图 2.5 一个管理员管理上千台服务器

虚拟化提供的另外一个功能是将服务进行隔离，企业用 IT 环境与桌面应用本质上就有很大差别，对讲究安全、稳定、高可用性和便捷管理的企业环境来说，"服务隔离（Isolation）"是一个基本的原则。举例来说，将 WEB 服务器和 SQL 服务器安装在同一个操作系统就是一种十分不明智的选择，因为两个服务之间的资源竞争使得两个服务器运行变得很慢，而操作系统、WEB、SQL 任何一方蓝屏将导致整个系统的宕机。因此对于大多数企业的服务，都强调一个操作系统只能安装一个服务。

3. 高可用性

在服务器合并之后，大家发现虚拟机的功能不仅如此。由于虚拟机的硬件在抽象化之后，比物理机的应用更有弹性，再加上特殊的硬件和设计之后，企业最在乎的高可用性、冗余、负载均衡、副本等从前必须要靠复制的技术和采用最昂贵设备的问题，使用虚拟化后都可以一并解决。

此外，虚拟化还可以解决当前设备无法解决的问题。如动态迁移、快捷删除数据、统一桌面管理，甚至是创建永远不会蓝屏的企业集成环境等，都是新一代虚拟机企业应用的明日之星。创建永远不会蓝屏的环境如图 2.6 所示。

图 2.6 虚拟化 + 硬件可以创建永不蓝屏的环境

2.2.2 企业虚拟化的场合

企业常见的虚拟化应用是将多台 OS 放在一个服务器上以加强硬件资源的利用率，也叫虚拟化的合并。既然可以合并服务器，那是否可以合并桌上计算机呢？这个答案当然是可行的，因此服务器合并和虚拟桌面架构是当前企业虚拟化的两大热点，随着这两个热点发展也就是现在的云计算了。

1. 服务器的合并

不管是在企业内部还是提供主机托管的数据中心，当前已经很少有单个主机使用单个 OS 了。大部分的服务器早已合并，使用的就是虚拟化技术。服务器的合并有很多好处，最明显的就是减少 IT 初期成本的支出以及电费冷却的运营支出。

2. 企业桌面环境的管理

当前虚拟机在这方面的应用上，就是将客户端的桌面系统全部移到服务器的虚拟机上。每一个客户桌面用户都连入自身的虚拟机，这样做的好处就是除了可以节省一大笔升级硬件的预算外，还可以将所有的桌面操作系统集中管理，不管是升级、安装应用程序、用户权限管理等，都可以大量简化 IT 的管理成本。虚拟桌面如图 2.7 所示。

图 2.7　虚拟桌面环境

2.3　虚拟技术的业界动态

以市场占有率来说，当前企业虚拟化的主要产品有 VMware 的 vSphere、微软的 Hyper-VR2 以及 Citix 的 XenServer/XenDesktop。当然还有一些小型的厂商。2009 年虚拟机市场占有率如图 2.8 所示。

2.3.1　X86 虚拟机产品

英特尔 X86 体系结构是目前最为广泛使用的一种 CPU 架构，大量的现存软件都是为 X86 架构编写的。为了让 X86 程序可以在别的 CPU 架构上运行，X86 模

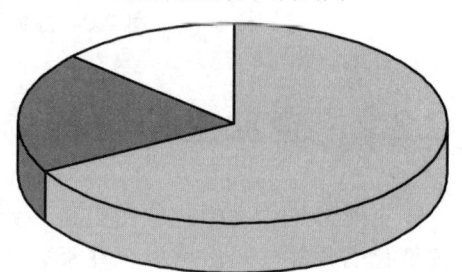

图 2.8　2009 年虚拟机市场占有率

拟器实现了在异种 CPU 架构的硬件环境中模拟出 X86 架构硬件环境的技术，使得 X86 的程序可以在不同 CPU 架构上的虚拟环境中被执行。

虚拟机软件 VirtualBox 不仅具有丰富的特色，而且性能也很优异。更可喜的是，VirtualBox 走向开源，成为了一个发布在 GPL 许可之下的自由软件。VirtualBox 可以在 Linux 和 Windows 主机中运行，并支持在其中安装 Windows（NT 4.0、2000、XP、Server 2003、Vista）、DOS/Windows 3.x、Linux（2.4 和 2.6）、OpenBSD 等系列的客户操作系统。

2.3.2　VMware 的 vSphere 产品

VMware 公司是虚拟化的"泰山北斗"，它也是全世界第三大软件公司。在 Fortune 100 的企业中 100% 都是使用 VMware 公司的产品，在 Fortune 500 大企业中有 98% 都是使用

VMware 的产品，可见其影响力。2009 年 4 月，VMware 推出了新一代的 vSphere 解决方案，vSphere 号称是一款云端操作系统，并且对硬件的支持更加完整。

1. 以 ESX 为基础

vSphere 以原生架构 ESX/ESXi Server 为基础，让多台 ESX Server 能并发负担更多个虚拟机。vSphere 不只是一个多台的 ESX 的群集，还加上了著名的 Virtual Center，配合了主流的数据库软件来管理 ESX 和虚拟机。

2. 各种不同专用功能

vSphere 最大的特色就是在多台 ESX 加入后，可以落实虚拟机转移。举例来说，在一台物理服务器 ESX01 上的虚拟机 VM01 运行过程中，若这台 ESX01 突然蓝屏了，由于虚拟机的硬盘文件都是放在 SAN 上，那么这个虚拟机所处的 ESX01 只是在内存的状态中消失，但在 SAN 上的虚拟机文件还存在。此时，vSphere 可以将这台在 ESX01 上的 VM01 立即在没有蓝屏的物理服务器 ESX02 上激活，用户仅会感觉到小小的断线（更或者根本就感觉不到）。这类的功能在物理环境是不可能发生的，因为就算做了集群，两台机器的配置很可能是不一样的，也无法保持内存的状态，这种功能只能在虚拟机上才有。

vSphere 的出现改变了人们对虚拟机的看法，更让企业应用从单纯的服务器合并到取代整个企业基础架构，在越来越强调效率的环境中，这将重写企业家们对 IT 的观念。

2.3.3 微软的 Hyper_V R2 产品

微软在本世纪初就察觉到虚拟机的重要性，因此也收购了唯一能与 VMware 抗衡的 Virtual PC。在工作站级，虚拟机逐渐成熟，再加上竞争对手 VMware 在此领域屡有佳作，微软体会到虚拟机将无可避免地走进企业，因此在 2005 年开始计划原生架构的产品。

Hyper-V 是微软提出的一种系统管理程序虚拟化技术，它的产品有：Hyper_V Server 2008 R2 和 Hyper-V 角色管理器。Hyper_V Server 2008 系统界面如图 2.9 所示。

1. Windows Server 2008 R2

Hyper-V 是 Windows Server 2008 R2 中的一个角色，在将 Windows Server R2 提升成 Hyper-V R2 之后，引导后的 Windows Server 2008 R2 就不再是一个独立的操作系统，而是在 Hyper-V R2 上的一个客户端的操作系统，但资源的分配还是可以由该操作系统来统一的。

Hyper-V Server 2008 R2 是一种无图形化界面的 server core，有独特的 hypervisor，这就使得 Hyper-V Server 2008 R2 上的虚拟机，可以通过 hypervisor 来调用 server 的硬件资源，而 Hyper-V 角色，则是 Windows Server 2008 R2 中的一个管理工具，其作用为通过网络直接管理 Hyper-V Server 2008 R2 上的虚拟机。Hyper-V R2 的主要功能和任何一个虚拟机产品是一样的，希望能将微软的服务器服务单个化，并且能充分利用物理机的资源。随着 VMware 的 vSphere 上市，微软虽然当前没有真正与之抗衡的产品，但是 Hyper-V 和早期的 Virtual Server 也推出了继承 Service Console 的 Virtual Machine Manager。它不但可以管理微软的虚拟机，还可以管理 VMware 或 ESX 下的虚拟机。

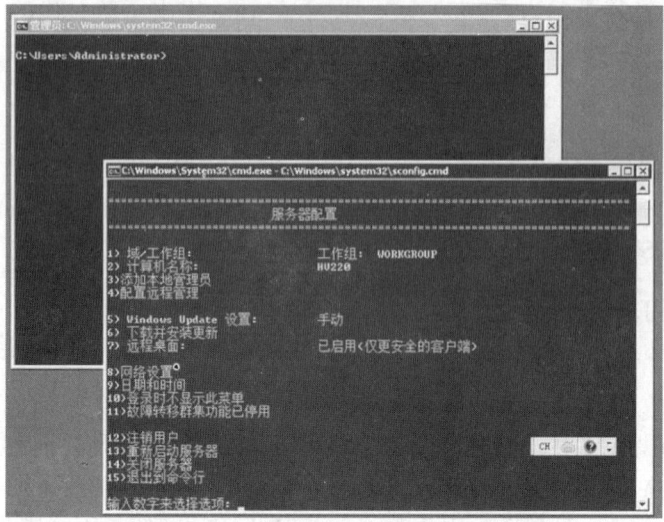

图 2.9 Hyper_V Server 2008 系统界面

2. Hyper-V 角色管理器

Hyper-V 角色管理器是 Windows Server 2008 R2 服务器管理器中的一个角色，在 Windows 系统下，可以通过 Hyper-V 角色管理器对拥有 Hyper-V 角色管理器的服务器和 Hyper-V Server 2008 R2 系统的服务器进行简单管理，如创建虚拟机、关闭虚拟机、更改虚拟机网络等简单操作。如果想实现迁移、克隆、模板转换等功能，需要使用 System Center 中的 SCVMM 进行 Hyper-V 角色管理器服务器和 Hyper-V Server 2008 R2 系统的服务器的管理来实现。

2.3.4 Citrix Xen 虚拟机监视器

Citrix Xen 是最专业的虚拟化桌面应用。在桌面虚拟化架构的领域中，最有名的就是 Citrix。企业统一桌面环境一直就是一个难题，不同的职务的人需要使用一致的环境，如开发、财务、客服等。Citrix 就是将终端发挥到极致的厂家。

1. 从终端服务出发

终端服务有太多的问题，首先就是操作系统的兼容问题。终端服务大部分运作在服务器等级的操作系统上，但用户都习惯于桌面等级的操作系统。此外在安全性上，终端服务器的蓝屏，将直接导致所有的终端用户都无法登录。在终端服务的使用已经接近成熟时，这些问题的解决目前还是束手无策。

2. 虚拟桌面架构的导入

虚拟桌面架构看来是这些问题的最好解决方案。在一个充满虚拟机的资源池中，让每一个终端用户连入单独的虚拟机而非终端服务服务器，这些虚拟机可能采用不同的操作系统，如 Windows、Linux 等。同职务的用户可以使用一个模板，并且利用 Group Policy 和 Roaming 配置文件来规范本地以及资源的使用，这种模式对 Citrix 是比较有吸引力的。

3. Xen 简介

Xen 最有名的就是它的资源占用是所有主流产品中最小的。Xen 占用的系统资源在 2%，最大在 8%，这与大部分其他虚拟机产品动辄就达到 20% 占用率相比要好得多。Xen 充分利用了硬件上的优势，新版的 Xen 也可以不修改客户端的操作系统直接使用，并仍然维持到 92%~98% 的资源利用率。

2.4 VMware 虚拟机简介

本节主要介绍虚拟机概念、虚拟机在含 vSphere 的基础架构环境中的工作原理、组成虚拟机的元素和用于管理这些元素的功能。

什么是虚拟机？正如大家所知道的一样，虚拟化是一种技术，将一台物理的计算机划分成几个独立的机器，支持不同的操作系统和应用程序同时运行，并且它们之间相互隔离，相互独立。在虚拟机上运行应用程序跟在物理机上一样，简单来说虚拟机就是运行操作系统和应用程序的软件计算机。在虚拟机中有一组规范和配置文件，由主机的物理资源支持。每个虚拟机都有与物理硬件相同功能的虚拟设备（如虚拟 CPU、虚拟内存、虚拟硬盘、虚拟网卡等），并且虚拟机在可移植能力、可管理性和安全性等方面比物理机表现得更加出色。

VMware 中的虚拟机是安装在能支持它的存储设备上的多种类型的文件的组合。虚拟机的关键文件包括配置文件、NVRAM 设置文件、日志文件和虚拟磁盘文件。在 vSphere 架构中，虚拟机的设置可以通过 vSphere Web Client 或 vSphere Client 这两个客户端进行配置，在虚拟机设置过程中无需涉及密钥文件。如果虚拟机存在一个或多个快照或者被添加了裸设备映射（RDM）时，这时该虚拟机将包含更多文件。虚拟机中的文件如果未得到 VMware 技术支持代表的指示，那么请勿更改、移动或删除这些文件。在虚拟机中不能删除的文件如表 2.1 所示。

表 2.1 虚拟机中不能删除的文件

文件类型	文件使用情况	文件描述
.vmx	vmname.vmx	虚拟机配置文件
.vmxf	vmname.vmxf	其他虚拟机配置文件
.vmdk	vmname.vmdk	虚拟磁盘特性
-flat.vmdk	vmname.nvram 或 nvram	虚拟机 BIOS 或 EFI 配置
.vmsd	vmname.vmsd	虚拟机快照
.log	vmware.log	当前虚拟机日志文件
-#.log	vmware-#.log（其中#表示从 1 开始的编号）	旧的虚拟机日志条目
.vmsn	vmname.vmsn	虚拟机快照数据文件
.vswp	vmname.vswp	虚拟机交换文件
.vmss	vmname.vmss	虚拟机挂起文件

1. 虚拟架构

虚拟基础架构，就是在多台的物理计算机上采用虚拟技术，用户可以在这范围内共享多台的物理计算机资源，也可以在多台虚拟机之间共享一台物理计算机资源，达到资源的最高利用率和效率。共享的资源能在虚拟机和应用程序之间进行共享，共享的应用程序也可以根据需要随时使用。采用虚拟基础架构可以实现资源的优化、降低资金成本和运营成本，并提高运营效率和灵活度。虚拟基础架构如图 2.10 所示。

图 2.10　虚拟基础架构图

虚拟基础架构的组成，主要包括裸机的虚拟化管理程序、虚拟基础架构服务、若干个自动解决方案。其中虚拟化管理程序能使 X86 计算机实现全面的虚拟化；虚拟基础架构服务可在虚拟机之间使可用资源达到最优配置；自动解决方案可以通过特殊的功能来优化 IT 的流程如调配或灾难恢复。

在 VMware 公司的 vSphere 架构中主要包含两个软件层：分别为虚拟化层和管理层。其中 ESXi 虚拟主机提供虚拟化功能，vCenter Server 提供管理资源功能。

2. 虚拟基础架构与数据中心的关系

虚拟基础架构主要在哪些场合中运用？它的运用场合主要是数据中心，包括各企业的数据中心、国家级的数据中心、地方数据中心等。到底什么是数据中心呢？数据中心是一个建筑物的一部分，里面主要用于放置核心数据处理设备，各种大的存储器、服务、通信设备等。它的建立主要是为了全面、集中、主动并有效的管理和优化 IT 的基础架构，实现高效的管理性、可用性、可靠性和可扩展性，保障企业的业务能够可靠的运行。数据中心如图 2.11 所示。

图 2.11　数据中心

第 2 章　虚拟基础架构部署与配置

数据中心在 vSphere 体系的 vCenter Server 层次结构中，它主要指的是 ESXi 主机、文件夹、集群、资源池、vSphere vApp 和虚拟机等的主要容器。数据存储在数据中心，存储的位置以虚拟方式表示，虚拟方式指的是在虚拟机中文件的位置。物理存储设备有 RAID、LUN、SAN，它们隐藏了数据的基础物理存储的特性，从而使得虚拟机上的存储资源有一个统一的存储模式。

3. 虚拟机的虚拟硬件、选项、资源可以被编辑

虚拟机中虚拟的硬件可以被编辑，可以被编辑的硬件有：

（1）CPU。

性能描述：可以将 ESXi 主机上运行的虚拟机配置为一个或多个虚拟处理器，虚拟机的虚假 CPU 的数量不能超过主机上的逻辑 CPU 的实际数量，可以更改分配虚拟机的 CPU 数量并配置高级 CPU 的功能，如 CPU 标志掩码和超线程内核共享。

（2）DVD/CD-ROM 驱动器。

性能描述：默认情况下在创建新的 vSphere 虚拟机时已经安装；可以配置 DVD/CD-ROM，以链接到客户端设备、主机设备或数据存储 ISO 文件；可以添加、移除或配置 DVD/CD-ROM 设备。

（3）软盘驱动器。

性能描述：软盘驱动器在默认情况下在创建新的 vSphere 虚拟机时已经安装，可以链接到位于 ESXi 主机上的软盘驱动器（软盘映像.flp），或者链接到本地系统上的软盘驱动器，可以添加、移除或设置软盘设备。

（4）硬盘。

性能描述：虚拟硬盘存储着虚拟机的操作系统、程序文件以及与其活动相关的其他数据。虚拟磁盘是一个较大的物理文件或一组文件，可以像处理任何其他文件那样复制、移动、归档和备份虚拟磁盘。

（5）IDE0、IDE1。

性能描述：在默认情况下，会为虚拟机提供两个集成驱动器电子（IDE）接口。IDE 接口（控制器）是存储设备（软盘、硬盘和 CD-ROM 驱动器）连接到虚拟机的一种标准方式。

（6）键盘。

性能描述：镜像首次连接到控制台时就能连接到虚拟机控制台的键盘。

（7）内存。

性能描述：虚拟硬件内存大小用于决定运行于虚拟机内的应用程序可以使用的内存量。虚拟机无法从较其配置的虚拟硬件内存大小更多的内存资源中受益。

（8）网络适配器。

性能描述：ESXi 网络功能提供了相同主机上虚拟机之间、不同主机上虚拟机之间以及其他虚拟机和物理机之间的通信。配置虚拟机时，可以添加网络适配器（网卡）并指定适配器类型。

（9）并行端口。

性能描述：并行端口将外围设备连接到虚拟机的接口，虚拟并行端口可以连接到文件。可以添加、移除或配置虚拟并行端口。

（10）PCI 控制器。

性能描述：PCI 总线是与诸如硬盘和其他设备等组件通信的虚拟机主板上的总线，虚拟主机会为虚拟机提供一个 PCI 控制器但无法配置或移除此设备。

（11）PCI 设备。

性能描述：最多可向虚拟机添加六个 PCI vSphere DirectPath 设备，必须为虚拟机运行所在的主机上的 PCI 直通预留这些设备，DirectPath I/O 直通设备不支持快照。

（12）定点设备。

性能描述：镜像首次连接到控制台时连接到虚拟机控制台的定点设备。

（13）串行端口。

性能描述：串行端口是将外围设备连接到虚拟机的接口。虚拟串行端口可连接至物理串行端口、主机上的文件，或通过网络连接，还可以使用它在两个虚拟机之间建立直接连接，或者在虚拟机与主机上的应用程序之间建立连接。虚拟机最多可使用四个虚拟串行端口，可以添加、移除或配置虚拟串行端口。

（14）SCSI 控制器。

性能描述：提供对虚拟磁盘的访问。这些 SCSI 虚拟控制器对于虚拟机而言是不同类型的控制器，包括 BusLogic Parallel、LSI Logic Parallel、LSI Logic SAS 和 VMware Paravirtual。可以更改 SCSI 控制器类型，为虚拟机分配总线共享，或添加准虚拟化 SCSI 控制器。

（15）SCSI 设备。

性能描述：在默认情况下，会为虚拟机提供一个 SCSI 设备接口。SCSI 接口是将存储设备（软盘、硬盘和 DVD/CD-ROM）连接到虚拟机的一种典型方式，可以添加、移除或配置 SCSI 设备。

（16）SIO 控制器。

性能描述：提供串行和并行端口、软盘设备，并执行系统管理活动。一个 SIO 控制器可用于虚拟机但是无法配置或移除此设备。

（17）USB 控制器。

性能描述：为其管理的 USB 端口提供 USB 功能的 USB 硬件芯片。虚拟 USB 控制器是虚拟机上的 USB 主机控制器功能的软件虚拟化。

（18）USB 设备。

性能描述：可以向虚拟机添加多个 USB 设备，例如安全加密狗和海量存储设备，可将 USB 设备连接到 ESXi 主机或客户端计算机。

（19）VMCI。

性能描述：VMCI 是虚拟机通信接口设备，提供虚拟机和管理程序之间的高速通信通道。可以启用 VMCI 用于虚拟机之间的通信，无法添加或移除 VMCI 设备。

2.5　认识 VMware vSphere 架构

VMware 在原来的 VMware Infrastructure 3（以下简称 VI3）基础上推出的 VMware

vSphere 被称为业界首款云计算操作系统。VMware vSphere 主要包括两部分：一是虚拟化管理器 VMM 部分，VMware ESX 4；二是用于整合和管理 VMM 的 VMware vCenter。其物理逻辑架构如图 2.12 所示。

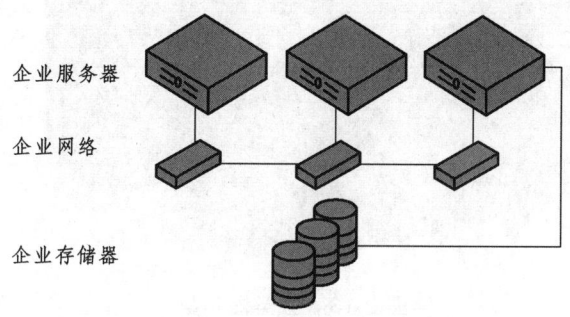

图 2.12　vSphere 物理逻辑架构

2.5.1　VMware vSphere 简介

　　VMware vSphere 是 VMware 公司推出的首款云计算操作系统，它是云计算搭建虚拟架构的首选虚拟架构之一。它可以让一台物理服务器虚拟出多个虚拟机，在不同虚拟机上构建不同操作系统和应用软件，让传统的操作系统不受物理服务器、存储、网络等其他的硬件设备受兼容问题的限制。VMware vSphere 可以构建数据中心，搭建不同的集群，可以实现任意的集群实现迁移，还能实现在线迁移。它相对于传统的数据中心而来，在稳定性、可靠性、可管理性、高可用性、高容错性、安全性和可扩展性等方面表现的更有优势。可以用一句话来概括：采用 VMware vSphere 虚拟架构可以使应用软件不再受操作系统的局限。

　　VMware vSphere 利用虚拟化功能将数据中心转换为简化的云计算基础架构，使 IT 组织能够提供灵活可靠的 IT 服务。它通过虚拟化技术来汇总了多个系统间的基础物理硬件资源，同时为数据中心提供大量的虚拟资源。它的强大之处在于能作为无缝、动态的操作环境，并管理这些大型的 CPU、存储器、网络等基础架构，还能同时管理着复杂的数据中心。

　　首先我们来认识什么叫集群，也就是服务器的集群。集群从字面意思来理解就是很多的服务器或者计算机集中起来进行统一的服务。对于客户端来说，这个集群就像一个大的服务器一样。为什么要有集群呢？集群的目的又是什么呢？集群可以利用很多的计算机实现并行计算从而能获得很高效率的计算速度，根据集群的规模，这个计算速度可以模拟核爆炸、天气预报以及预测市场的发展动态。集群可以提供高可靠性，主要表现在它可以实现多个备份，如果集群中的任何一台物理机出现了故障或者宕机了，它不会影响整个系统的正常运行。服务器集群如图 2.13 所示。

图 2.13　服务器集群

2.5.2　VMware vSphere 的主要组件

VMware vSphere 是一个完整的解决专案而非单个产品，它的组成有硬件、Hypervisor、功能、服务、虚拟机等部件组成。其中最重要的就是 ESX/ESXi 两个服务器，它构成了整个 VMware vSphere 王国的内核，它一般不会单独出售，但是它可以独立的使用。

VMware vSphere 有哪些组件构成呢？它的主要组件有 VMware ESX 和 VMware ESXi、VMware vCenter Server、VMware vCenter Client、VMware vSphere Web Access、VMware 虚拟机文件系统（VMFS）、VMware Virtual SMP、VMware Vmotion、Storage Vmotion、HA、DRS、VMware Consolidated Backup、VMware vSphere SDK、VMware 容错、vNetwork 分布式交换机、主机配置文件、可插入存储阵列（PSA）等。接下来对这些组件作一个简要的介绍。

1．VMware ESX/VMware ESXi 虚拟服务器

虚拟主机是在服务器上划分出一定的磁盘空间供用户使用，可以把一台服务器换分成多个虚拟主机，每一个虚拟主机有一个独立的域名或完整的服务器。vSphere 架构中的 ESXi 主机也是虚拟主机中的一种。

ESXi 虚拟主机也叫虚拟服务器，它用于将主机硬件作为一组标准化资源进行聚合并将其提供给虚拟机。可以在独立 ESXi 主机或 vCenter Server 管理的 ESXi 主机上运行虚拟机。如何访问虚拟主机的界面呢？通过 vSphere Client 可以从任何 windows 操作系统直接连接 ESXi 虚拟主机，管理 vSphere 环境中各个方面的主界面，还提供对虚拟机的控制台进行访问。

它是处于物理服务器上运行的虚拟化层。它将处理器、内存、存储器和资源虚拟化成各个虚拟机。ESX Server 就是一个简单的原生架构的 Hypervisor，在其上可以安装操作系统，在 ESX 上 vSphere 提供了许多功能。ESXi Server（简称 ESXi），也是一个原生架构的 Hypervisor，但它拿掉了很多的管理界面，算是一个轻量级的 Hypervisor，在其上也可以安装不同的操作系统。

ESX 有两个版本分别为：一个是 VMware ESX 4.0 版本，它包含内置服务控制台，它的安装文件是一个可安装的 CD-ROM 引导映像。一个是 VMware ESXi 4.0 版本，它不包含服

控制台。VMware ESXi 4.0 有两种形式：VMware ESXi 4.0 Embedded 和 VMware ESXi 4.0 Installable。ESXi 4.0 Embedded 是一个固件，内置于服务器物理硬件中；ESXi 4.0 Installable 是一种软件,该软件的安装文件是一个可安装的 CD-ROM 引导映像。将 ESXi 4.0 Installable 软件安装到服务器的硬盘驱动器上。

2. VMware vCenter Server 组件

VMware vCenter Server 是配置、置备和管理虚拟化 IT 环境的中央点。vCenter Server 是用于将多个主机的资源加入资源池并起到管理这些资源的作用，它能有效的监管和管理物理和虚拟的基础架构，也能有效的管理虚拟机的资源，设置虚拟机、调度任务、收集统计信息日志,创建模板等。vCenter Server 还提供了 vSphere vMotion、vSphere Storage vMotion、vSphere Distributed Resource Scheduler(DRS)、vSphere High Availability（HA）和 vSphere Fault Tolerance，通过这些服务可以实现虚拟机的高效、自动化资源管理以及高可用性。

vCenter Server 的操作可以通过 VMware vSphere Web Client 和 vSphere Client 客户端远程连接到 vCenter Server，VMware vSphere Web Client 和 vSphere Client 连接到 vCenter Server 界面可以管理 vSphere 环境所有方面的主界面，并能访问虚拟机的控制台。通过 VMware vSphere Web Client 和 vSphere Client 的清单视图中，可以显示 vCener Server 管理的所有对象的组织层次结构，包括了 vCenter Server 中的所有监控对象。

3. VMware vSphere Client 组件

VMware vSphere Client 是一个允许用户从任何 Windows PC 远程连接到 vCenter Server 或 ESX/ESXi 界面的客户端。

4. VMware vSphere Web Access 组件

VMware vSphere Web Access 是一个 Web 界面，它允许进行虚拟机管理和对远程控制台的访问。

5. VMware 虚拟机文件系统（VMFS）

VMware 虚拟机文件系统(VMFS)是一个针对 ESX/ESXi 虚拟机的高性能群集文件系统。

6. VMware Virtual SMP 组件

VMware Virtual SMP 是能使单一的虚拟机同时使用多个物理处理器的功能。

7. VMware VMotion 和 Storage Vmotion 组件

VMware VMotion 的功能是可以将正在运行的虚拟机从一台物理服务器实时迁移到另一台物理服务器，在这同时也能保证零停机时间，它可以实现连续的服务可用性和事务处理完整性。Storage VMotion 可以在数据存储之间迁移虚拟机文件，在此同时也无需中断服务。

虚拟机位置的存放方法有，可以选择将虚拟机及其所有磁盘放置在同一位置，也可以为虚拟机配置文件和每个虚拟磁盘选择单独的位置。虚拟机在 Storage VMotion 期间保留在同一主机上。VMotion 迁移可以实现功能有：将已启动的虚拟机移至新主机；在不中断虚拟机可用性的情况下将虚拟机移至新的主机，但是不能将虚拟机从一个数据中心移至另一个数据中心；将已启动虚拟机的虚拟磁盘或配置文件移到新数据存储；可以在不中断虚拟机可用性的情况下，移动虚拟机的存储器。

8. HA 高可用性组件

HA 是（VMware High Availability）的缩写，它提供了为虚拟机上运行的应用程序提供高可用性的功能。如果服务器出现故障，受到影响的虚拟机会在其他拥有多余容量的生产服务器上重新启动。

9. 分布式资源调用 DRS 组件

分布式资源调用 VMware Distributed Resource Scheduler（DRS）提供了一种通过为虚拟机收集硬件资源，动态分配和平衡计算容量的功能。此功能包括可显著减少数据中心功耗的分布式电源管理（DPM）功能。

10. PSA 组件

可插入存储阵列（PSA）是一种存储合作伙伴插件构架，可提高阵列认证的灵活性并完善阵列优化性能。PSA 是一种多路径 I/O 构架，它允许存储合作伙伴不根据 ESX 发行时间安排启用其阵列。VMware 合作伙伴可以提供性能增强且对每个阵列进行了优化的多路径负载平衡行为。

2.5.3　VMware VSphere 的基础架构服务

vSphere 是一个完整的 IT 架构而非单个产品，它可使用于各种规模的企业中，其云端化的特色让大型企业更可以和第三方的资源结合，成为企业的单个入口解决方案。vSphere 提供了硬件以及应用软件的解决方案，vSphere 的整体架构如图 2.14 所示。

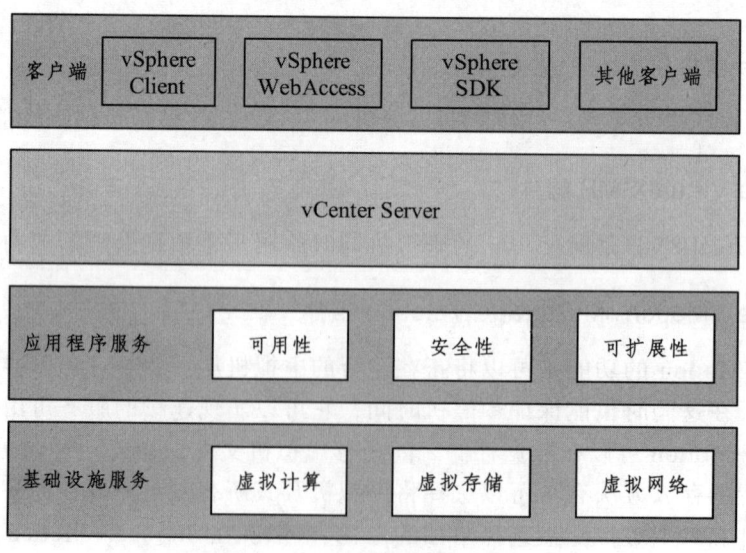

图 2.14　vSphere 的整体架构

第 2 章 虚拟基础架构部署与配置

1. 云端部分

vSphere 将硬件资源定义为"云端",这里的云端就是指平台(PaaS)和架构(IaaS)部分,它分为内部云端和外部云端。

(1)内部云端。

内部云端是由各种硬件资源所组成,并且由 vSphere 负责统合云端资源,在 Iaas 以及 Paas 中。这里定义的资源为硬件资源和 OS 操作系统资源,IaaS 硬件资源主要有 CPU 的运算能力、RAM 以及存储空间;PaaS 则指的是各种各样的操作系统。

(2)外部云端。

在当前第三方厂家提出了各式各样的 IaaS 和 PaaS,如亚马逊的 EC2,vSphere 可以将这些资源集成到企业的 IT 架构中,采用第三方厂家提供的 API、Web Service 或是 vSphere 提供的 API 都是可以集成的。

2. vSphere 底层架构服务

在 CPU/RAM 存储之上,我们需要一个 Hypervisor 将资源集成,并且向上提供一个虚拟的硬件资源给虚拟机使用,这部分最重要的就是 ESX 和 ESXi 服务器负责将这些硬件资源虚拟化,其他硬件用来向上"欺骗"虚拟机,主要分为运算部分 vComputer、存储部分 vStorage 以及网络部分的 vNetwork。

(1)vComputer 部分。

vComputer 包括 ESX/ESXi 以及 DRS。ESX/ESXi 是安装在物理服务器上的 Hypervisor,其功能就是将 CPU 资源累加后进行分配,分配存储以及存储空间的规划。

分布式资源调用 DRS 也属于 vComputer,主要功能就是让虚拟机虚拟机能自己"找"到最适合的物理服务器。举例说明,一个运行 SQL 的虚拟机原来运行的很顺利,突然负载过大时,这个虚拟机就会在集群中找 CPU 更强、RAM 更多的物理服务器移过去。

(2)vStorage 部分。

vStorage 包括虚拟机所在硬盘的文件系统虚拟机 FS 以及动态分配大小的 Thin Provisioning。虚拟机 FS 是放置虚拟机文件系统的,是所有虚拟机文件的基本存储空间。

Thin Provisioning 的观念是,一般使用硬盘是不可能一安装操作系统就把硬盘装满的,Thin Provisioning 可以动态增大硬盘,当需要容量时才会配置真正的空间,虽然这样做会影响速度,但可以真正的省略硬盘的空间,这个功能在目前大多数的虚拟产品中都能实现。

(3)vNetwork 部分。

虚拟机的网络是最复杂的,一台物理服务器上可能有很多个虚拟机,每一个虚拟机都可以跟物理服务器处于同一个网段,可以使用 NAT 或是 VLAN。这么复杂的网络架构,可能只用同一个物理网卡,vSphere 可以提供这么强大的网络功能是很必要的。

vSphere 提供了一个名为 Distributed NetWork 的架构,它不但有完整的 Bridged/NAT/Host only 架构,更与 Cisco 合作推出了一个专门安装在 vSphere 上的分布式网络交换机。

3. vSphere 底层应用服务

应用软件服务是针对虚拟机的,可以让多台服务器上的多个虚拟机排列组合,达成企业应用的目的,大部分企业选用 vSphere 就源于此。

（1）可用性。

所谓的可用性，就是企业的服务永远不会中断，不管是服务器蓝屏还是应用软件的蓝屏，都不会影响用户对服务的访问。vSphere 提供的这一方面的功能有以下几个方面：

> VMotion：虚拟机可以动态转移，虚拟机可以从一台物理服务器上转移到另一台服务器上。

> Storage VMotion：虚拟机磁盘动态转移，可以把虚拟机硬盘从一个存储设备移到另一台上。

> HA 高可用性：虚拟机会在一台服务器蓝屏后，移到另一台服务器上，服务将永远不会中断。

> 冗余：随时有一个动态的服务器待命，当有一个服务器蓝屏时，不需要 HA 或 VMotion 就可以立即接手。

> Data Recovery：服务器或虚拟机蓝屏之后有一个回退的功能。

（2）安全性。

安全性包括了 vShields Zones 和 VMSafe 两部分。在操作虚拟机时，网卡一定要将这些虚拟机视为物理机，因为它们也是有安全漏洞的，黑客攻击时，不会管你是虚拟机还是物理机，因此虚拟机的网络安全是很重要的。在 vSphere 上可以让物理机直接上不同的虚拟机，甚至不同物理机上不同虚拟机直接关联，不需要外界的防火墙或路由器获取监控。

（3）可扩展性。

不管多强大的系统也有效能达到瓶颈的一天，如果没有中央管理界面，是无法应付日渐复杂的 IT 架构的。vSphere 提供了 vCenter 中央管理界面，是 vSphere 的神经中枢。VMware vCenter Client 是一个 Window 端适用的程序，用它来直接总控单台的 ESX/ESXi，在 vSphere 中，所有的虚拟机管理、创建、运行、维护等操作都是通过 vCenter Client 来实现的。VMware vCenter Server 是 VMware 中最复杂的产品，前面提到的云端、架构、应用软件等，都是要靠 vCenter Server 来落实的。

4. vSphere 重要部件虚拟机

虚拟机（Virtual Machine，VM），是真正运行功能的地方，一个虚拟机被视为一台物理机。它拥有自身的硬件资源，只是被虚拟化过的。一台虚拟机由配置文件 VMX 以及虚拟硬盘 VMDK 组成。

（1）VMX 文件。

在 vSphere 中激活了一台虚拟机时，事实上就是在 Hypervisor 服务读入一个 VMX 文件，并且依照 VMX 文件中的指标来配置物理服务器的硬件资源。VMX 文件是一个文档文件，在创建虚拟机时是可写的，也可以手动更改，但通常都是 vCenter 来完成。

（2）VMDK 文件。

vSphere 中的硬件配置有很多种，但无论是哪一种，都有一个 VMDK 文件来代表 VM 的硬盘。VMDK 文件通常放在 VMFS 文件系统上，并且由 VMX 来给定可读。一般来讲，我们在物理机和虚拟机之间转换时，就是将物理机的硬盘数据映射成一个 VMDK 文件。

第 2 章　虚拟基础架构部署与配置

📖 学习项目

项目 1：虚拟基础架构的网络规划与部署

本项目采用 VMware 公司最新 vSphere 5 作为云基础架构平台，在这个平台上部署 VMware VIEW 5 云桌面，以实现集中、自动化的桌面管理，能够通过一台终端实现对数百个虚拟桌面的可扩展管理。桌面虚拟化是将计算机的桌面进行虚拟化，用户可以通过任何可以上网的设备在任何地点、任何时间通过网络访问属于自己的个人桌面系统。

桌面虚拟化的实现要依赖于服务器的虚拟化，在数据中心中的服务器上实现虚拟化，在上面部署很多的独立的虚拟机或虚拟桌面，用户通过网络输入登录的用户名和密码就可以随时随地地访问自己的桌面系统了。

任务 1：项目的拓扑结构

项目介绍：通过虚拟化管理中心控制台（vCenter Server）快速部署一个或几个源虚拟机 VM（父克隆模板），并在该虚拟机模板上安装操作系统、应用软件和杀毒软件。通过对父克隆模板虚拟机进行快照，产生多个虚拟桌面系统，每一个虚拟的桌面系统将对应一个客户终端。客户机通过瘦身机或 PC 机输入用户名和密码登录到虚拟桌面，在虚拟桌面上的操作就像使用本地的 PC 机的桌面一样去使用虚拟的资源。作为管理员，在管理和维护这些几百个或上千个的虚拟桌面系统时，只需要管理和维护一个或几个父克隆模板虚拟机就可以了，而对应的父克隆快照的几个或几百个虚拟桌面则会自动更新。针对需要增加磁盘或内存空间的个别用户，管理员则可以对个别用户的虚拟桌面进行磁盘或内存的动态增加或缩小、或对网卡的管理和 USB 接口的管理。采用这种桌面云方式可以大大地降低管理和维护的工作量和人工成本。

1. 完成部署的 VMware View5 基础架构组成部分

   - vSphere 5（ESXi）：云桌面后台虚拟机支撑平台。
   - vCenter Server：所有虚拟机管理平台。
   - AD 域控制器：View 的必需组件，为 View 提供统一账户和验证支持。
   - View Manager（Connection Server）：用于所有虚拟桌面客户端统一连接。
   - View Composer：批量自动地部署虚拟桌面快照。
   - View Agent：虚拟桌面的父克隆模板代理模块。
   - View Client：主要是 PC 或瘦客户机。

2. 项目的逻辑拓扑结构

项目的逻辑拓扑结构如图 2.15 所示。

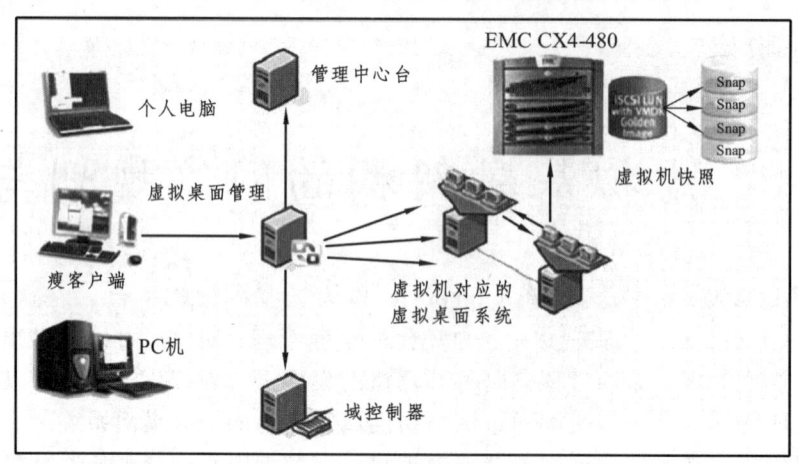

图 2.15 项目逻辑拓扑结构

任务 2：服务器资源分配

本项目中采用 3 台 HPDL380G7 服务器来部署虚拟桌面集群 HA，每台服务器配置 2 颗 6 核 CPU，40GB 内存，1.6TB 内置磁盘，12 个千兆以太网口，2 块 HBA 卡。采用 5 台 HP DL380G7 服务器部署应用服务器集群 HA，用于将一些资源不足的虚拟机或物理服务器迁移至此平台上，通过新建的应用服务器集群提供更高性能、更高可用性的服务器运行环境。如图 2.16 所示。

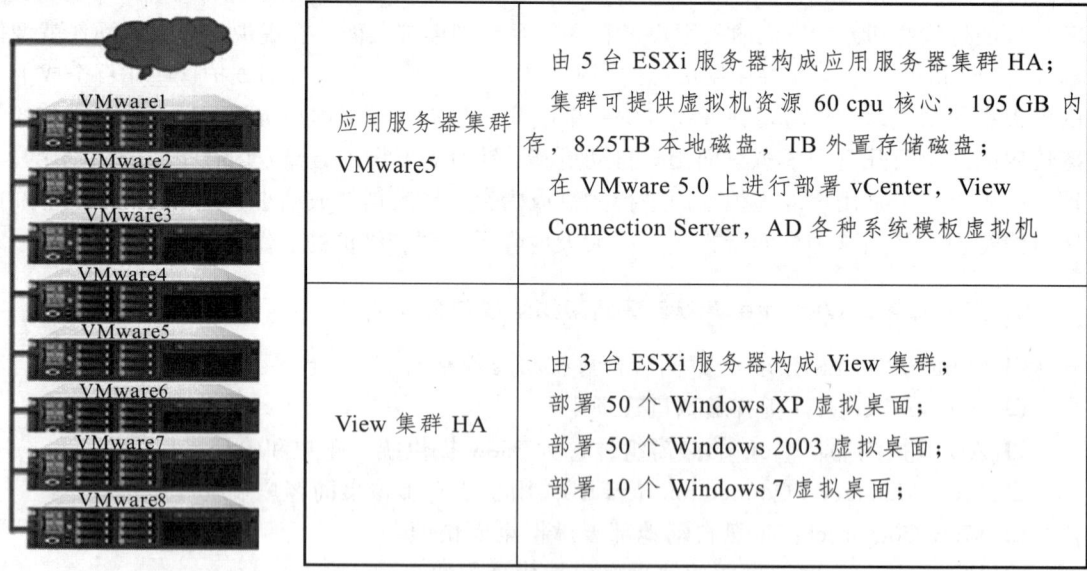

图 2.16 项目服务器资源

任务 3：虚拟网络规划

虚拟网络规划分为 IP 资源规划、网络规划、存储规划，先来看 IP 资源规划。

1. IP 资源规划

本项目中的 IP 资源详细规划，如表 2.2 所示。

表 2.2 项目 IP 资源规划

序号	服务器角色	操作系统	机器名	IP 地址	备注	所属物理服务器	存储数据
1	ESXi Server	ESXi 5.0	vmware1.XXX.com	10.65.0.16/24	应用迁移	vmware1	
2	ESXi Server	ESXi 5.0	vmware2.XXX.com	10.65.0.17/24	应用迁移测试	vmware2	
3	ESXi Server	ESXi 5.0	vmware3.XXX.com	10.65.0.18/24	应用迁移测试	vmware3	
4	ESXi Server	ESXi 5.0	vmware4.XXX.com	10.65.0.19/24	应用迁移测试	vmware4	
5	ESXi Server	ESXi 5.0	vmware5.XXX.com	10.65.0.20/24		vmware5	
6	ESXi Server	ESXi 5.0	vmware6.XXX.com	10.65.3.236/24	VC,AD,CS,WINXP WIN7, WIN200350 个 winxp 虚拟桌面快照，10 个 win7 虚拟桌面快照	vmware6	EMC-LUN8 EMC-LUN0 EMC-LUN1 EMC-LUN14 EMC-LUN15
7	ESXi Server	ESXi 5.0	vmware7.XXX.com	10.65.3.237/24		vmware7	
8	ESXi Server	ESXi 5.0	vmware8.XXX.com	10.65.3.238/24		vmware8	
9	Connection	Windows	view1.XXX.com	10.65.0.199/24	安装 VMware-viewconnectionserver-x86_64-5.0.0-481677.exe	vmware5	EMC-LUN8-DL380G7-SATA
10	Domain	Windows	ad1.XXX.com	10.65.3.1/24	域控制器，DNS 解析		EMC-LUN8-DL380G7-SATA
11	Virtual	Windows	vcenter.XXX.com	10.65.0.3/24	安装 VMware-VIMSetup-all-5.0.0-456005.exe 安装 VMware-viewcomposer-2.7.0-481620.exe		EMC-LUN8-DL380G7-SATA
12	View 虚拟桌面模板机	Windows XP sp3 x86	ViewClientxp.XXX.com	DHCP	VMware-viewclient-5.0.0-481677.exe		EMC-LUN8-DL380G7-SATA
13	View 虚拟桌面模板机	Windows 7 SP1 x64	ViewClientwin7.XXX.com	DHCP	VMware-viewclient-5.0.0-481677.exe		EMC-LUN8-DL380G7-SATA
14	View Client	HP 瘦客户端	ViewClient001.XXX.com	DHCP	NA		

2. 网络规划

本项目中网络规划为：由于 vSphere 5 平台架构在 10.65.0.x 段，而 View 平台在 10.65.3.x 段，因此在核心上需要增加两个地址段间的路由，10.65.3.x 段的网关地址为 10.65.3.254，10.65.0.x 段的网关地址为 10.65.0.1。

3. 存储规划

本项目中的存储规划为：EMC CX4-480 存储上划分了 6 个 LUN 作为云桌面的数据存储平台。

任务 4：部署过程概要

本项目的部署过程清单如下：
- vSphere ESXi 安装配置；
- vCenter Server 安装配置；
- vSphere Client 的安装配置，访问 vSphere ESXi 虚拟主机；
- AD 域控制器的部署，并设置相关用户和权限；
- View connection Server 安装部署，必须加入域；
- 在 vCenter Server 部署 View Composer 管理界面；
- 在 View Manage 界面中加入 VCenter 和 View Composer 组件；
- 部署虚拟桌面的父克隆模板系统（xp，win7）；
- 部署虚拟桌面快照，分配用户；
- 部署虚拟桌面客户端；
- 通过虚拟桌面客户端连接 View Connection Server，登录虚拟桌面。

项目 2：vSphere 5 安装及部署

采用 vSphere 5 来进行部署。vSphere 5 是 VMware 公司推出的，它是一个完整的 IT 架构而非单个产品，它是一款能独立安装和运行在裸机上的系统。与以往的 VMware WorkStation 软件不同的是：它依存在操作系统之上，在 ESXi 安装好之后，可以用 vSphere Client 远程连接控制，在 ESXi 上可以创建多个虚拟机，安装不同的操作系统成为提供应用服务的虚拟服务器。

任务 1：VMware_ESXi 安装以及配置

VMware_ESXi 的下载：到 VMware 官网中注册一个账号，下载 vSphere 免费版。如图 2.17、2.18 所示。

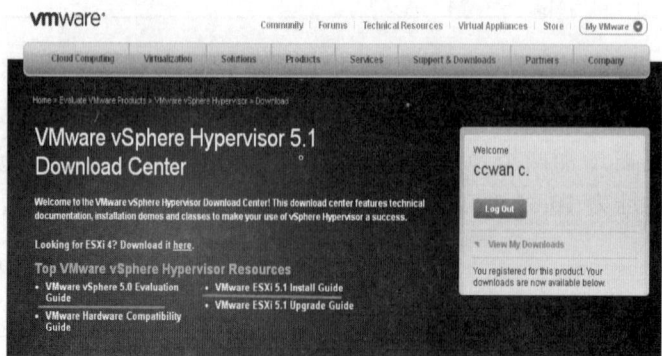

图 2.17　VMware 官网下载 VMware vSphere 免费版本

第 2 章　虚拟基础架构部署与配置

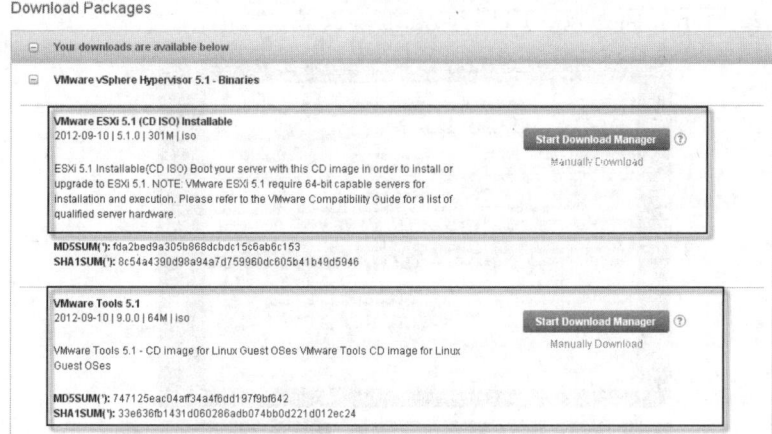

图 2.18　下载页面

1. 安装过程

首先学习 VMware_ESXi 的安装。将 VMware-Vmvisor-Installer-5.0.0-469512.x86_64.iso 文件放到服务器中，然后启动，选择"installer"，如图 2.19 所示。

接下来引导安装，如图 2.20 所示。

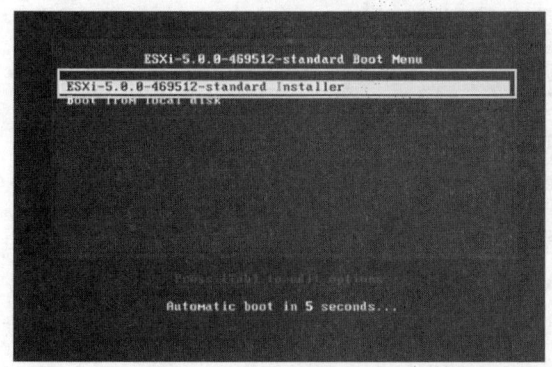

图 2.19　选择"installer"

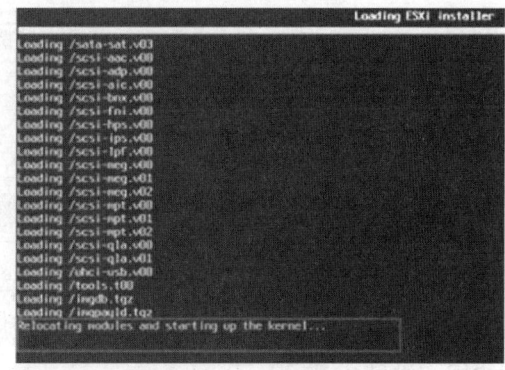

图 2.20　引导安装

安装继续，弹出如图 2.21 所示界面，按"回车"继续。

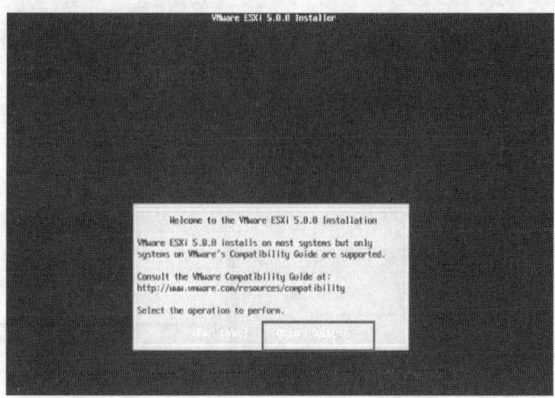

图 2.21　按回车继续安装

出现如图 2.22 所示界面，按"F11"同意继续安装。

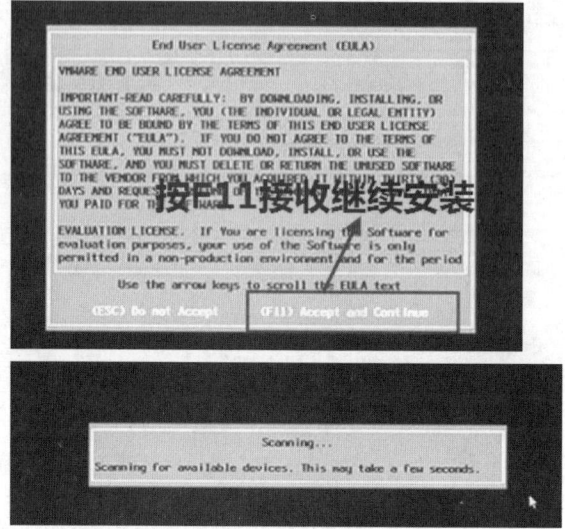

图 2.22　按 F11 同意继续，开始安装

接下来选择安装路径，路径选择为"ATA 内置磁盘"，如图 2.23 所示。

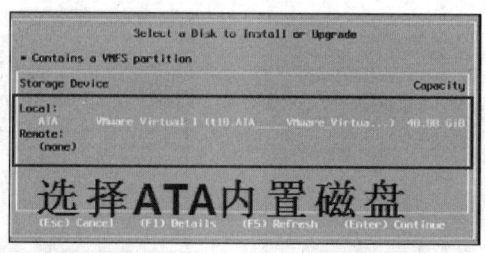

图 2.23　选择 ATA 内置磁盘

接着选择"us Default"默认账户，默认账户为 root，设置其密码，如图 2.24 所示。接下来按回车继续安装。

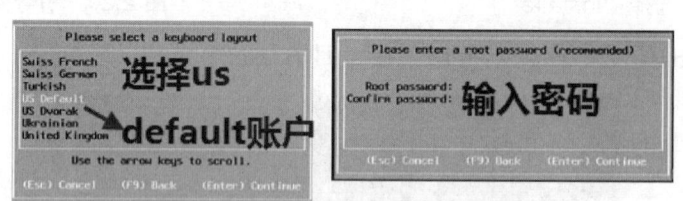

图 2.24　设置默认账户的密码

按"F11"确认安装，如图 2.25 所示。

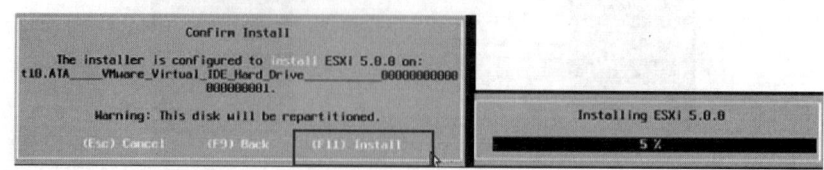

图 2.25　按"F11"确认安装

不一会安装成功，如图 2.26 所示。点击"回车"重新启动。

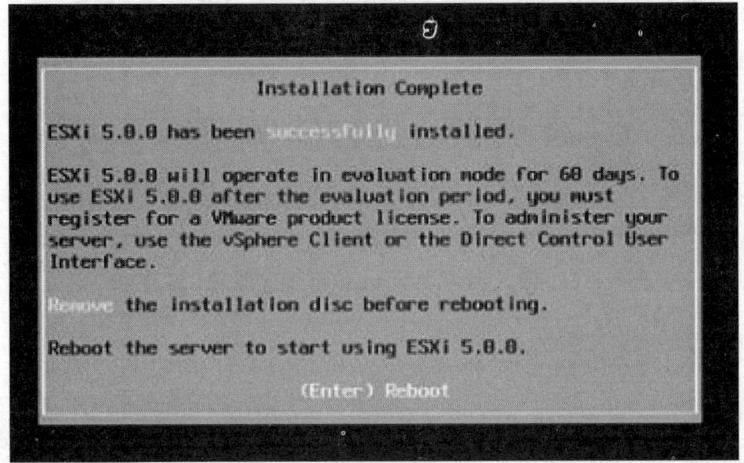

图 2.26　安装成功

2．简单配置过程

重启后，就可以对 VMware ESXi 进行简单的配置了。

默认的登录界面如图 2.27 所示。点击"F2"可以对 ESXi 主机进行一些简单的配置，而

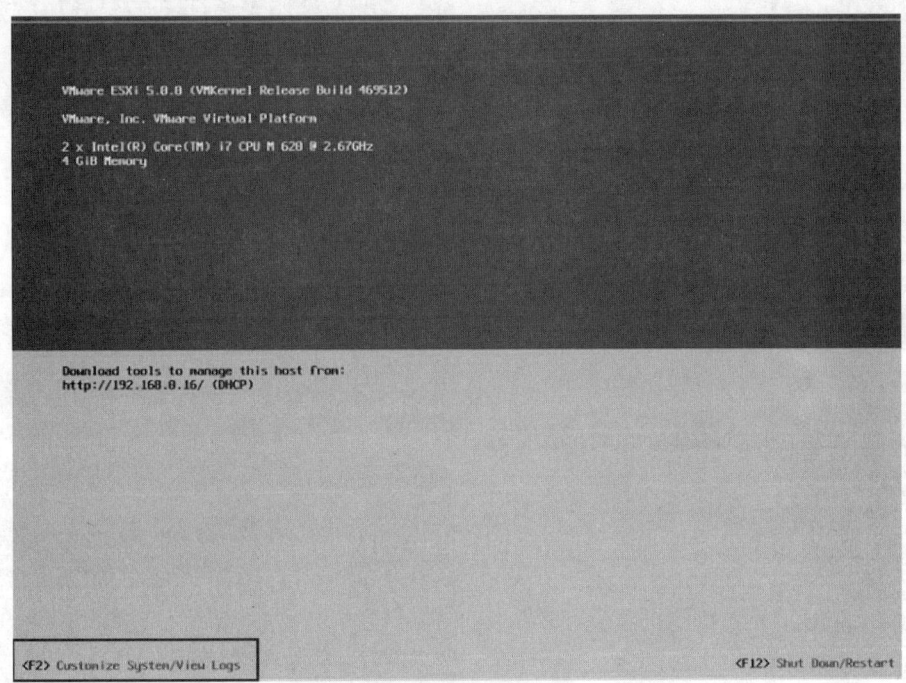

图 2.27　按"F2"进行简单的配置

（1）登录 ESXi 主机。

通过用户名 root 及其密码登录到 ESXi 主机上，如图 2.28 所示。

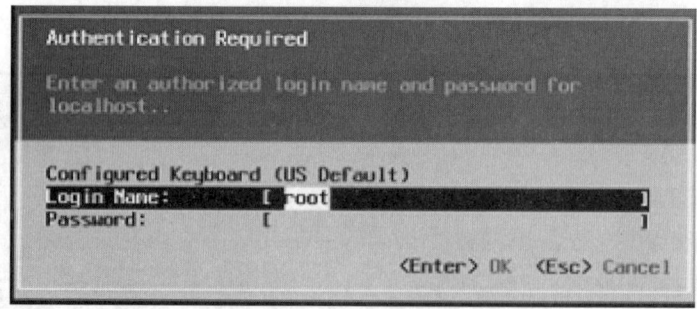

图 2.28　键入用户名 root 和密码登录 ESXi 主机

进入到 ESXi 界面，如图 2.29 所示。

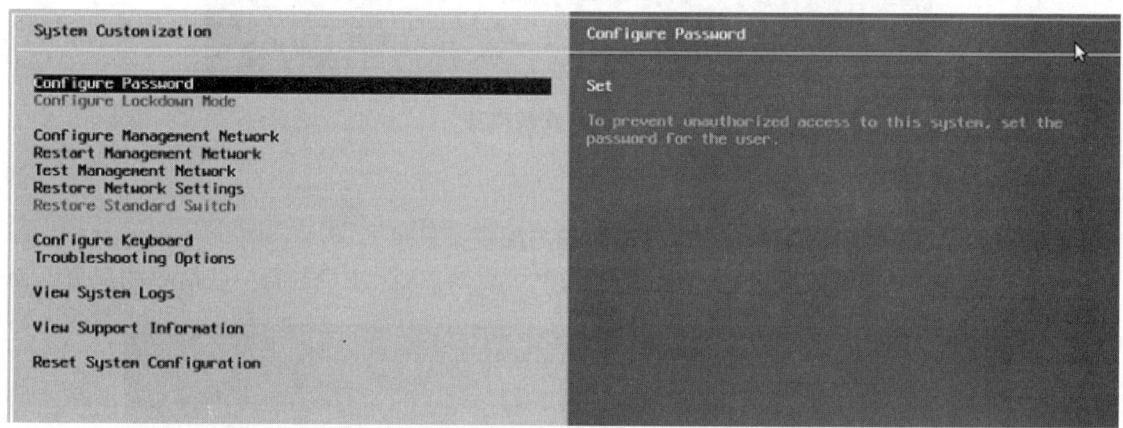

图 2.29　ESXi 界面

（2）配置 IP 地址。

选择"Configure Management Network"进行 IP 地址的配置，如图 2.30 所示。

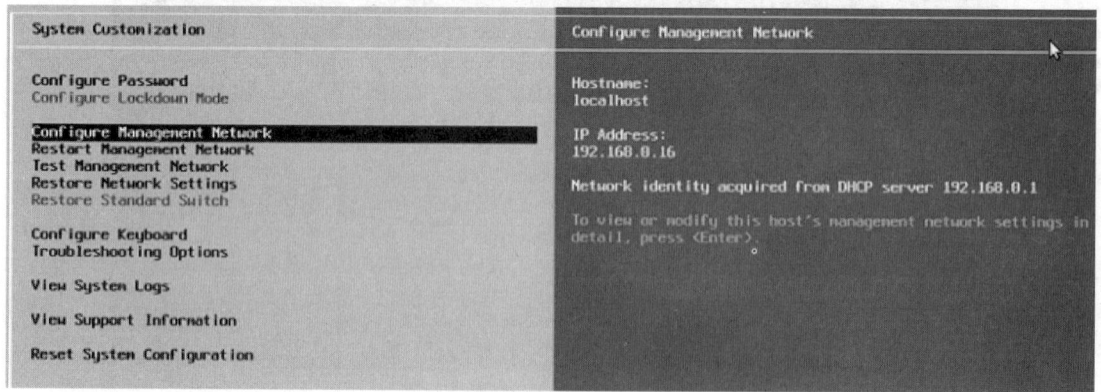

图 2.30　选择"Configuer Management Network"进行 IP 地址的配置

设置 IP 地址，选择"（0）Set static IP address and network configuration"，IP 按规划设置地址为 192.168.0.16，掩码地址为 255.255.255.0，网关地址为 192.168.0.1，如图 2.31 所示。

第 2 章 虚拟基础架构部署与配置

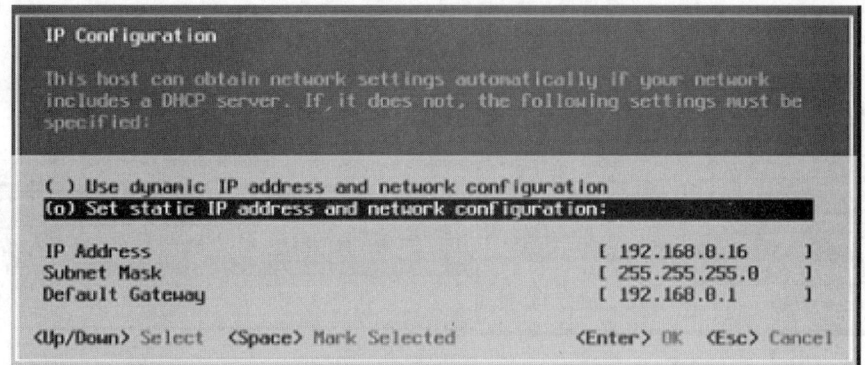

图 2.31 设置 IP 地址、掩码地址和网关地址

当 IP 地址设置完成后，按"回车"确定，如图 2.32 所示。

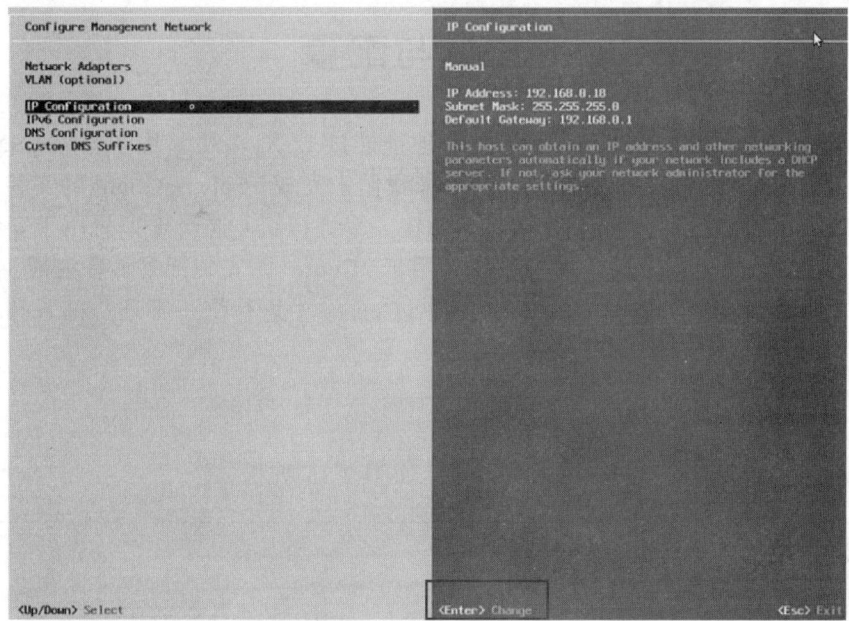

图 2.32 "回车"确定

IP 地址的确定：按"Y"生效，生效后，再按"Esc"，如图 2.33 所示。

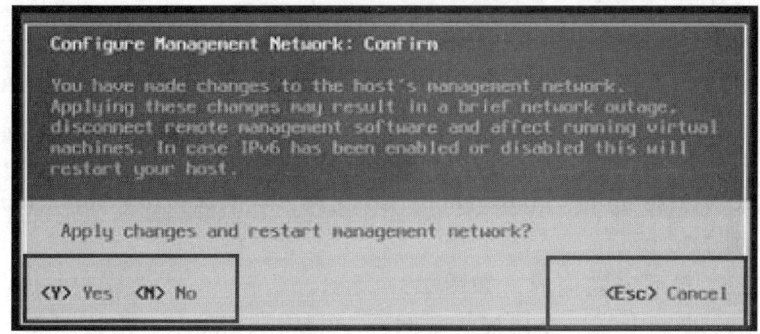

图 2.33 按"Y"IP 地址生效

在主菜单中选择"F12"关闭 ESXi,按"F11"重启 ESXi,如图 2.34 所示。

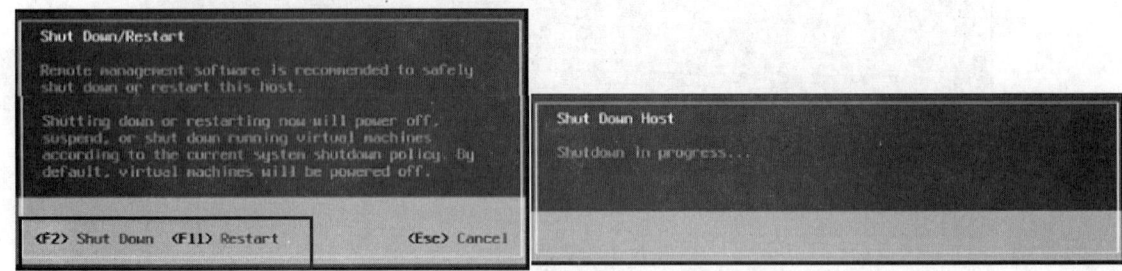

图 2.34　关闭 ESXi 主机

此时 ESXi 主机的安装和简单配置就完成了,接下来开始 vSphere Client 的安装。

任务 2：vSphere Client 安装与配置

VMware 提供的 vSphere Client 能通过 IP 地址连接 ESXi 主机,用于管理 ESXi 和创建虚拟机。任务 1 完成了 ESXi 主机的安装,接下来我们来完成 vSphere Client 的安装。当安装好了 vSphere Client 后就能够连接 ESXi 主机,创建一个虚拟机。这个虚拟机用于安装 Windows 2003 X64 位或者 Windows 2008 X64 位系统,用于 vCenter 的安装部署。在完成 vCenter 的安装部署后,就可以使用 vSphere Client 连接到 vCenter 中进行统一管理、部署和维护所有的 ESXi 主机了。

1. vSphere Client 的下载

在 VMware 的官网中下载 vSphere Client,如图 2.35 所示。

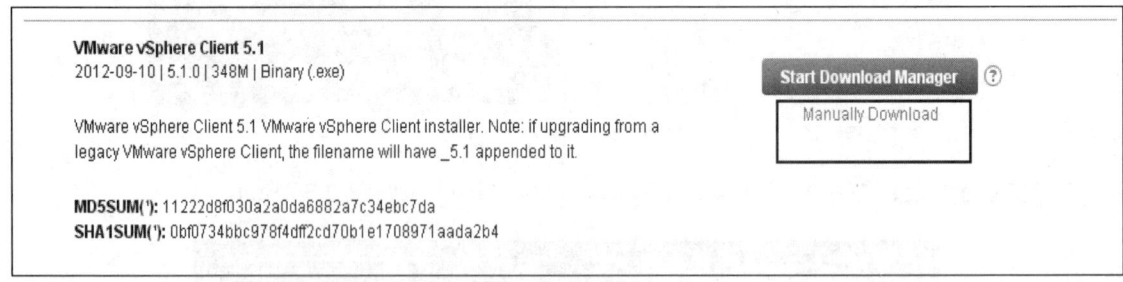

图 2.35　下载 vSphere Client

2. vSphere Client 的安装过程

选中 VMware-VIMsetup-all-5.0.0-456005.iso 文件,点击运行 vSphere Client,选择"中文简体"安装,如图 2.36 所示。

选择安装路径,最后安装完成,如图 2.37 所示。

在安装完成后,桌面上有一个快捷方式图标 vSphere Client,点击该图标,进入登录界面,如图 2.38 所示。

第 2 章 虚拟基础架构部署与配置

图 2.36 选择"中文简体"安装

图 2.37 选择安装路径

图 2.38 登录界面

这里登录的 IP 地址就是 ESXi 服务器的 IP 地址，用户名为 root 的密码为 ESXi 服务器的用户密码，点击登录后就可进入 ESXi 服务器进行虚拟机的配置和维护。接下来在 ESXi 服务器中创建虚拟机，用于 vCenter 和 View Composer 组件的安装和部署。

任务 3：VMware vCenter 安装与配置

点击 vSphere Client 登录到 ESXi 服务器中，新建一个 Windows 2008 X64 系统的虚拟机，虚拟机名为 View vCenter，配置 4 核 CPU 和 8GB 内存，100GB 的磁盘，IP 地址配置为 10.65.0.3。
vCenter 的安装过程如下：

在 ESXi 服务器的管理界面中，选中已经建好的 View vCenter 虚拟机，如图 2.39 所示，将 vCenter 的安装映射给虚拟机 View vCenter 后，进行引导安装。

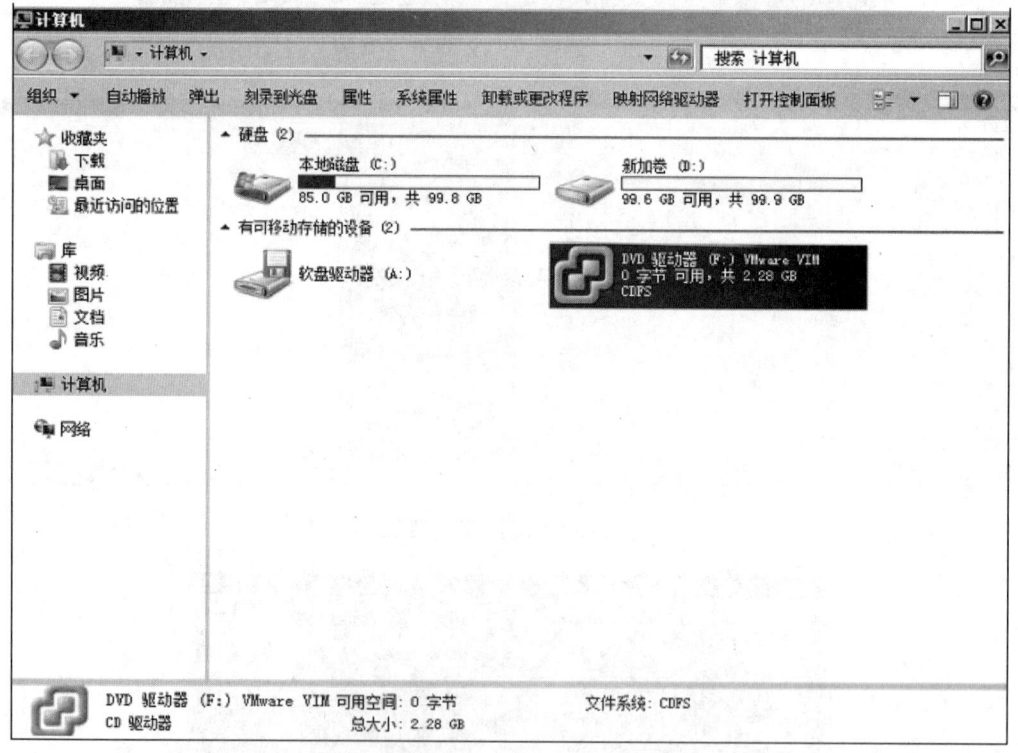

图 2.39　安装 vCenter

在安装界面中选择 vCenter Server 服务器的安装，弹出欢迎使用 VMware vCenter Server 的安装向导，如图 2.40 所示。

点击下一步，安装继续，填写用户名和单位，以及许可证密钥，输入购买的 license，如果不输入 license，将有 60 天的试用期。如图 2.41 所示。

选择"数据库"，选择的是 SQL Server 2008 的数据库，点击"下一步"继续安装，如图 2.42 所示。

选择创建"独立的 vCenter Server 实例"如图 2.43 所示，点击"下一步"继续安装。

图 2.40 选择 vCenter 的安装

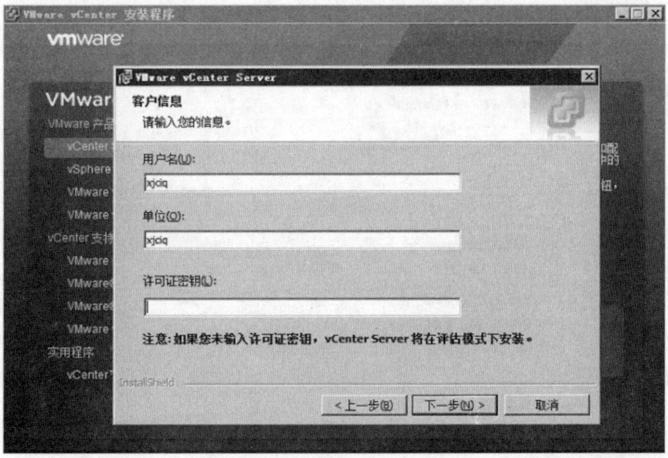

图 2.41 输入 license

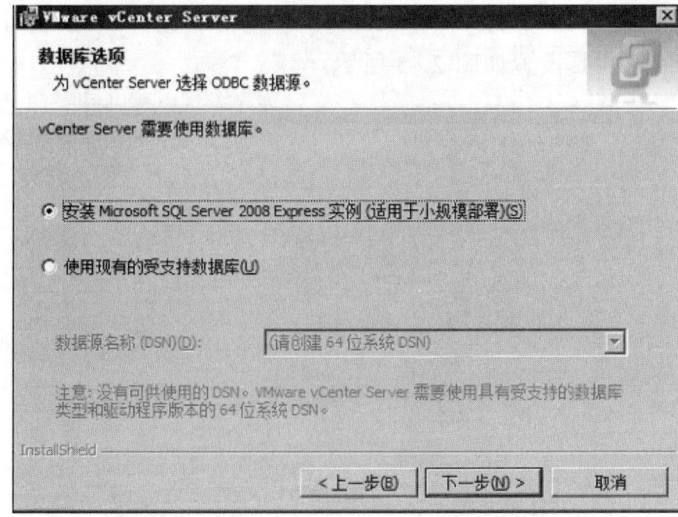

图 2.42 选择 SQL Server 2008 数据库

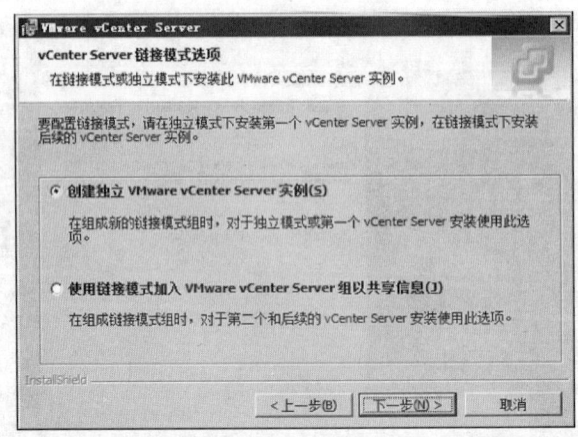

图 2.43 创建独立的 VMware vCenter Server 实例

接下来配置各种端口信息:如 HTTPS 端口、HTTP 端口、Web 端口、SSL 端口、LDAP 端口等信息,如图 2.44 所示。

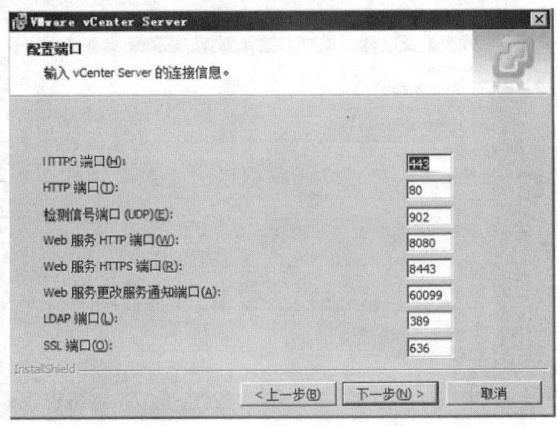

图 2.44 配置各种端口信息

点击"下一步",设置 Inventory Service 端口,主要配置 HTTPS 端口、服务管理端口、链接模式通信端口信息,其设置如图 2.45 所示。

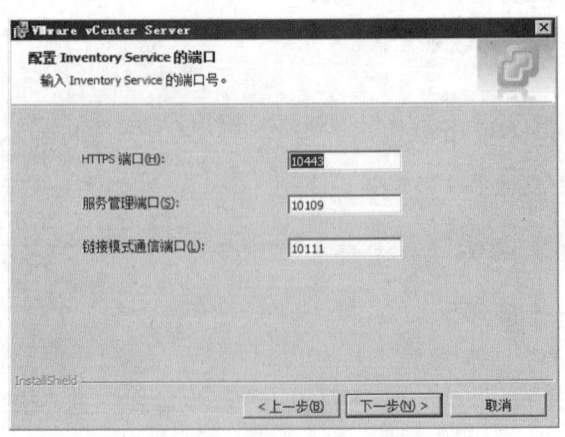

图 2.45 设置 Inventor Service 端口

第 2 章 虚拟基础架构部署与配置

点击"下一步",设置 vCenter 服务器的虚拟内存,设置为"中,2048 MB",如图 2.46 所示。

接下来,vCenter 进行各个组件的安装,这个过程要花几分钟,如图 2.47 所示。

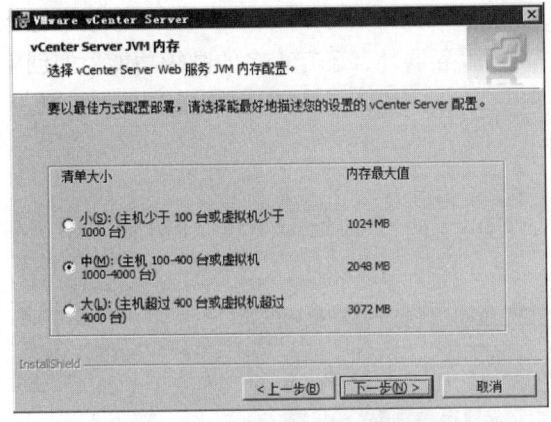 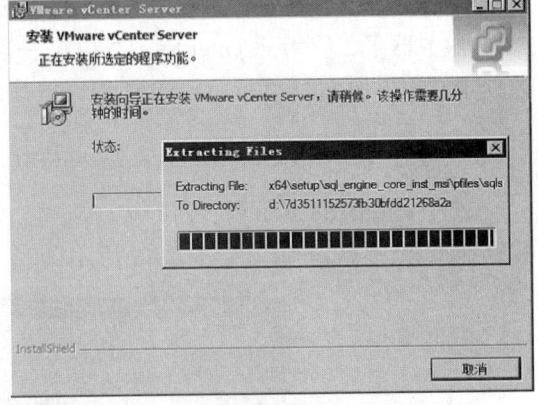

图 2.46　设置 vCenter 的虚拟内存　　　　　图 2.47　vCenter 各种组件的安装

至此,vCenter 服务器安装完成,如图 2.48 所示。

图 2.48　vCenter 安装完成

接下来可以通过 vSphere Client 来访问 vCenter 服务器进行集中管理和配置了。

项目 3:虚拟资源池的设置

虚拟资源包括数据中心、集群、主机、虚拟机等,在上一节中已经讲述了数据中心的创建,集群的创建,在这一节中我们将继续讲解虚拟资源池的设置,包含主机的设置,虚拟机的设置等。

65

任务 1：创建数据中心

在安装好 vCenter 后，就可以使用 vCenter 来集中管理 ESXi 服务器了。采用 vSphere Client 登录到 ESXi 只能对一台 ESXi 进行管理，而通过 vSphere Client 登录到 vCenter 就可以集中管理 ESXi 服务器了，使用 vCenter 除了可以统一管理 ESXi 服务器外，还有很多的高级功能，如创建数据中心集群 HA、vMotion、SRM 等，但是只有在 vCenter 中输入注册码后才能无限期使用。

1. 通过 vSphere Client 登录到 vCenter

通过 vSphere Client 登录到 vCenter 中，输入 vCenter 的 IP 地址 10.65.0.3，并输入用户名和密码登录到 vCenter，如图 2.49 所示。

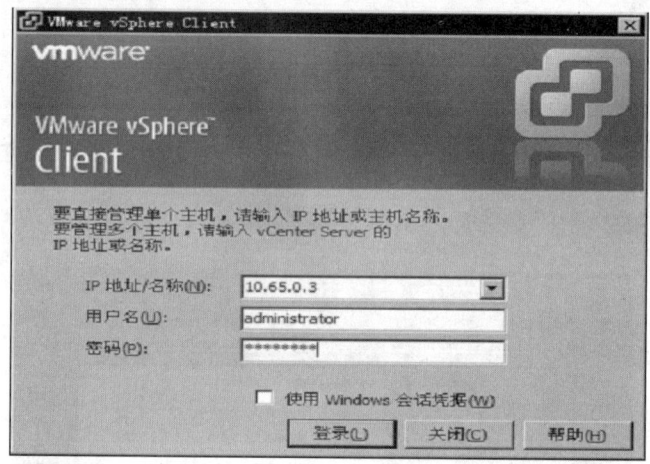

图 2.49　登录到 vCenter 中

登录到 vCenter 服务器后，显示 vCenter 的界面，选中"主机和集群"，如图 2.50 所示，进入到主机和集群界面中。

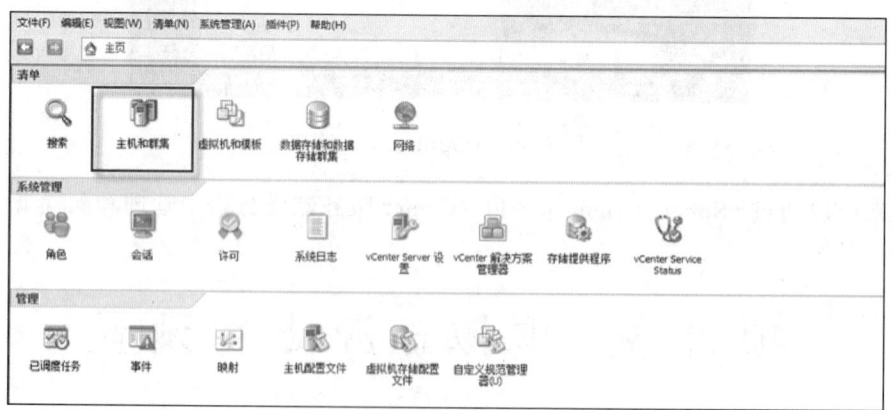

图 2.50　登录 vCenter 界面

2. 创建数据中心

选中主机和群集后，进入到管理界面，在左边的导航栏中没有定义数据中心、没有任何主机，在该界面中点击右边的"创建数据中心"，就可以创建数据中心了，如图 2.51 所示。

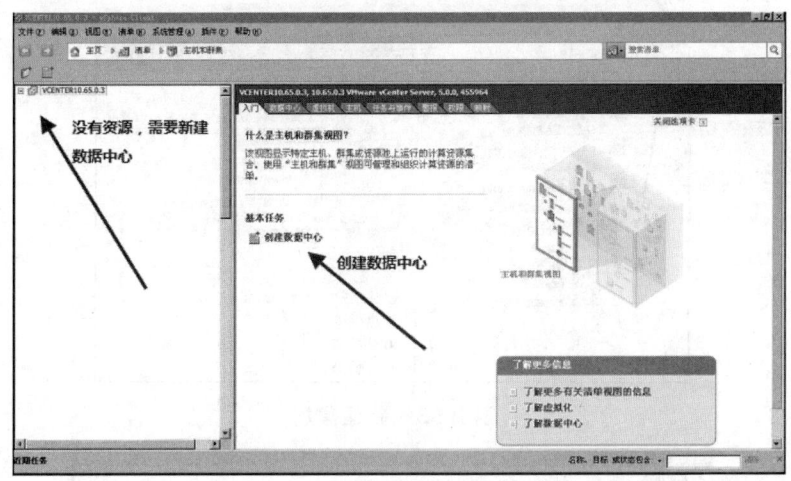

图 2.51　创建数据中心

选择"新建的数据中心"，取名为 VMware vSphere 5，如图 2.52 所示。

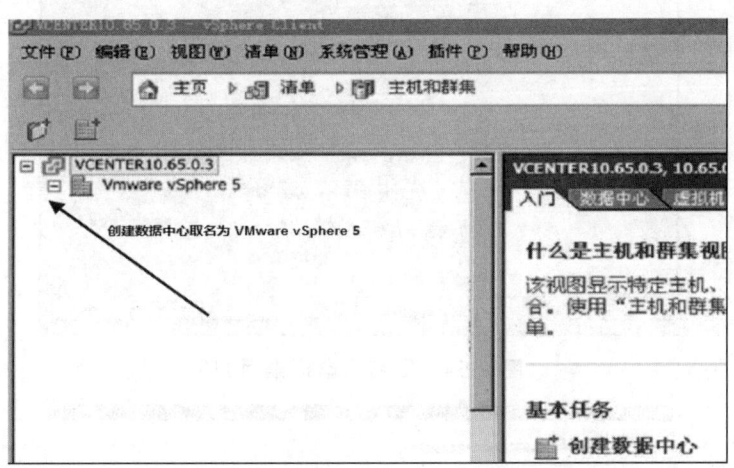

图 2.52　创建 Vmware vSphere 5 数据中心

任务 2：创建集群

根据前面网络规划的需求，需要建立两个集群 HA，分别为 View 虚拟桌面集群和应用系统集群 HA。

（1）新建虚拟桌面集群 HA。

在数据中心 VMware vSphere 5 中，点击"右键"，选择"新建群集"。如图 2.53 所示。

集群名称取为虚拟桌面集群 HA，在该集群功能不启用 vSphere HA 和 DRS，因为 vSphere HA 和 DRS 是受 vCenter 许可的限制，vCenter 的企业版和增强版采用此功能。如图 2.54 所示。

下一步将设置集群是否启用增强型 vMotion，选择"禁用 EVC"，如图 2.55 所示。

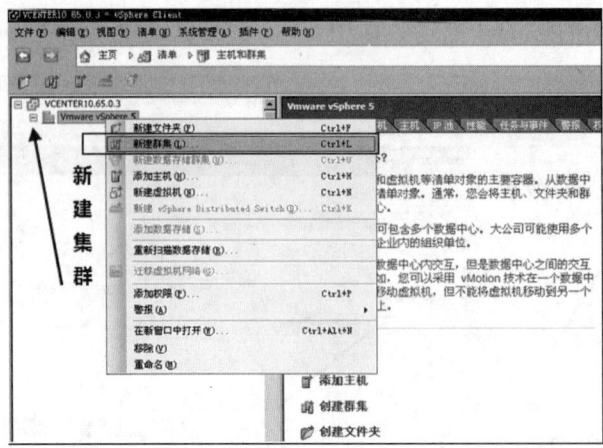

图 2.53 新建集群

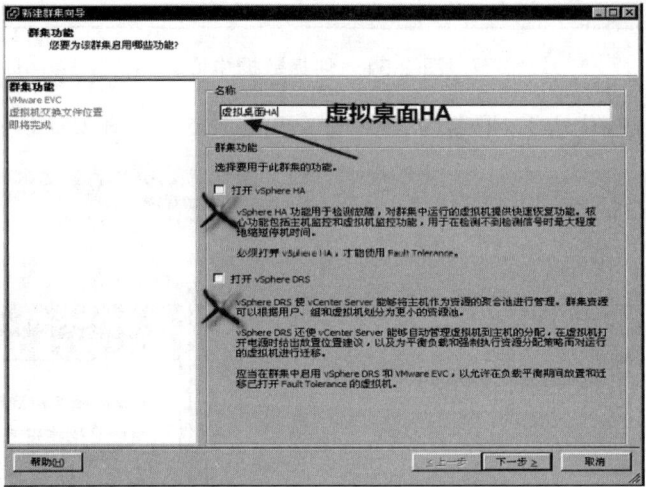

图 2.54 取名为虚拟桌面 HA

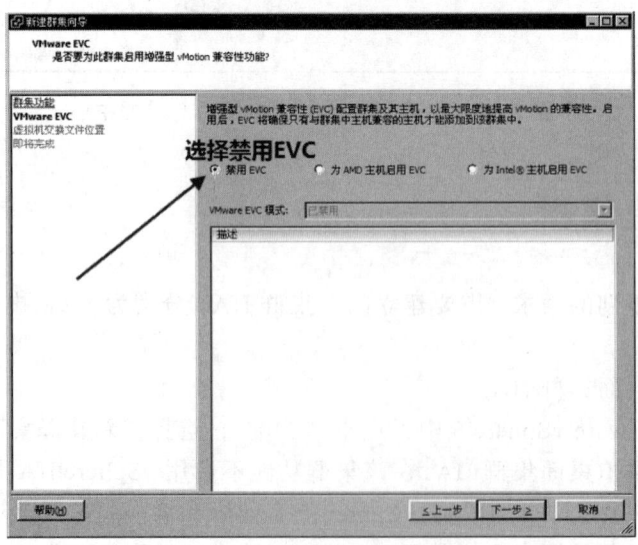

图 2.55 选择禁用 EVC

下一步设置虚拟机使用何种交换文件位置策略，选择"将交换文件存储在与虚拟机相同的目录中"，如图 2.56 所示。

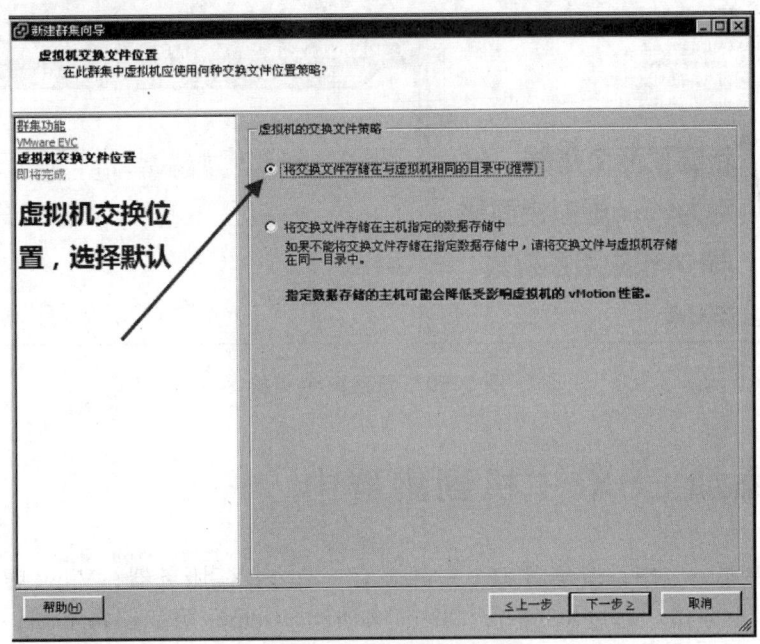

图 2.56　设置默认路径

点击"完成"，虚拟桌面集群 HA 就创建完成，如图 2.57 所示。

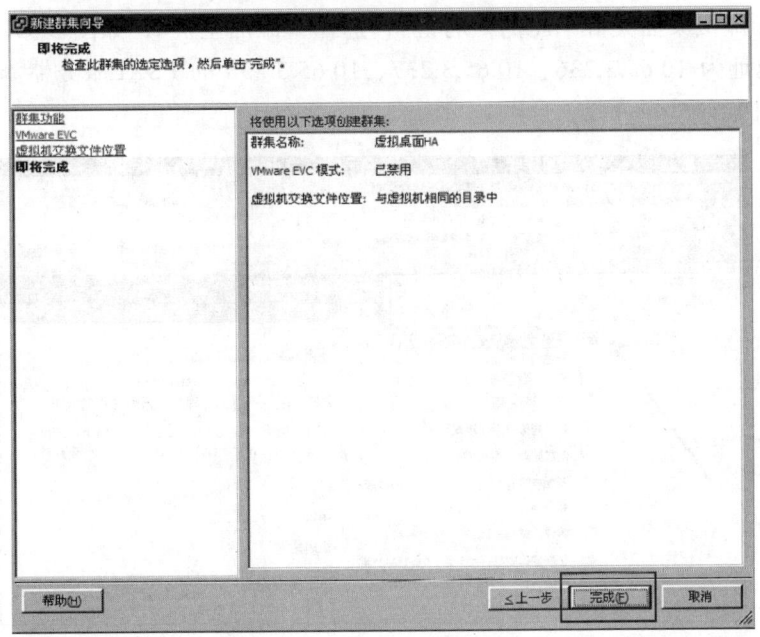

图 2.57　虚拟桌面创建完成

（2）新建应用系统集群 HA。

采用上述方法来新建应用系统集群 HA，创建成功后，如图 2.58 所示。

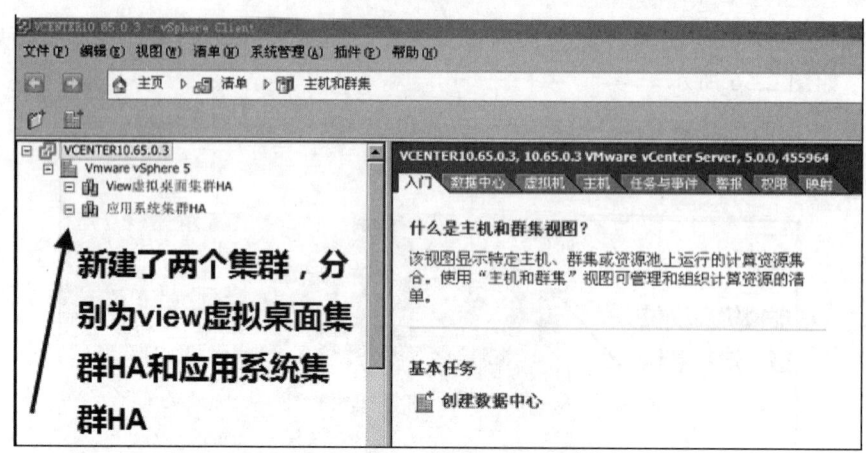

图 2.58　新建两个集群

任务 3：添加 ESXi 主机到集群中

根据网络规划，应用系统集群 HA 中部署有 5 台 ESXi 服务器，View 虚拟桌面集群 HA 部署 3 台 ESXi 服务器，通过 vSphere Client 来访问 vCenter 服务器将 ESXi 主机添加到对应的集群中。

1. 将一台 ESXi 服务器添加到集群中

点击 View 虚拟桌面集群 HA 的"右键"，选择"添加主机"，如图 2.59 所示。根据网络规划，将 IP 地址为 10.65.3.236、10.65.3.237、10.65.3.238 的 ESXi 服务器添加到 View 虚拟桌面集群 HA 中。

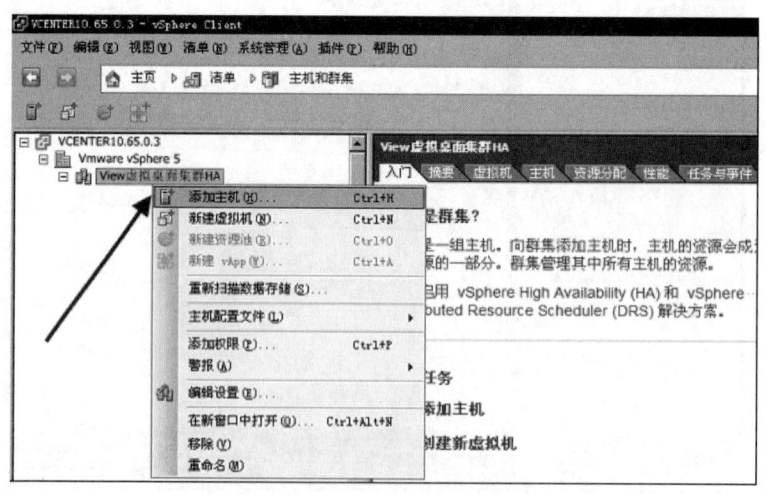

图 2.59　添加 ESXi 主机

连接设置：通过输入 IP 地址、用户名和密码，添加 ESXi 服务器到集群中，如图 2.60 所示。

第 2 章　虚拟基础架构部署与配置

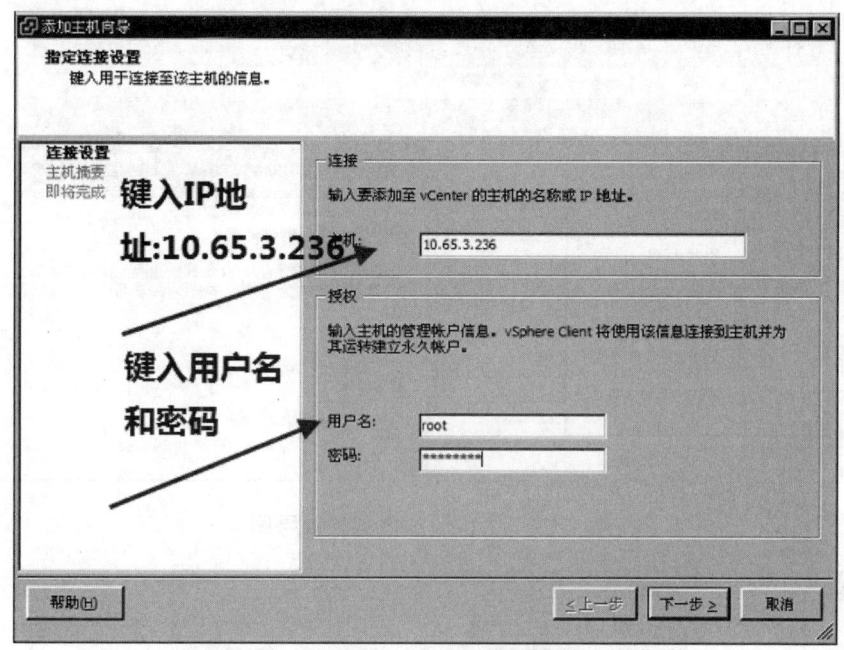

图 2.60　设置连接

接下来，弹出"安全警告"，选择"是"，添加 ESXi 主机，如图 2.61 所示。

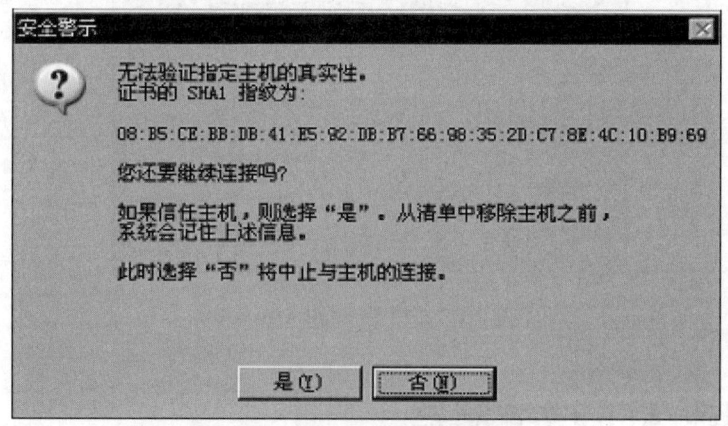

图 2.61　"安全警告"选择"是"

2. 将所有 ESXi 服务器添加到集群中

跟上述方法相同，将 IP 地址为 10.63.3.237、10.63.3.238 这 2 台的 ESXi 服务器也添加到 View 虚拟桌面集群 HA 中，再将 IP 地址为 10.65.0.201、10.65.0.202、10.65.0.203、10.65.0.204、10.65.0.205 共 5 台的 ESXi 服务器加入到应用系统集群 HA 中，其效果如图 2.62 所示。

等到所有的 ESXi 服务器加入到集群后，修改集群的属性为"启用 vSphere HA"。点击集群的属性，单击"右键"，选择"编辑"属性，打开 vSphere HA。到这一步时，主机加入集群全部完成，如图 2.63 所示。

71

云计算应用技术

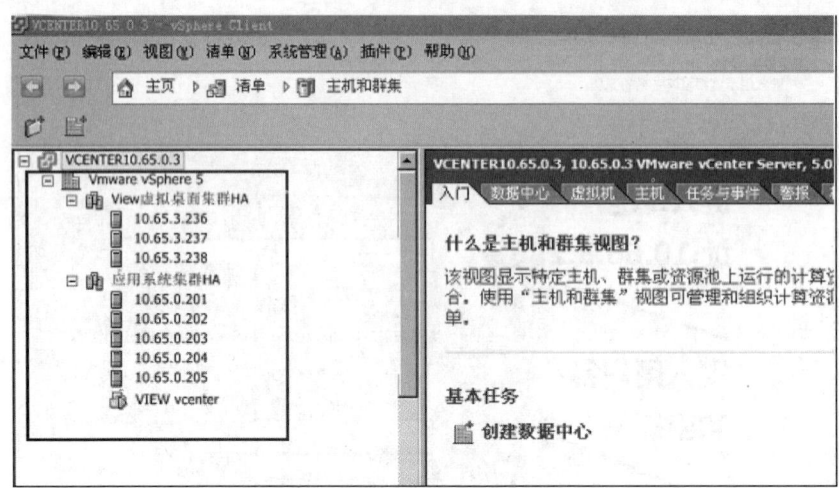

图 2.62　主机添加集群的效果图

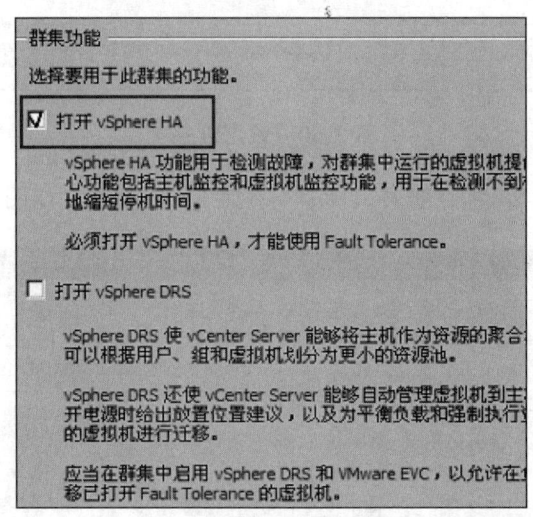

图 2.63　打开 vSphere HA

任务 4：创建 AD 域控制器

虚拟桌面项目必须使用域：域名设置为:xxx.com；域名控制器设置为：ad1.xxx.com；IP 地址为：10.65.3.1；DNS 设置为：127.0.0.1。在 View 虚拟桌面集群 HA 中，设置一台虚拟机，安装 Windows 2003 系统，创建第一台域控制器。网络地址设置如图 2.64 所示。

1. AD 域控制器的安装

在"开始"/"运行"窗口中输入"dcpromo"命令（dcpromo 命令是一个"开关"命令，是 Windows 2000 Server 命令），运行该命令，安装活动目录，并将其升级为域控制器。如图 2.65 所示。

第 2 章 虚拟基础架构部署与配置

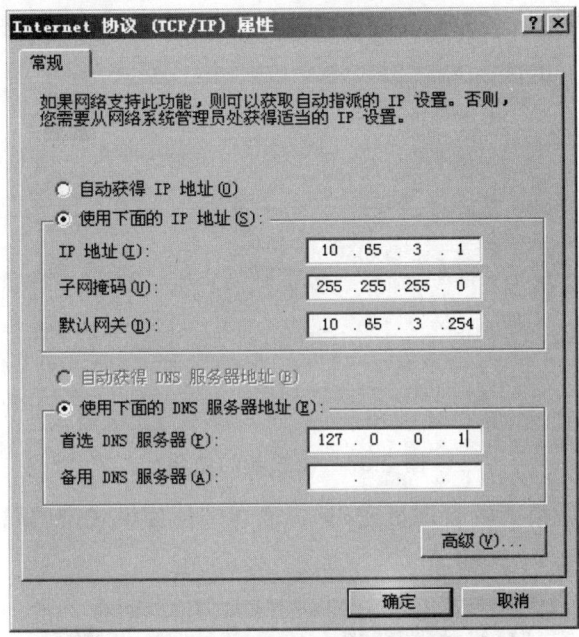

图 2.64 域控制器的 IP 设置

图 2.65 安装域控制器

点击"下一步",在"创建新域"/"在新林中的域",在这里因为是第一台域控制器,所以要选择"新域的域控制器",然后点击"下一步"。如图 2.66 所示。

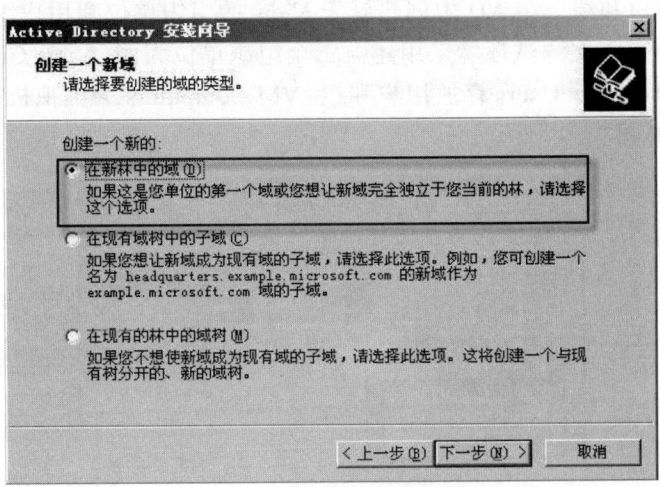

图 2.66 选择新域的域控制器

指定"新域名"。设置域名为 moumou.com,点击"下一步",如图 2.67 所示。

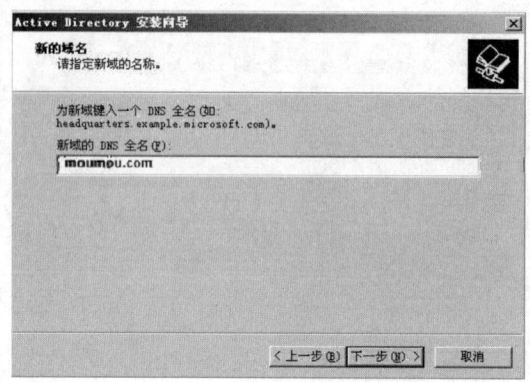

图 2.67　设置新的域名

设置"目录服务还原模式的管理员密码",设置"还原模式密码",输入密码。如图 2.68 所示,点击"下一步"。

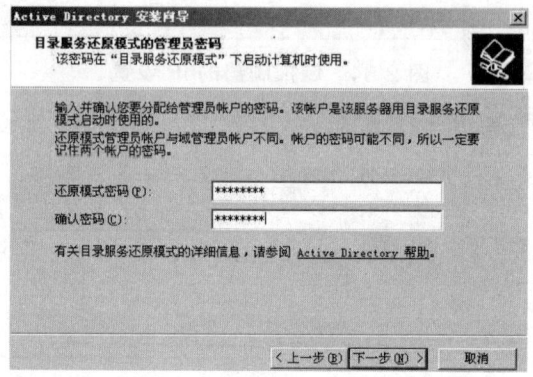

图 2.68　设置目录服务还原模式的管理员密码

2. 创建用户和组

创建 View 的用户和组,在 AD 中创建属于 View 的组织单位和用户组,创建组织单位是为了便于各种域策略。本次测试环境采用建立三个组织单位为例,View Group 为根组织单位。三个组织单位分别为:View Users 存放用户和组;VM Computers 为虚拟机用户,Physics Group 为非虚拟机用户,如图 2.69 所示。

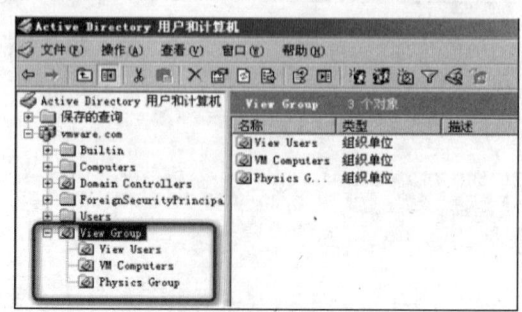

图 2.69　创建用户和组

在 View Users 组织单位中，创建用户 xp 系统 20 个，分别为 xpuser1-xpuser20，并设置其密码，作为 xp 系统的访问用户。创建 10 个 win7 的虚拟桌面用户，用户名为 win7user1-win7user10，并设置密码，作为 win7 的访问用户。

任务 5：创建虚拟机（XP 系统）

通过 vSphere Client 登录到 vCenter，在主机和集群管理界面中，在 View 虚拟桌面集群 HA 中，点击"右键"，选择"新建虚拟机"。如图 2.70 所示。

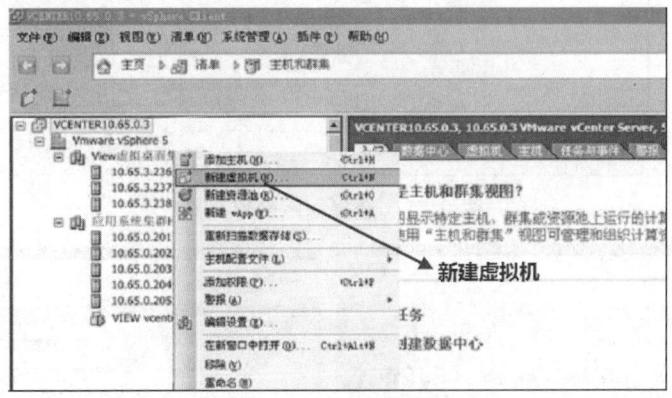

图 2.70 新建虚拟机

下一步将为虚拟机选择配置，选择"自定义"。如图 2.71 所示。

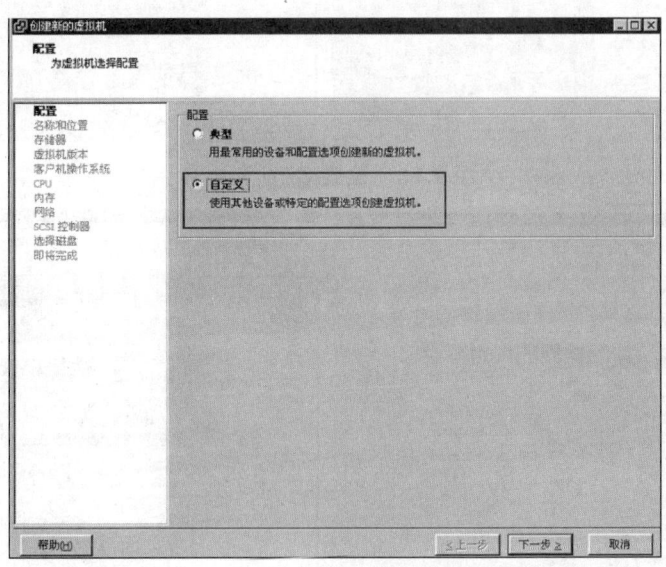

图 2.71 选择自定义

接下来，选择"客户机操作系统"，选择"Windows"操作系统，如图 2.72 所示。
接下来，设置 CPU 的数量为 1，内存大小为 2G，如图 2.73 所示。
设置网卡为 1 个，硬盘为新建虚拟硬盘，其大小为 40 G，如图 2.74 所示。

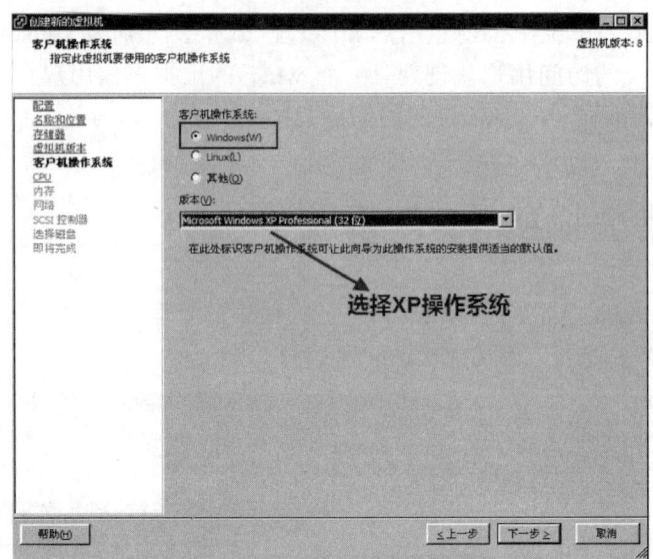

图 2.72 选择 XP 操作系统

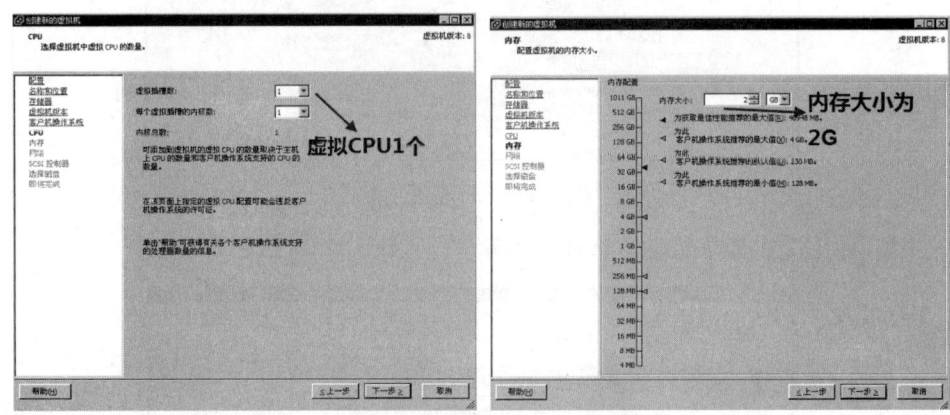

图 2.73 设置 CPU 和内存

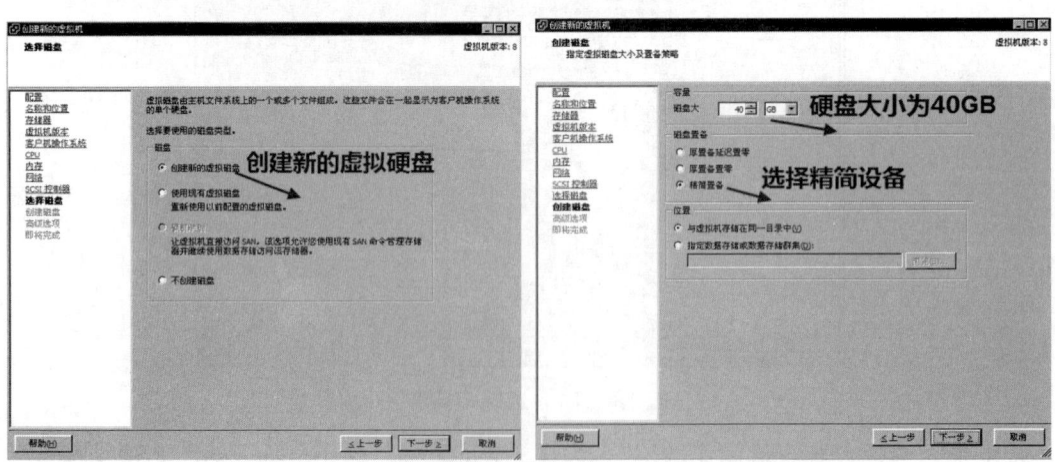

图 2.74 设置虚拟硬盘

XP 系统设置硬盘大小为 40 GB，Win7 系统硬盘大小建议设置为 50 GB，选择精简模式的目的是实际占用的存储空间就是实际数据的大小占用的空间。如果设置为厚置模式，则表示直接占有存储空间 40 GB。

虚拟机建立完成，点击"继续"，完成虚拟机的配置。选中已经建成的虚拟机，点击"编辑虚拟机设置"，在虚拟机设置选项卡中，选择"CD/DVD 驱动器 1"，设置"数据存储 ISO 文件"，选择 xp 系统的 ISO 文件。如图 2.75 所示。

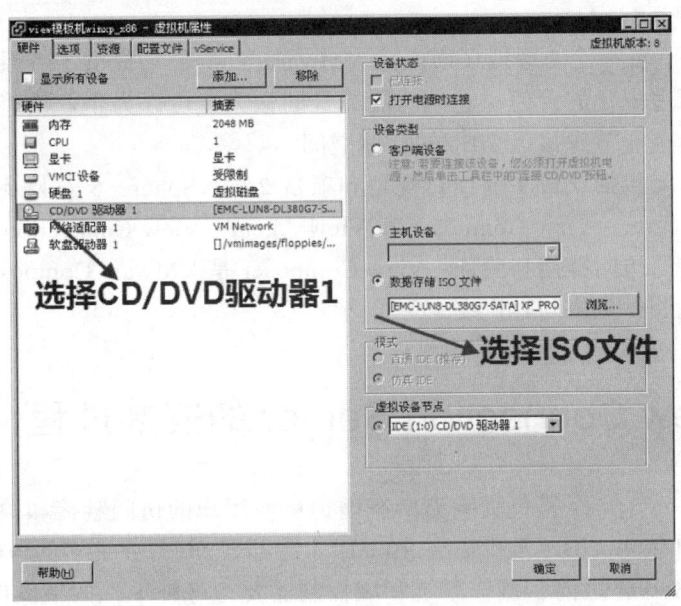

图 2.75　设置 CD/DVD

如果数据存储中有现成的软件镜像，在存储目录选择已有的文件，加载 SCSI 卡驱动，然后启动虚拟机。如图 2.76 所示。

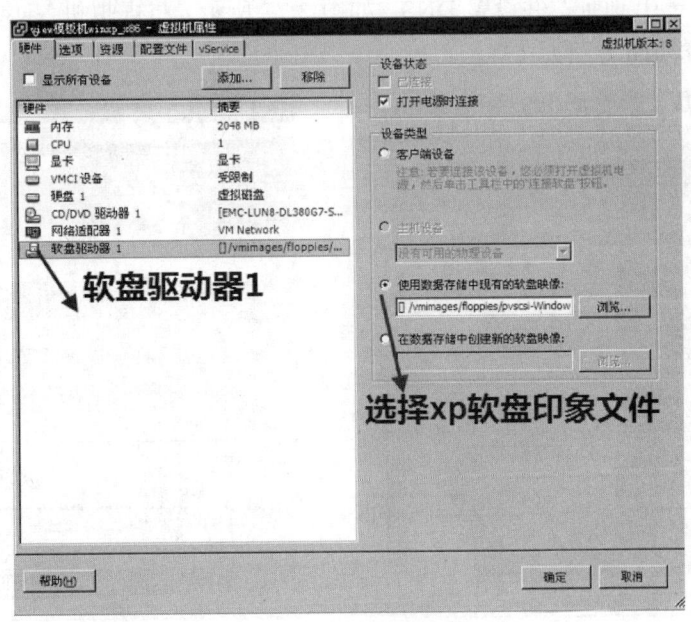

图 2.76　选择软盘驱动

接下来，就是 xp 系统的安装，安装好 xp 系统后，IP 地址设置为自动获取。

项目 4：虚拟桌面部署

VMware 发布了新一代的虚拟桌面产品 VMware View，它提供了一系列的虚拟产品，以帮助企业扩展桌面虚拟化的价值；它的功能非常的强大，可以为企业快速部署成千上万的虚拟桌面，并且能为企业节省接近 70% 的存储空间。

虚拟桌面的部署包括项目 1 的项目规划和项目 2 的 vSphere 5 安装及部署，还需要安装 View Connection Server、View Composer 和 View Agent。View Connection Server 是负责响应所有虚拟桌面用户的访问链接和验证。View Composer 是 VMware Composer 虚拟桌面的用户管理平台，View Agent 是访问客户端。

任务 1：View Connection Server 的安装过程

View Connection Server 是负责响应所有虚拟桌面用户的访问链接和验证的，其环境要求为：CPU 4 个，内存 40 GB（至少需要 10 GB 才能部署 50 个或更多的 View 桌面）。在安装 View Connection Server 之前，操作系统和域控制器要打好补丁，如果操作系统装好了 IIS，需要先卸载。

通过 vSphere Client 访问 vCenter，在应用系统集群 HA 上，新建一台虚拟机 View Connection Server，虚拟机的配置 8 个 CPU、16 GB、100 GB 磁盘，安装了 Win2008 X64 系统。设置 IP 地址为固定 IP 地址，并设置 DNS，如图 2.77 所示。将虚拟机 View Connection Server 加入域中，其设置如图 2.78 所示。

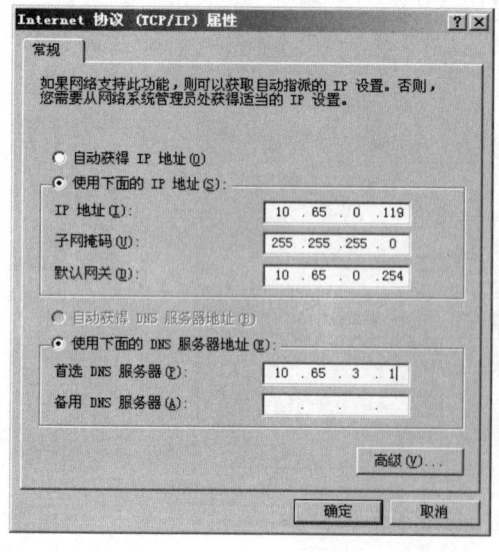

图 2.77　IP 的设置

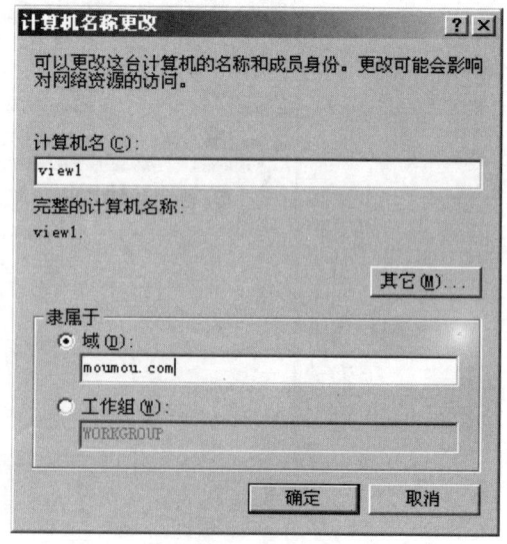

图 2.78　加入域

第 2 章 虚拟基础架构部署与配置

接下来,以域管理员身份登录到 View Connection Server 中,设置域管理员为 View 的管理员。登录成功后,安装 Connection Server。在安装过程中,根据安装向导,一步一步地安装,只是安装到"Installation Options"时,请选择"View Standard Server",如图 2.79 所示。选择 View Standard Server 表示安装第一台 View Connection Server,通过 Connection 可以管理和维护虚拟桌面、Thinapp 应用。选项"View Replica Server"则表示安装一个或复制多个现有的 View Connection Server,它可以提供高可用性和负载均衡功能,副本安装后与新安装的 View Connection Server 实例完全相同。View Security Server 用于外部网络连接。

图 2.79 选择 View Standard Server

任务 2:View Composer 的安装过程

View Composer 是 VMware View 虚拟桌面的用户管理平台,是 VMware View 体系的重要组成部分之一。View Composer 的功能是非常强大的,可以为企业节省 70% 的存储空间。通过终端用户 View Client 登录就可以访问 View Composer 了。

1. View Composer 的安装要求

View Composer 需要使用 SQL 数据库来存储数据,View Composer 的数据库要在 vCenter Server 计算机上,因此 View Composer 必须安装到与 vCenter Server 同一台的物理计算机上才能使用。在项目 2 的任务 3 中,vCenter 安装在 IP 地址为 10.65.0.3 的物理服务器中,因此 View Composer 也将安装在这台计算机中。

如果 vCenter Server 中已经安装了数据库服务器了,且它的版本是 SQL Server 2005 或 2008 版本,那么 View Composer 就可以直接用现有的数据库,而不需要安装了。在项目 2 的任务 3 中,vCenter 已经安装了 SQL Server 2008 数据库。

2. 在 vCenter 上创建 View Composer 数据库

通过 vSphere Client 登录 vCenter 虚拟机的系统,在 SQL Server 2008 Express 上创建数据

库，取名为 view_composer。

在 View Composer 服务器中，对 ODBC 进行配置，打开 ODBC 数据源管理器，选择"系统 DSN"，点击"添加"SQL server 数据源，取名为"view_composer"。如图 2.80 所示。

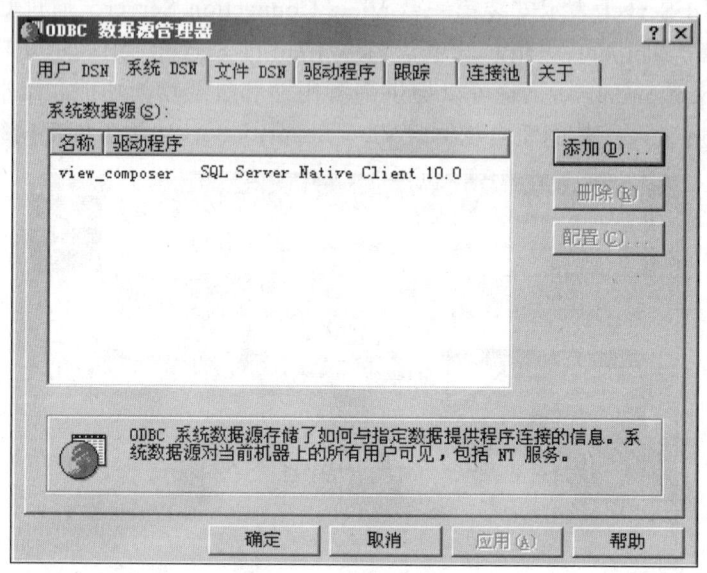

图 2.80　添加数据源

3. View Composer 组件的安装

接下来开始 View Composer 组件的安装，点击 View Composer 的安装包，开始安装。如图 2.81 所示。

图 2.81　View Composer 的安装

安装过程中需要注意的是，设置 View Composer 的数据库。在"ODBC DSN Setup"中，选择事先设置好的数据连接"view_composer"，接着输入数据库的用户名和密码。如图 2.82 所示。

第 2 章 虚拟基础架构部署与配置

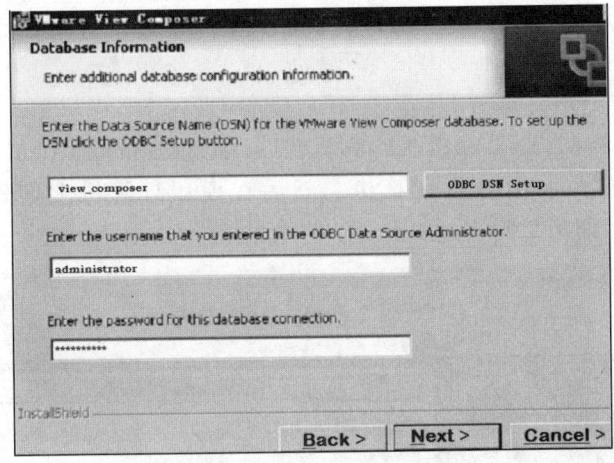

图 2.82 设置数据源

点击"Next"继续安装，接下来设置端口，选择默认的端口 18443，点击"Next"，继续安装，直到安装完成。

任务 3：配置模板计算机

在上一节项目 3 任务 5 中创建了 xp 的虚拟机，并更新了补丁，安装好了应用软件，配置了环境。在计算机上安装好 VMware Tools 工具后，就可以开始准备 View 的模板计算机，现在先不忙把模板机加入域中。

1. 安装 View Agent

接下来开始安装 View Agent，其安装过程过程很简单。在这里提一下它的注意事项，当安装到选择 "Remote Desktop Protocol Configuration"时，选择"Enable the…"即可，它表示允许用户通过 RDP 协议实现虚拟桌面连接，如图 2.83 所示。

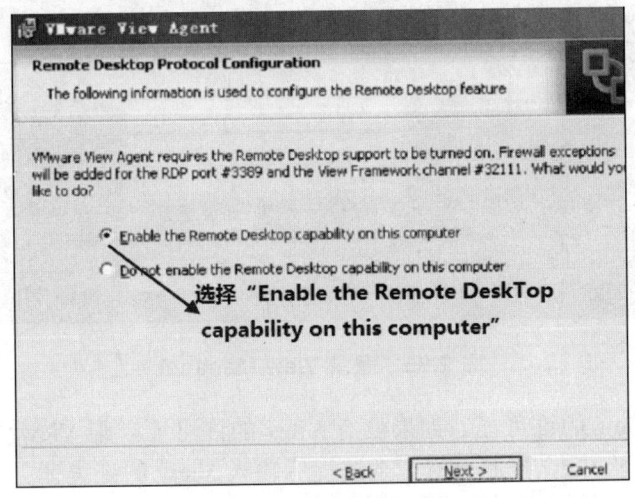

图 2.83 选择远程桌面协议

安装完了 View Agent 后，重启一下计算机，接下来开始设置模板计算机的快照。

2. 设置模板计算机的快照

这里以 xp 虚拟机为例，设置 xp 模板计算机快照。通过 vSphere Client 连接到 vCenter Server 中，先关闭已经配置好的 xp 模板计算机，然后在模版计算机上创建快照，快照取名为 "Winxp_ViewAgent"，如图 2.84 所示。

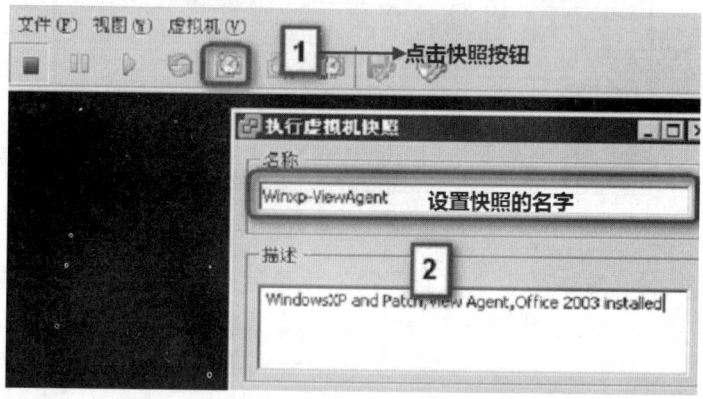

图 2.84　设置计算机模版快照

任务 4：View Composer 部署虚拟桌面

登录 View Manage 的控制台：上面安装的 View Composer 是 View Managr 的管理控制台，通过它的 IP 地址 10.65.0.3 来访问，在浏览器中输入 "https://10.65.0.3/admin" 来访问 View Manager 控制台，输入用户名和密码，如图 2.85 所示。

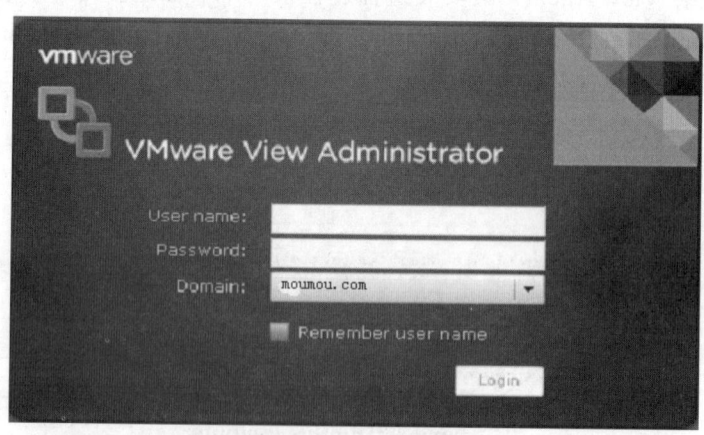

图 2.85　登录 View Manager

接下来，配置 View 的许可证。如果没有 View 的许可证，则 View Manager 是无法正常工作的，当第一次登录 View 控制台时，系统提示输入 View 的许可证，可以通过 VMware 的官网上获得 60 个 View 的测试许可证。也可以购买该产品，输入 "license"，如图 2.86 所示。

第 2 章　虚拟基础架构部署与配置

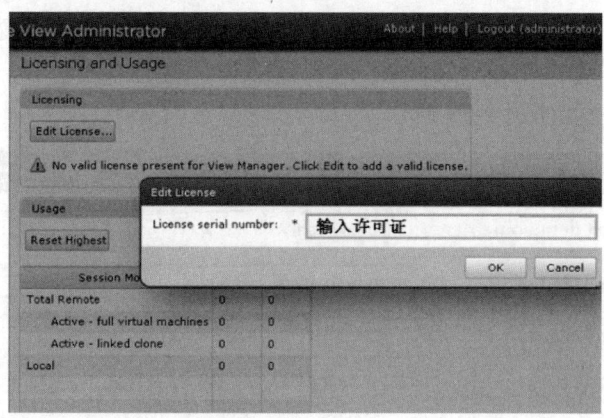

图 2.86　输入许可证

1. 配置 vCenter Server 和 Composer

在 View Manage 控制台上配置 vCenter Server：在 View 控制台上选择"View Configuration"/"Server"的"vCenter Servers"，点击"Add"。如图 2.87 所示。

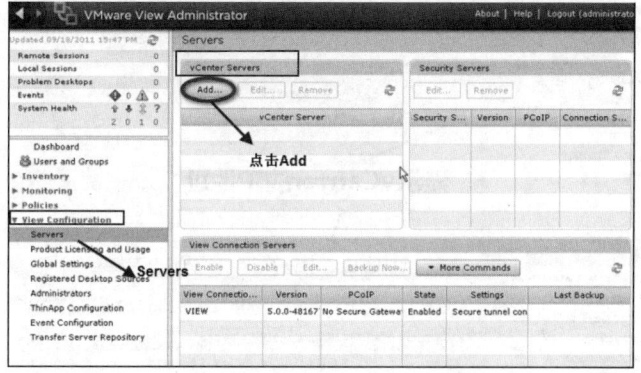

图 2.87　配置 vCenter Server 信息

接下来，设置 vCenter 的 IP 地址为 10.65.0.3，输入用户名和密码，并且将左下方选项"Enable View Composer"，打上√，如图 2.88 所示。

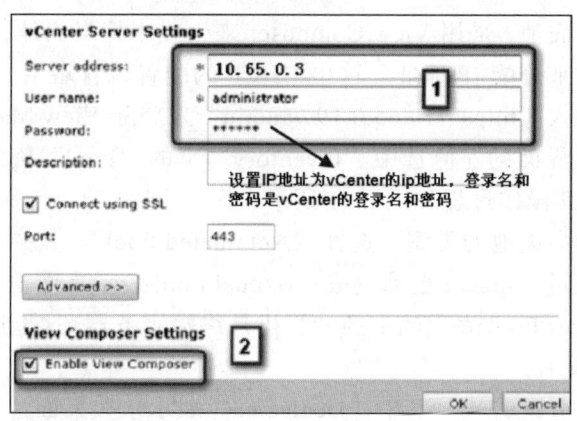

图 2.88　设置 vCenter 的 IP 地址、登录名和密码

接下来,在 View Composer 的 Domain 设置中,点击"Add",设置域的信息。设置域信息的目的是让这个账户取得将计算机加入到域的权限,通过用这个账户将 Composer 批量地加入到域中。其操作过程如图 2.89 所示。

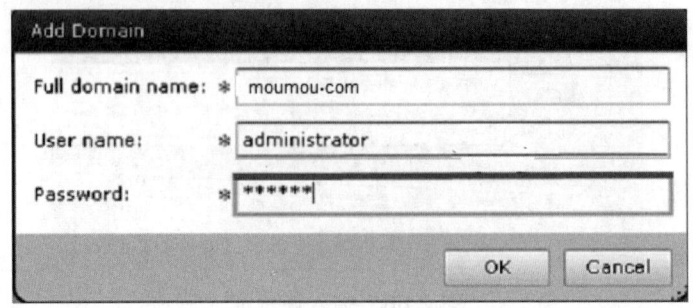

图 2.89 设置域

配置结束,配置成功的效果如图 2.90 所示。

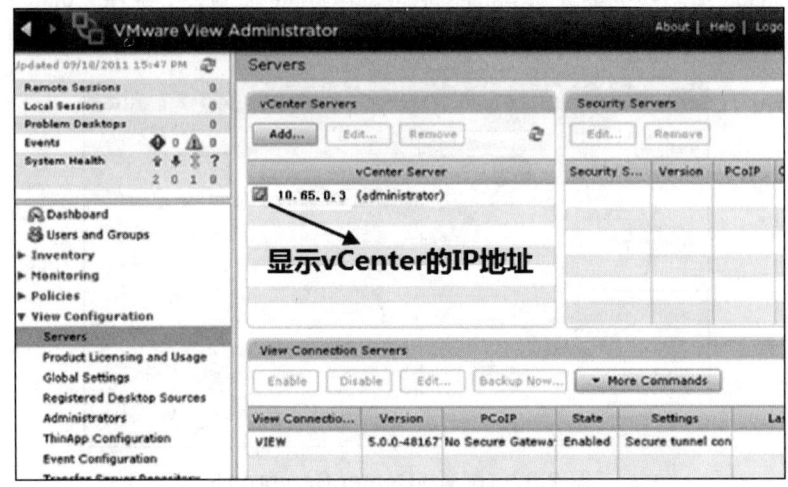

图 2.90 配置成功效果图

2. 创建虚拟桌面池

接下来创建虚拟桌面池。采用 View Composer 来生成虚拟桌面池,在创建虚拟桌面池时,必须使用 DHCP Server 来分配 IP 地址。这里 DHCP 的配置就省略了。

通过在浏览器中输入"https://10.65.0.199/admin"来登陆 View Manager 控制台,输入用户名和密码。在控制台界面的左侧选中"Inventory"下的"Pool"资源池,在右边的界面中选择"Add"并单击。其操作过程如图 2.91 所示。

接下来,设置虚拟桌面池的类型。选择"Automated Pool",其中 Automated Pool 表示桌面池中的远程计算机通过 vSphere 自动生成;Manual Pool 表示桌面池中计算机是物理机或是虚拟机;Terminal Services Pool 表示池中的计算机是终端服务器。这里选择"Automated Pool",其操作过程如图 2.92 所示。

接下来是设置用户分配方式。其中"Dedicated"表示永久桌面池,采用手动方式为用户分配桌面池中的计算机;选中"Dedicated"并选择"Enable automatic assignment"表示永久

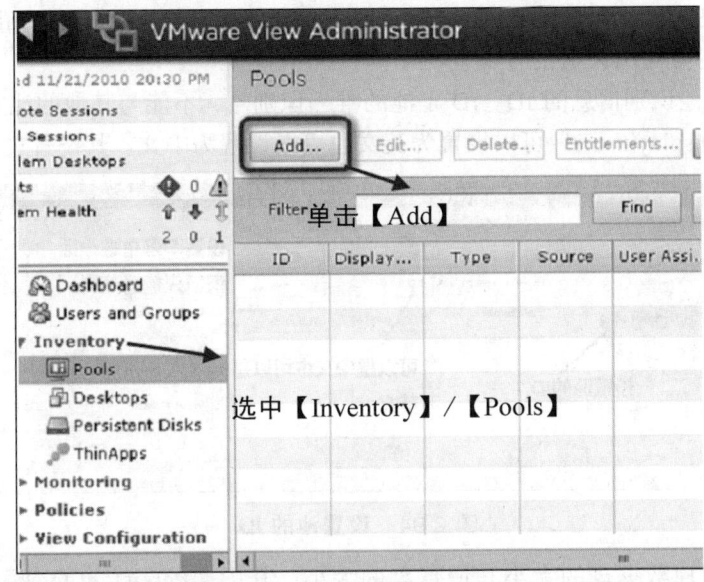

图 2.91 设置 "Pools"

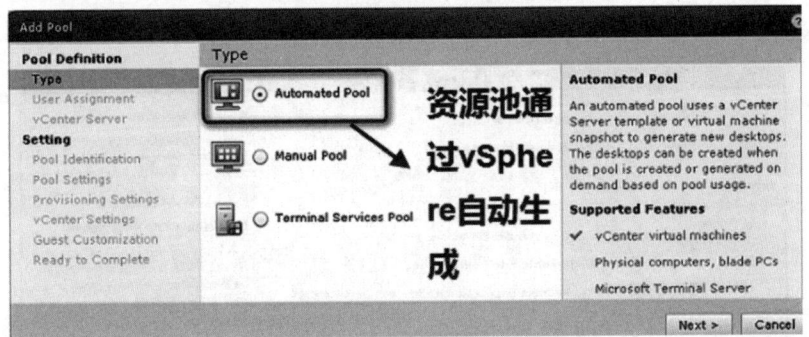

图 2.92 选择 "Automated Pool"

性的桌面池，系统会自动为用户分配桌面池的计算机，即首次使用该计算机的用户作为该计算机的使用人，直到分完为止；"Floating"表示非永久桌面池即动态的桌面池，采用动态方式为用户分配计算机，用户不会永久占用该虚拟桌面池。这里选中"Dedicated"并选择"Enable automatic assignment"，如图 2.93 所示。

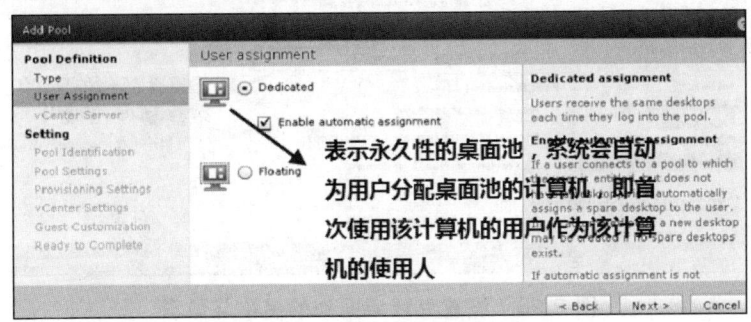

图 2.93 设置用户分配方式

接下来设置虚拟桌面的生成方式为"View Composer lined clones"，表示通过 Composer 链接克隆，其速度快并且可以节约近 70% 的存储空间；而"Full Virtual Machines"表示完整克隆，其速度慢，还会耗用大量的存储空间。

接下来，设置池识别信息的 ID。ID 是池的唯一识别号，不能与其他的池重名，并且它的名字只能为英文，"Display name"可以设置为英文也可以设置为中文。其设置过程如图 2.94 所示。

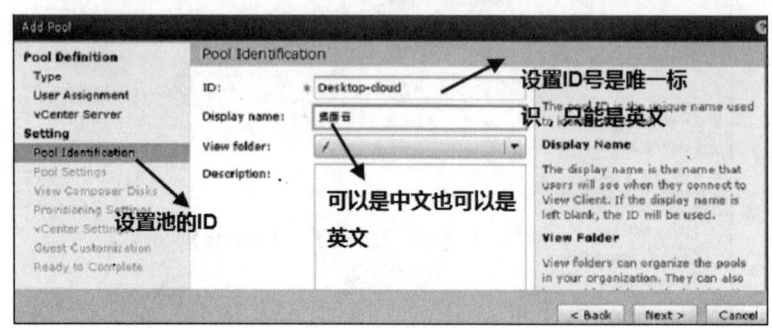

图 2.94 设置池的 ID

接下来设置用户数据盘的大小和增量盘的大小，其中"Persistent Disk"表示持久盘，用于存储用户数据和用户配置文件；"Disposable File Redirection"表示非持久盘，用于存储操作系统增量数据。

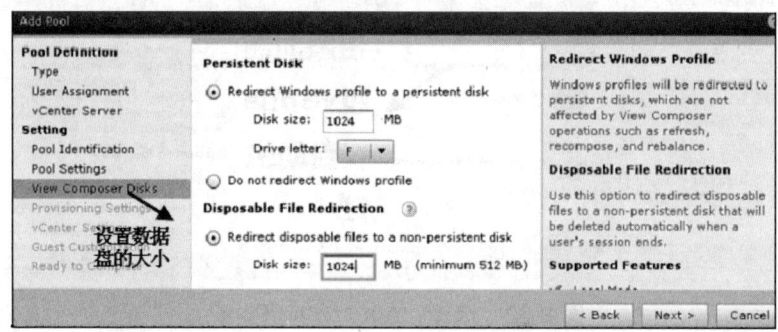

图 2.95 设置数据盘和增量盘大小

接下来进行链接克隆设置。启动"Provisioning Settings"，设置链接克隆生成的桌面池的名称和数量，具体情况如图 2.96 所示。

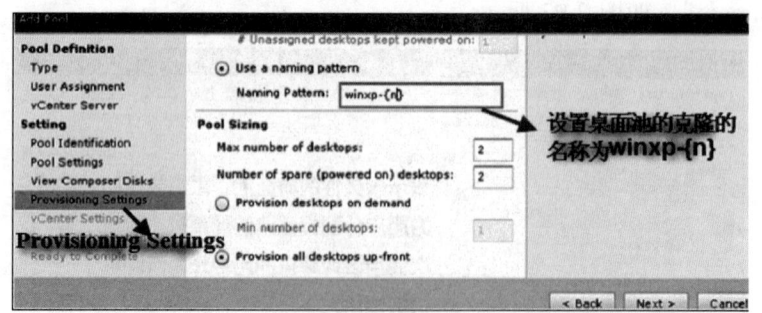

图 2.96 设置克隆桌面池的名称与数量

接下来设置桌面池中的 vCenter。选择模板计算机和快照，设置 VM 文件夹、vSphere 主机及资源池。其操作过程如图 2.97 所示。

第 2 章 虚拟基础架构部署与配置

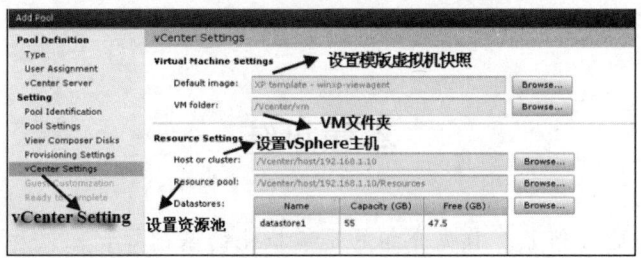

图 2.97 设置 vCenter

接下来加入域，选择"AD Container"，设置组织单位为"VM Composer"，将生成的虚拟桌面自动放到 VM_computers 组织单位用户中。其操作过程如图 2.98 所示。

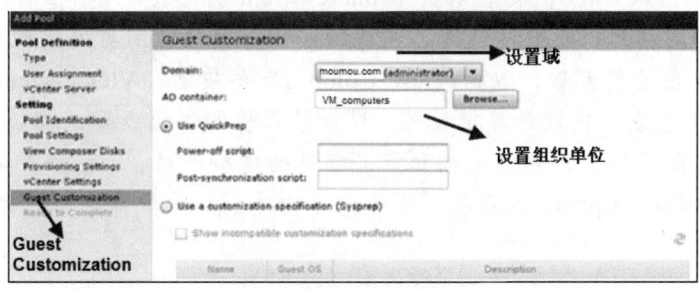

图 2.98 设置域

点击"Finish"完成设置，最后链接克隆的过程是一个自动化的过程，不需要人工设置。Composer 在生成虚拟桌面时，首先会把模板计算机复制成一份来作为它的父镜像，通过它来生成其他的虚拟桌面。要查看这一过程，需借助 vCenter 界面。如图 2.99 所示。

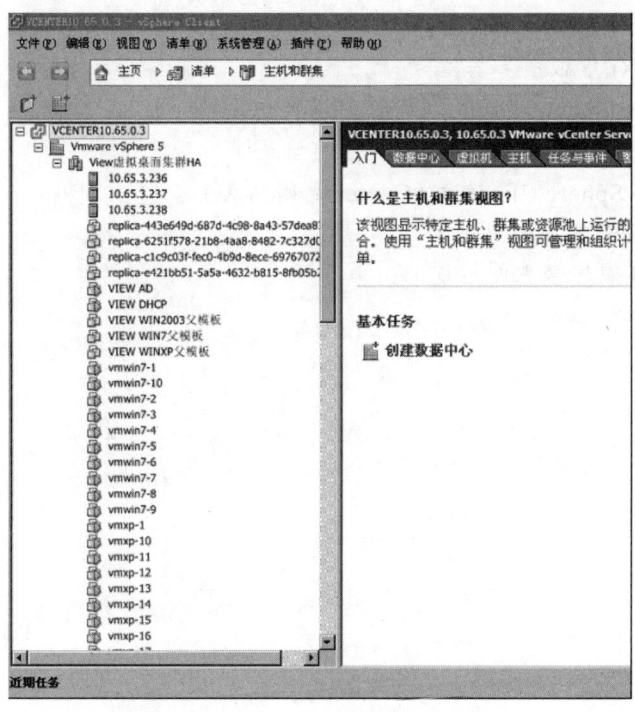

图 2.99 vCenter 查看克隆的桌面

至此，就完成了虚拟桌面的部署。

本章小结

本章主要内容分为3部分。首先介绍的是虚拟化的基础知识，以及虚拟化常见的产品简介；其次重点介绍了虚拟化 VMware 的 vSphere 架构：该架构中包含了哪些组件，以及每个组件的功能和实施要点是什么？最后采用了4个项目，围绕着虚拟化桌面云的部署来展开，其中项目1介绍了项目的网络规划与部署要点；项目2介绍了 vSphere5 安装及部署，包括 ESXi 服务器的安装、vCenter 的安装以及 vSphere Client 的安装；项目3介绍了虚拟资源的设置，包括数据中心的创建、集群的创建、主机的添加以及域控制器创建和虚拟机的创建；项目4介绍了虚拟桌面池的部署，包括 View Composer 的安装、View Agent 的安装、vCenter 和 View Manager 的设置、模板计算机设置、模板计算机的快照设置、虚拟桌面池创建。通过本章的学习，读者要了解虚拟化的基础知识，常见的虚拟产品；掌握 VMware vSphere 架构的组成部分及 VMware vSphere 的安装，资源池的构建；熟悉虚拟桌面云的部署过程。

本章习题

1. 简述虚拟化的概念。
2. 简述虚拟化的分类。
3. 简述 VMware vSphere 包括哪些产品？
4. 如何安装 ESXi 虚拟服务器？
5. 简述 ESXi 与 vSphere Client 之间如何进行访问？
6. 简述 vCenter 的作用。
7. 简述 ESXi、vSphere Client 和 vCenter 之间的关系。
8. 简述虚拟桌面云部署的思路。
9. 如何安装 AD 域控制器？

Part 2

第二部分

云计算应用篇

本书第二部分主要介绍了云计算应用,主要内容包括腾讯公司的云计算应用、Google公司的云计算应用以及微软公司的云计算应用。腾讯公司的云计算应用着重介绍了腾讯的WebQQ、Q+应用以及在WebQQ平台上开发应用;Google公司是云计算的最先倡导者之一,Google云计算应用主要介绍了Google的几个核心技术、Google App Engine平台以及Google的各种在线云应用(如Gmail应用、Google地球、Google相册、Google电子表等);微软云计算应用主要介绍了微软的云计算发展方向,微软Azure云操作系统以及Windows Live软件包云应用等。

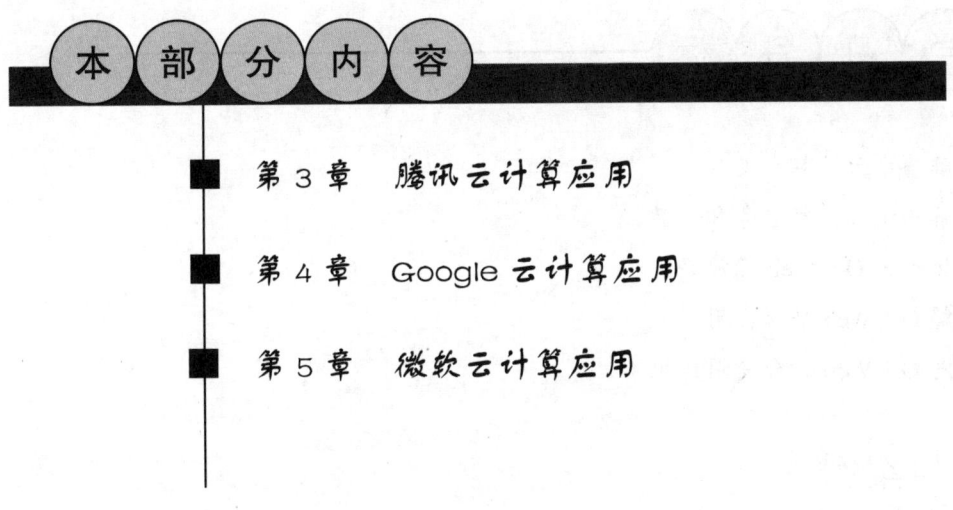

本部分内容

- 第3章 腾讯云计算应用
- 第4章 Google云计算应用
- 第5章 微软云计算应用

第3章 腾讯云计算应用

从当前国内形势看，云计算已经成为下一代的技术发展趋势，国内互联网是否能把握先机呢？2012年是云计算在中国成为主流的一年，越来越多的企业开始落地云计算，越来越多的用户也开始使用基于云的服务。比如国内著名互联网巨头腾讯、百度、阿里巴巴，国外的谷歌、亚马逊、微软都纷纷部署云计算平台。本章主要了解国内互联网公司腾讯的基于云平台的应用。据腾讯负责人透露，腾讯打造的云计算平台，是要把腾讯多年积累下来的海量技术和运营能力，向所有互联网行业的创业者分享，让他们少走弯路，从而更容易地创业成功。这种能力包括了海量运维、海量计算、海量存储、海量数据分析、云安全、支付营销以及客服等。

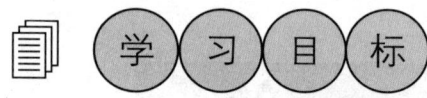
学 习 目 标

- 了解腾讯云计算发展
- 了解腾讯云计算服务和产品
- 认识腾讯 Q+Web 开放平台
- 了解 Q+Web 平台应用
- 开发 Q+Web 平台简单应用

引导案例

某公司为了安全性以及管理方便，员工办公计算机是使用普通账号登录的，不允许员工自行安装应用程序，但公司员工又经常需要通过 QQ 发送一些即时消息，通过网盘备份传输文件。并且公司计划对相关产品进行网络营销，但公司还处于初级阶段，没有充足的人力物力。怎样做才可以既节约成本又达到宣传的目的呢？腾讯的 Q+Web 平台解决了这个问题，公司的员工可以不安装应用程序实现以上要求，公司还计划开发一个宣传产品的小应用发布在 Q+Web 平台上，让腾讯的亿万用户群都能使用，达到宣传产品的目的。

相关知识

3.1 腾讯云计算概述

腾讯作为中国最大的互联网综合业务提供商之一，酝酿两年终于上线了腾讯云平台，如图 3.1 所示。腾讯云提供了各种开发者熟悉的应用部署环境，让广大开发者无需关心复杂的基础架构（如 IDC 环境、服务器负载均衡、CDN、热备容灾、监控告警等），将精力集中于用户和服务，以便提供更好的产品。

图 3.1 腾讯云来了

3.1.1 腾讯公司云计算的发展

从时间上看，腾讯从创立之初就已经在研发云产品：包括社交网络 QQ 空间，最大的实名交友网络朋友网，以及现在大受追捧的腾讯微博、微信等风靡智能手机的云应用。据其介绍，这些服务或产品的基础都是大规模数据中心、云存储、云操作系统、海量数据分析系统等"云技术"。随着腾讯迈开开放的步伐，已逐步地把这些技术以云服务的方式开放出来，形成了腾讯现在的云平台。

据了解，腾讯的平台已经有很多由第三方开发的互联网应用。QQ 空间游戏应用数量目前为 92 款，其中腾讯游戏 25 款、恺英网络 6 款、昆仑 4 款、齐乐、远宁创想、热酷各 3 款、锐意通等 8 家公司各 2 款，其余 32 家公司各一款游戏。就拿昆仑这家公司来说，目前可以做到一个月收入分成超过 800 万，收益非常可观。这些应用有的拥有超过千万的活跃用户，有的给创业者带来超过千万人民币的月收入。很多应用的开发商也是从小做起，从几个、十几个人起步的，目前已经做到了相当的规模。腾讯云平台的目标是降低互联网软件的开发、维护、运营的成本，让一家很小的创业公司可以作出服务千万人的精品应用。如图 3.2 所示为 QQ 空间应用。

图 3.2　QQ 空间应用

3.1.2　腾讯云产品与服务

目前腾讯云平台已正式开放，提供的产品和服务如下：

1. 云服务器

目前使用这项服务的厂商多为游戏运营厂商，如恺英网络、骏梦网络。云服务器按需付费，价格仅需 2.6 元/天起，购买后完全无需聘请专人维护，所有工作都由腾讯云免费负责。云服务器提供丰富配置类型的虚拟机，可以方便地进行数据缓存、数据库处理与搭建 web 服务器等工作，并且使用方便，购买方可以快速搭建专属服务器，配置操作简单，能轻松搭建专属自己的各种应用。如图 3.3 所示为云服务器产品优势。

产品优势	自建服务器	腾讯云服务
软硬件成本		仅需2.6元/天起，按实际使用付费
维护成本		完全免费，腾讯云专业团队全权负责
系统安全性	开发者自行解决，成本高昂	免费提供多达20种安全防护手段
数据安全性		99.999%
服务可用性		99.95%

图 3.3　云服务器产品优势

2. 云数据库

云数据库是腾讯云专业打造的分布式数据存储服务，100%完全兼容MySQL协议，适用于面向关系型数据库的场景。目前使用这项服务的多为游戏运营商。申请这项服务只需在腾讯云中申请云服务器实例资源，无需再安装MySQL实例，一键迁移原有SQL应用到腾讯云平台，每天由腾讯免费提供数据多点备份，节省人力成本。流量问题更不用担心，腾讯采用大型分布式存储服务集群，支撑海量数据访问。如图3.4所示为成功案例。

图3.4 成功案例

3. NoSQL高速存储

NoSQL指的是非关系型的数据库。随着互联网Web 2.0网站的兴起，传统的关系数据库在应付Web2.0网站，特别是超大规模和高并发的SNS类型的Web 2.0纯动态网站已经显得力不从心，暴露出了很多难以克服的问题，而非关系型数据库则由于其本身的特点得到了非常迅速的发展。如图3.5所示是NoSQL家族新成员MemBase的LOGO。腾讯NoSQL高速存储提供了比MemCached更高的读写性能，能轻松并发处理海量数据，高达99.99%服务可用性，并且无需安装，一键点击，即时申请即时使用，自动扩容。由腾讯的专业团队负责安全防护，打造资源隔离、数据安全、密码安全、安全加固等多达20种安全防护手段，以保障数据的安全。产品具备99.99%服务高可用性，99.99%无损服务自动扩容，高质量容灾等特点。

图3.5 MemBase

4. 增值服务

腾讯罗盘：腾讯罗盘依托于腾讯开放平台，提供了基于APP用户行为分析服务，如应用用户画像分析，用户活跃度分析等。总共多达28种分析维度，实时展示了多角度精确数据。

CDN：CDN 服务将网站静态内容发布于离用户最近的节点，用户可就近获得数据，由此提高页面访问速度、流媒体访问速度、下载速度，而腾讯广泛的 CDN 节点分布，保障了用户的极致体验。

云安全：腾讯云安全服务无需开通，只要购买一项云服务就可享受免费的多角度安全防护，包括防 DDos 攻击、漏洞检测、漏洞扫描等。

云监控：对于腾讯云服务提供全方位监控，直观展示各种云服务的资源使用状况、负载状况性能及系统健康状况等，如图 3.6 所示。

云服务器监控

监控指标	指标说明
CPU利用率	云服务器五分钟平均CPU利用率
CPU平均负载	云服务器五分钟平均负载
已使用内存	云服务器当前已使用内存

图 3.6　云服务监控

3.2　如何申请腾讯云计算平台的资源

目前，大部分云计算服务都是为企业服务的，但个人对云应用的需求一直存在，而且有别于企业的需求。WebQQ 是腾讯公司推出的使用网页方式登录 QQ 的服务，特点是无需下载和安装 QQ 软件，只要能打开 WebQQ 的网站就可以登录 QQ 与好友保持联系。具有 Web 产品固有的便利性，同时在 Web 上最大限度地保持了客户端软件的操作习惯。用户可以在多终端上体验 WebQQ 带来的流畅酷炫体验，登录 WebQQ 除了基本的 QQ 聊天功能、丰富的好友动态、开阔的聊天模式外，更有千款应用为用户提供丰富的体验。并且用户可以作为开发者构建自己心目中最潮的应用，与亿万用户分享。目前，WebQQ 已正式更名为 Q + Web。

腾讯 QQ 云把云计算带到个人用户身边。如图 3.7 所示，用户可以通过 Web 浏览器访问腾讯以及第三方开发的应用，也可以通过 dev.qq.com 发布自己的应用，这些应用最终会存放在腾讯的云服务器上。用户可以通过登录 Q + Web 平台访问到相关的应用。Q + Web 集成了资讯、办公、娱乐、搜索、电商、读书、效率等过千款云应用，以网页实现一个开放、个性化、多桌面的一站式在线生活平台。

那么如何使用 Q + Web 平台？如何去下载各种丰富多彩的应用，如何开发属于自己的应用呢？首先我们先申请一个 QQ 号，然后登录 Q + Web 平台，以使用一个金山快盘应用为例。

第3章 腾讯云计算应用

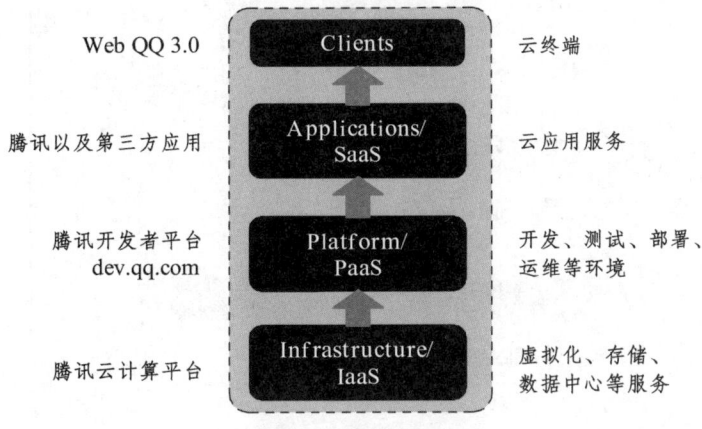

图 3.7 腾讯 QQ 云

1. 申请 Q+Web 账号

打开任一浏览器，输入地址 http://web.qq.com/，将看到 Q+桌面，这个桌面就好像大家计算机的桌面一样，可以把各种应用添加在上面，然后快捷地使用它们。

如图 3.8 所示，可以看到桌面的左侧分别可以打开应用市场、网盘、QQ 聊天、QQ 空间、QQ 邮箱、腾讯微博等大家常用和熟悉的应用，而在桌面正中，就是一些第三方开发的应用了，比如金山快盘，就是与金山合作的项目，用户可以直接在此处登录金山快盘。而桌面的右边，大家可以看到有天气和时钟的小插件，这样的应用被称作 widget。此类型的应用也可以自行添加，如音乐播放之类的，还可以在桌面上随便拖动它们的位置。

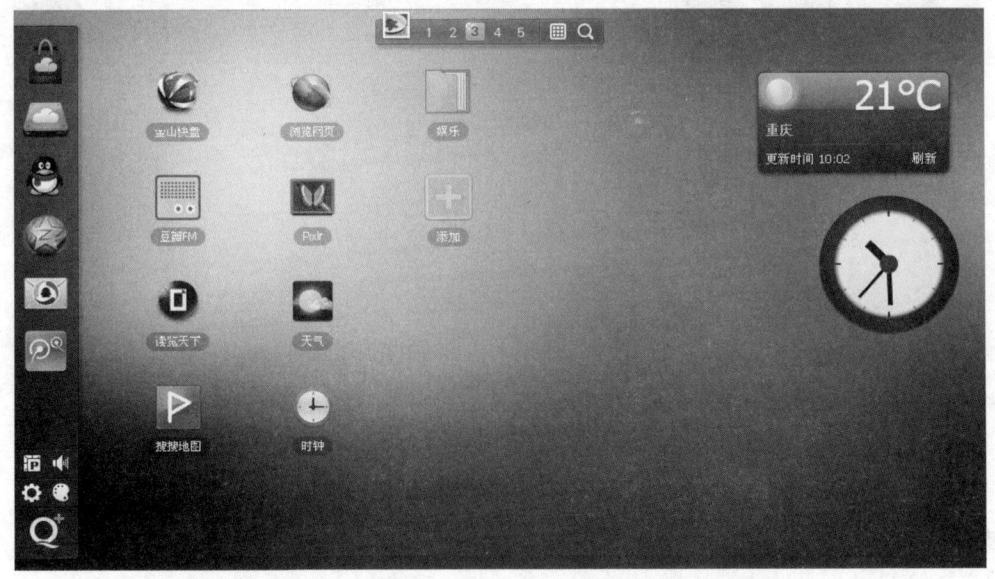

图 3.8 Q+Web 桌面

2. 登录 Q+Web 平台

那么现在，我们点击左下角的"Q+"标志，开始登录 Q+Web 平台。如果你的计算机上安装了 QQ 应用程序，还可以选择同时登录"QQ"。如图 3.9 所示为登录界面。

图 3.9 Q+Web 登陆

3. 使用 Q+Web 应用

登录之后,我们点击 Q+桌面上的金山快盘就可以使用快盘保存文件了,而不需要单独下载金山快盘的应用程序安装在自己的计算机上,也就是说以后用户只要有浏览器就可以使用常见的应用了,而不需要单独在计算机上安装客户端程序。如图 3.10 所示是使用金山快盘应用的界面。

图 3.10 金山快盘应用

接下来,给大家介绍几款当前流行的应用。

(1) Pixlr。

有没有觉得 Photoshop 安装包太大了呢?打开 PS 太卡了呢?Pixlr 是一个在线图片处理的网站,在 Pixlr 上面可以进行类似于 Photoshop 的图片处理,让用户不需要在本地计算机安装其他工具那么繁琐,就能完成对图片大部分要求的处理,非常实用。进入 Q+Web 桌面,点击左上角的应用市场,找到 Pixlr,如图 3.11 所示为 Pixlr 应用简介。

第 3 章　腾讯云计算应用

图 3.11　Pixlr

选择打开应用,就可以看到 Pixlr 的界面了,如图 3.12 所示。是不是跟 Photoshop 非常类似呢?

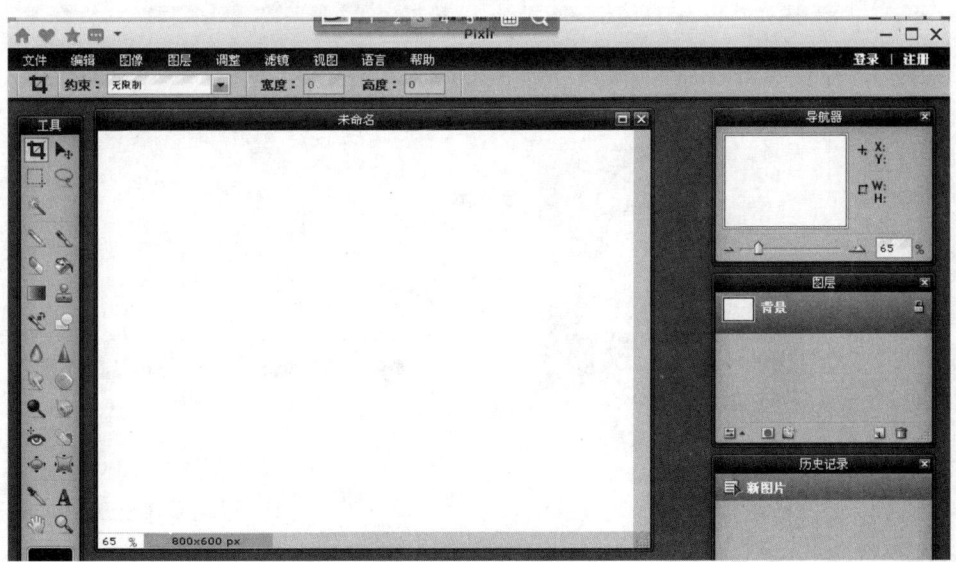

图 3.12　Pixlr 界面

(2)豆瓣 FM。

在 ipad、iphone 上受欢迎的应用也登录 Q + Web 了,豆瓣 FM 是一款个性化的音乐收听工具。软件简单方便,打开就能收听。在收听过程中,用户可以用"红心"、"垃圾桶"或者"跳过"告诉豆瓣 FM 用户的喜好。豆瓣 FM 将根据用户的操作和反馈,从海量曲库中自动发现并播出符合用户音乐口味的歌曲。首先搜索到此应用,如图 3.13 所示为豆瓣 FM 简介。

图 3.13 豆瓣 FM 简介

打开应用后，立即开始随机播放音乐，久而久之，它能够知道你喜欢听的歌曲类型，以后就会自动播放你喜欢的歌曲了。如图 3.14 所示为豆瓣 FM 界面。

图 3.14 豆瓣 FM 界面

（3）读览天下。

读览天下是中国领先的移动互联网阅读平台。现支持多种移动设备，目前拥有综合性人文大众类期刊品种达 1 000 余种，内容涵盖新闻人物、商业财经、运动健康、时尚生活、娱乐休闲、教育科技、文化艺术等领域。用户可在线免费阅读杂志，并搜索自己感兴趣的书籍。打开此应用，可以看到书架上已经放置了国内著名的期刊杂志，有些杂志需要付费阅读。如图 3.15 所示为读览天下界面。

第 3 章 腾讯云计算应用

图 3.15　读览天下界面

（4）凤凰视频。

凤凰视频是凤凰网推出的视频门户，是高端用户首选的视频内容平台。凤凰视频的内容涵盖新闻、纪实、播客、影视、原创等优质视频资源。通过"严肃新闻、多元内容、人文关怀、媒体品相"的特征，反映出凤凰视频的整体风格。它能够提供最新的第一手资讯，并且汇集了凤凰卫视超过 60 档精品节目的高质量视频，用网络语言演绎凤凰新时尚。如图 3.16 所示为凤凰视频打开界面。

图 3.16　凤凰视频界面

当然现在 Q+Web 还有一些不成熟的地方，因为针对所有人开放，也就造成了应用的质量参差不齐，有的应用甚至根本无法使用，相信在不久的将来这一情况会有所改善。即使如此，现在 Q+Web 上的应用数量也是相当的可观了，有了这众多的应用，公司员工可以不需要安装额外的应用程序就足以满足日常工作和娱乐的需求了。

（5）每日一句学英语。

接下来给大家介绍一款 widget 的应用，什么是 widget 呢？它的中文名叫做微件，是一小块可以在任意一个基于 HTML 的 Web 页面上执行的代码，它的表现形式可能是视频，地图，新闻，小游戏等，最直观就是 vista 上的钟可以动态显示时间，并且可以随便拖动。每日一句学英语虽然不是一款出名的应用，但对于英语不好又不愿意下工夫的同学可以利用每天的娱乐时间学习一句，赶紧用起来吧。打开应用之后，能看到在 Q + Web 桌面的右下角的小窗口，如图 3.17 所示为每日一句学英语界面。

图 3.17　每日一句学英语

📖 学习项目

项目：基于 WebQQ 平台开发 Web 应用

本项目通过腾讯 Q + Web 平台，在此平台上根据企业或个人的需求开发相应的 Web 应用，让所有登录 Q + Web 平台的用户，不需要安装任何的客户端程序，都可以添加和使用。

任务 1：需求分析

某公司主营各种品牌手机，因此决定利用腾讯的用户群做宣传，在 Q + Web 平台上开发一个简单应用就可以达到此目的，接下来会给大家演示如何发布自己的应用到 Q + Web 平台中。此应用需要包含当前流行手机功能介绍、价格趋势，以及公司实体店、网店介绍。在此过程中，需要 Apache 服务器的支持，因此需要在本机上搭建 Apache 服务器。

任务 2：Web 应用开发

1. 注册成为 Q + Web 开发者

打开任一浏览器，在地址栏输入 http://dev.qq.com/，点击右上方的登录，在打开的窗口中输入自己的 QQ 号和 QQ 密码，选择登录后会要求填写注册为开发者的相关信息，如图 3.18 所示，打星号的项目必填，依次填入姓名、身份证、邮箱、手机号等信息，点击提交按钮。

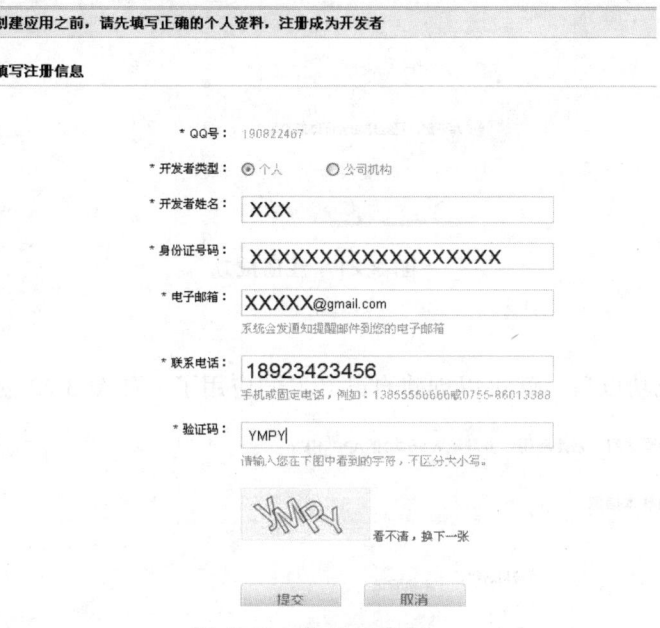

图 3.18　注册开发者

2. 验证邮箱

接下来腾讯会往你的邮箱发送一封邮件，以便验证邮箱地址的真伪，如图 3.19 所示。

图 3.19　验证邮箱

进入自己邮箱，点击如图 3.20 所示的链接：

图 3.20　邮箱验证链接

看到如图 3.21 所示的提示，就表示注册成功了。

图 3.21 注册成功

3. 创建应用

注册开发者成功以后，就可以创建自己开发的应用了，如图 3.22 创建一个应用。

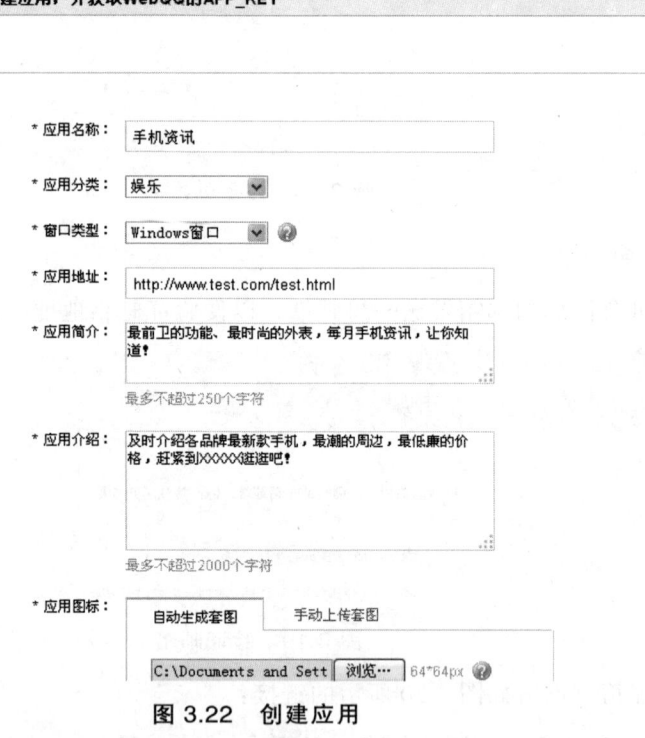

图 3.22 创建应用

应用名称：给你的应用取个容易红的名字吧！

应用分类：点击下拉列表选择相应的分类。

窗口类型：这里选择 Windows 窗口，也可以点击旁边的问号查看帮助。

应用地址：这里的地址要写自己 Apache 服务器上虚拟主机的域名，把与应用相关文件都放在 Apache 服务器虚拟主机的文档根目录下，然后写上首页的文件名。在应用没有开发好之前，应用的所有相关文件都是暂时存在你的本地计算机上，只有当你开发完成之后，才能把应用提交到腾讯的服务器上。因此需要首先调试好应用，再提交审核。

应用简介：写下让人印象深刻又独一无二的介绍吧，可以帮助提高审核成功率。

接下来从本地上传应用图标和应用截图，制作一些精美的图片和引人注意的标语，注意图片的大小不要超出限制。

4. 搭建 Apache 服务器

由于为提交审核的应用需要暂时存在第三方服务器上，而免费提供存放文件并提供 URL 的网盘又比较难找，因此给大家讲个小技巧，只要在你的本地计算机上搭建 Web 服务，然后把应用的相关文件存放在对应的位置，就可以通过 Q + Web 界面进行调试了。大家只要把下面的内容复制到 Apache 主配置文件（主配置文件名为 httpd.conf）的末尾。

```
NameVirtualHost *:80
<VirtualHost *:80>
  ServerName www.test.com          //这里写 Apache 服务器的域名
  DocumentRoot "D:/web"            //这里写存放应用的文件夹
<Directory "D:/web">
  Options FollowSymLinks IncludesNOEXEC Indexes
  DirectoryIndex index.html test.html index.htm default.htm index.php default.php index.cgi default.cgi index.pl default.pl index.shtml
  AllowOverride Options FileInfo
  Order Deny,Allow
  Allow from all
</Directory>
</VirtualHost>
```

接下来启动 Apache 服务就可以了。如图 3.23 所示为启动 Apache 服务器。

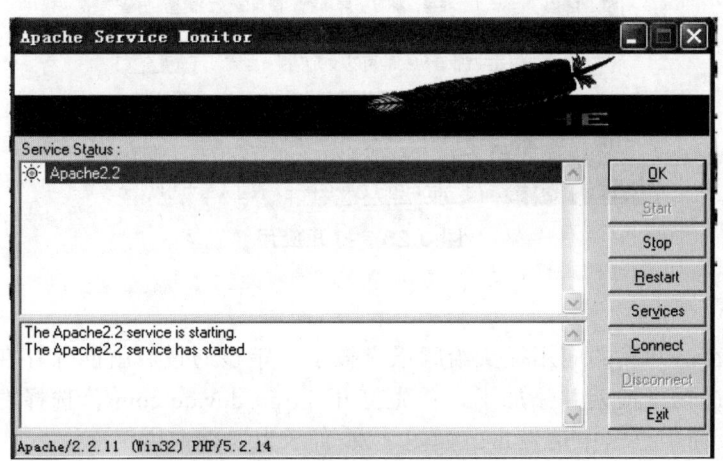

图 3.23　启动 Apache 服务器

5. 开发应用

现在就开始创建应用的内容，在开发的过程中，可以随时修改应用的内容。以本次设置为例，只要在 D:/web 文件夹中修改就可以了。我们以一个简单的提供手机资讯的应用为例。先登录到 Q + Web 桌面，在应用市场中搜索到"我开发的应用"，点击添加按钮，回到 Q +

Web 桌面，就可以看到此应用了。打开此应用，就可以看到我们刚才创建的那个应用，如图 3.24 所示。

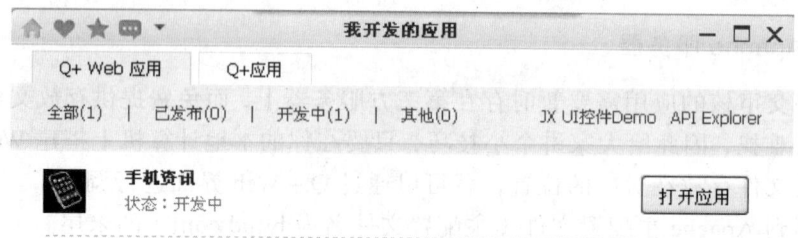

图 3.24 开发应用

接下来就在本地文件夹中根据以前学过的知识编写应用内容，然后选择打开应用。就可以看到你编写的应用的内容了。如果觉得不满意效果，还可以继续修改，直到全部完成后再提交审核。如图 3.25 所示为创建完成的应用界面。

图 3.25 打开应用

6. 提交审核

现在可以把自己开发的应用提交给腾讯审核了，审核通过后就能保存在对方服务器上，并且能够在应用市场中搜索并添加了。首先打开 http://dev.qq.com/，选择右上方的"我的应用"，在打开的页面中点击申请发布，如图 3.26 所示为提交审核页面。

图 3.26 申请发布

本章小结

本章主要介绍了国内最大互联网公司之一腾讯在云计算方面的部署。目前云计算已是我国发展的热点。在本章中主要介绍了腾讯云计算的发展以及新上线的腾讯云平台。腾讯云平台目前提供的产品和服务正在内测中,但也不乏成功的案例。如果说腾讯云平台多为企业提供服务的话,那么 Q+Web 平台就是为个人用户开放了。本章给大家详细介绍了如何使用 Q+Web 应用,以及如何开发属于自己的应用。

本章习题

1. 列举几个你所熟知的移动互联网应用。
2. 列举几个腾讯 QQ 空间你所熟悉的应用。
3. 登陆 Q+Web,查看应用市场中的应用。
4. 注册 Q+Web 开发者。
5. 在 Q+Web 上创建一个应用,内容自定。
6. 使用 HTML 编写一个简单页面。
7. 通过 Q+Web 访问自建的应用。

第4章 Google 云计算应用

Google 公司是 1998 年 9 月 7 号以股份制的形式创立的，它的创立具有传奇的色彩。Google 公司设计和管理着一个互联网搜索引擎，它位于加利福尼亚的山景城，在公司内部有一项非正式的口号"不作恶"。Google 的网站是在 1999 年启动的，公司的产品 Google 搜索引擎是全球最受欢迎的搜索引擎，据统计在 2007 年到 2008 年间，Google 被《财富》杂志评为全球最适合工作的公司。目前 Google 的搜索引擎建立在分布在 30 多个地点的数据中心上，其中服务器就超过了 100 多万台，并且这些基础设施的数量正在迅速增长。Google 的一些应用（如 Google 地球、Google 地图、Gmail 邮箱、Docs 在线文档编辑器等）都在使用这些基础设施，用户的数据保存在互联网上某个数据中心里，通过网络对这些数据进行访问。

本章重点介绍 Google 的在线云应用、Google 云计算的核心技术（如分布式文件系统 GFS、分布式大数据处理 MapReduce、大数据库 BigTable 以及 Google App Engine 的部署）。

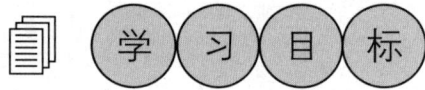

- 了解 Google 的分布式文件系统 GFS
- 了解分布式大数据处理技术 MapReduce
- 了解分布式大数据库 BigTable
- 熟练使用 Google 的云应用
- 熟练设置代理服务器
- 初步使用 Google App Engine 创建应用
- 在 Eclipse 上安装 Google App Engine

引导案例

Google 是当前 IT 巨头公司中最大的云计算使用者，它创建了云计算的一种超动力商业模式。它提供了引用托管、企业搜索、Google 地球、Google 地图、Gmail 邮箱等应用形式，向企业或一般用户开放了云应用。从云计算这个角度来说，Google 中所有产品都可以被认为是典型的云计算产品。

Google 公司推出了 Google 的应用程序引擎 Google App Engine，即取名为 App Engine 的云计算平台。它可以实现让您在 Google 的基础架构上运行您的网络应用程序。它基于 Google

已有的底层平台，通过在这个平台上采用 Google 的核心技术分布式文件系统 GFS 和大数据库 BigTable，程序员们可以采用 Java 或 Python 语言来部署自己的程序。在这个平台上，程序员便于构建和维护应用程序，并且不需要维护服务器，程序员只需要上传自己的应用程序即可。在这个平台上，Google 为用户免费提供了达到 15 G 的存储空间，以及足够的 CPU 和带宽，可以用来满足每天 5 百万次的页面浏览量。

本章的案例主要围绕着 Google 云平台的应用。首先注册为 Google 的用户，然后在 Google App Engine 云平台上部署应用。

相关知识

4.1　Google 云应用

Google 是当前最大的云计算使用者，Google 中典型的应用都是云应用。如 Google 地球、Google Driver、Google 浏览器、Google 在线文档、Gmail 邮箱、Google 演示文稿等，共计 15 款 Google 云应用。Google 云应用如图 4.1 所示。

图 4.1　Google Gdrive 和 Google Docs 云应用

4.1.1　Google 地球

我们首先来学习 Google 地球，它的功能很强大。通过 Google 地球，全世界的地理信息就可以触手可及了。通过 Google 地球，可以浏览全世界的任何角落，包括图像、地形和 3D 建筑。谷歌地球（Google Earth）是一款虚拟的地球仪软件，它可以把卫星照片、GIS 布置以及航空照相都布置在一个地球的三维模型上。Google 公司在 2005 年时就把 Google 地球推向了全球，同年被评为"2005 年全球 100 种最佳新产品之一"。

Google 地球有三个版本，分别为免费版、Plus 版和 Pro 版。用户可以下载 Google 地球客户终端到自己的计算机中，用于查看卫星图像、3D 建筑、3D 树木、地形、街景视图、行星。可以使用多个终端（如计算机、手机、写字板）来浏览。Google 地球的数据更新根据区域和城市不一样,更新的时间也不一样,在一些全球比较出名的大城市,数据更新在一年或半年一次,对一些不太出名的区域,数据的更新可能几年一次。

1. Google Earth 免费版介绍

Google Earth 免费版提供了全球地貌影像,针对城市的高精度卫星拍摄的影像,可以查询餐馆、旅馆和行程路线,能单独显示各公园、学校、医院和机场以及商场等图层功能。

Google Earth 可以通过网址来访问,也可以下载 Google Earth 的客户端。Google Earth 的网址为 http://www.earthol.com/,可以使用"地标搜索"和"地图搜索",如图 4.2 所示。

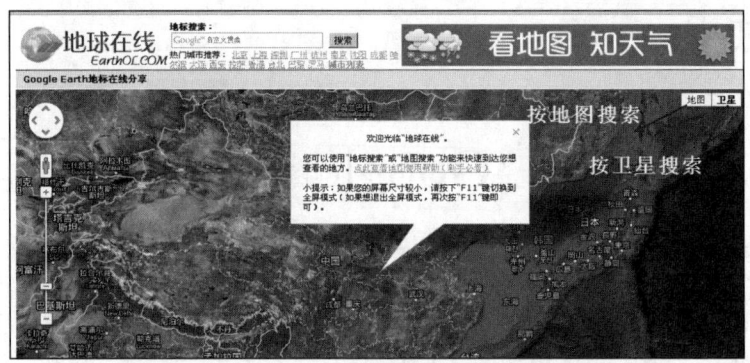

图 4.2　Google Earth 可以通过网址访问

以搜索北京鸟巢地标建筑为例,采用 Google Earth 的地标搜索,搜索出的结果是 3D 图,如图 4.3 所示。

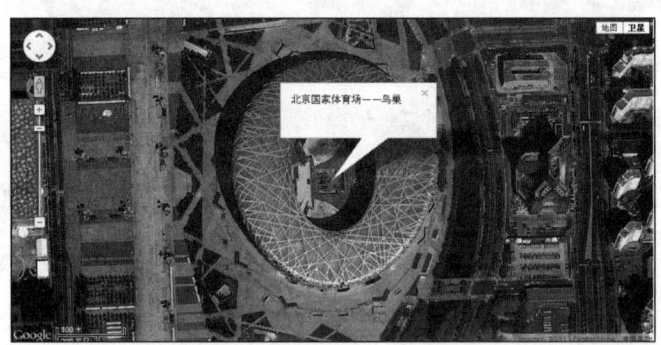

图 4.3　地标搜索北京鸟巢

显示的结果可以切换为不同的模式,有显示实景照片模式、测量距离模式、切换到微软虚拟地球模式、切换到 SOSO 地图模式、切换到百度卫星地球模式等,如图 4.4 所示。

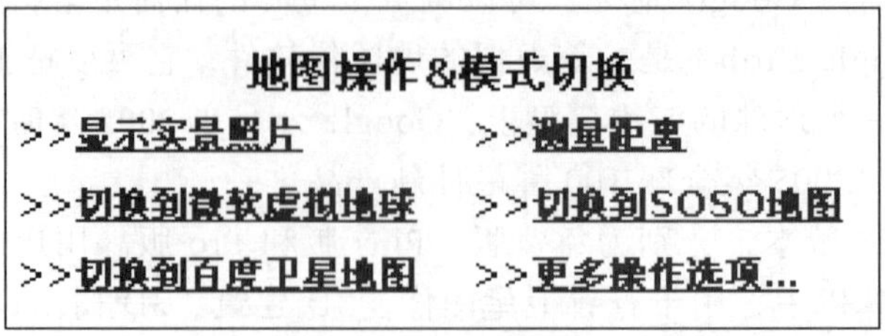

```
地图操作&模式切换
>>显示实景照片        >>测量距离
>>切换到微软虚拟地球  >>切换到SOSO地图
>>切换到百度卫星地图  >>更多操作选项...
```

图 4.4　不同模式

实景照片模式如图 4.5 所示。

图 4.5 实景照片模式

2. Google Earth Plus 版本

Google Earth 可以升级到 Google Earth Plus 版本，但是升级版是要收费的，升级的费用每年 20 美金/年，升级到 Plus 版本的优点有哪些？
- 具有 GFS 数据接口导入，从 GPS 中导入行车线路；
- 影像高精度；
- 支持 Email 客户的支持；
- 通过 csv 文件来实现数据输入。

3. Google Earth Pro 版本

Google Earth Pro 是商用版。针对企业的商用版，需要付费，它的功能要比 Google Earth Plus 更加强大。它比较适用于专业人员和商业用途，它将搜索出发地到目的地的路线，以 3D 模式显示沿途的商业机构、学校和商场等，并可以将这些记录制作成视频格式。

4.1.2 Google Gmail

Google 免费提供了 Gmail 服务。Gmail 是一种基于搜索的免费的 Web mail 服务，它主要将传统的电子邮件与 Google 的搜索技术结合起来，使得 Gmail 的邮件查找过程大大简化了。换句话来说，Gmail 就是一个大容量的邮件系统，可为用户提供达到 5G 的邮件免费空间，并且容量在不断增加。另外，它还可以减少更多的垃圾邮件。如何使用它呢？首先要注册为 Google 账户。

1. 注册 Google Gmail

输入网址 https://mail.google.com/，点击右上角的"创建账户"，如图 4.6 所示，弹出如图 4.7 所示的界面，请输入用户的信息，设置账户的密码以及其他的信息。

图 4.6 创建 Google 账户

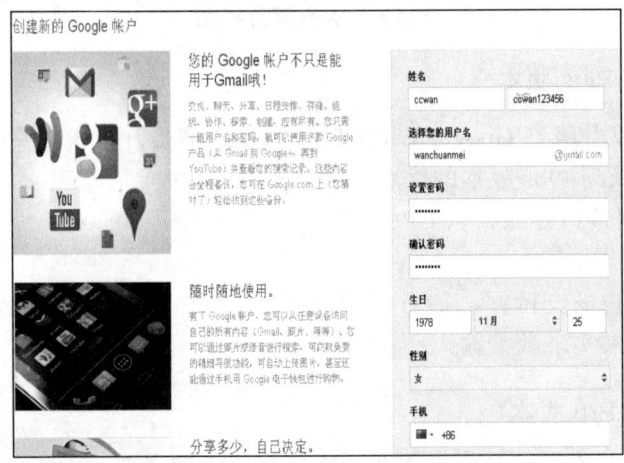

图 4.7 Google 账户的注册

账户注册成功，如图 4.8 所示。

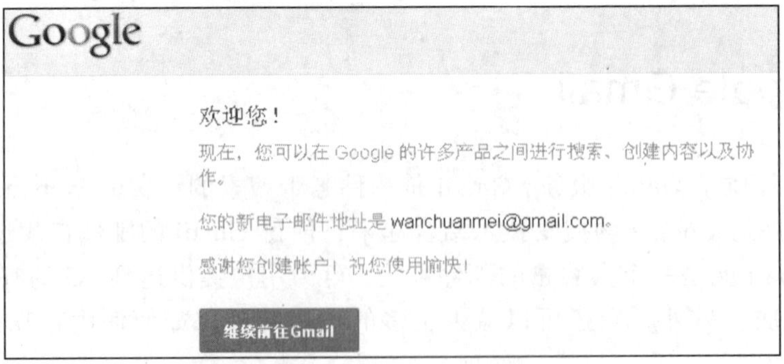

图 4.8 账户注册成功

创建好的 Google 账户不仅仅可以使用 Gmail 邮件，还可以实现分享、聊天、日程安排、存储、组织、创建、搜索。只要拥有 Google 账户就可以使用 Google 的产品（如 Gmail 和 Google +），并可以查看自己的搜索记录，并且这些内容还有备份。

2. Google Gmail 的设置与使用

Google Gmail 的设置,主要包括显示语言、每页最多显示设置,显示联系人数、会话、桌面通知、键盘快捷键等的设置。如图 4.9 所示。

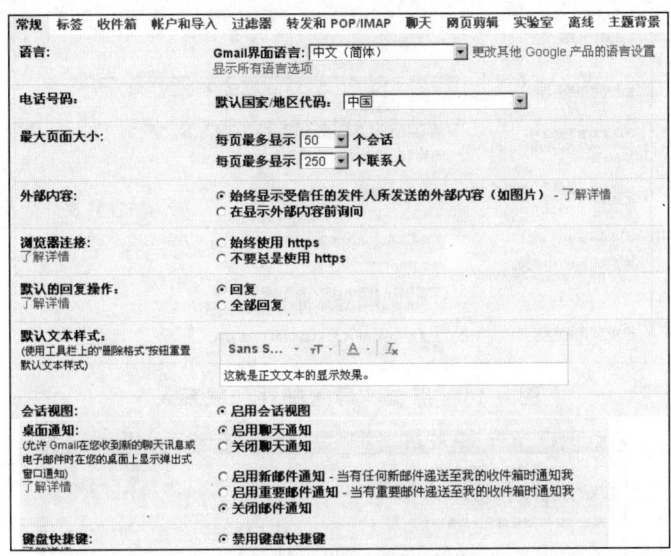

图 4.9 Gmail 设置

Google Gmail 可以使用颜色和主题自定义,可以导入联系人和过去的电子邮件。

(1) 使用颜色和自定义主题。

设置颜色和主题背景,如图 4.10 所示。

图 4.10 设置颜色和主题背景

(2) 导入联系人和过去邮件。

导入联系人和过去的邮件,即用户可以从 Yahoo!、AOL、Hotmail 以及其他的网络邮件服务或 POP 账户中导入自己的联系人和邮件,也可以导入以前邮箱的邮件。其操作过程如下:

首先点击"导入邮件和联系人",如图 4.11 所示,弹出如图 4.12 所示的"登录到你的其他邮箱"小界面,请输入邮箱地址和密码。

图 4.11 点击"导入邮件和联系人"

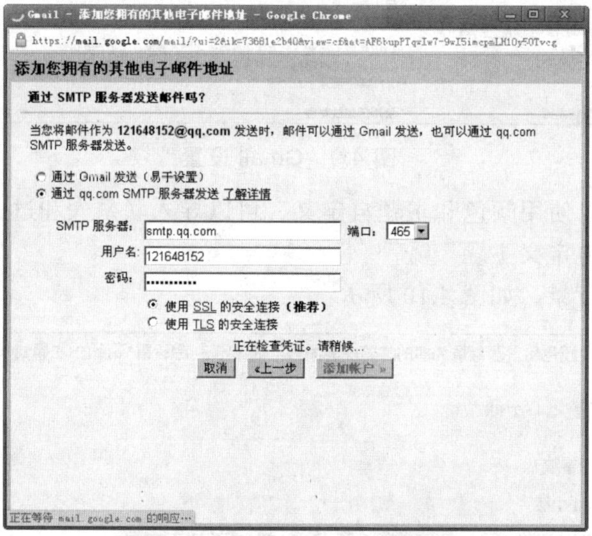

图 4.12 添加其他的电子邮件地址

(3) Google Gmail 聊天。

设置 Google Gmail 的聊天,请点击左边的 按钮,将添加聊天联系人,可以从联系人中进行选取,如图 4.13 所示。

(4) Gmail 搜索支持通用搜索符号。

Gmail 里包括了 Google 的邮件搜索,可以使用类似于"in:index"、"+"、"-"、""、"()"、"and"、"not"、"|"等搜索通用符号,其中"+"表示查找"+"开头的搜索页面,""表示精确查找短语中出现的字词,"()"表示查找或排除包含某词组的网页,"and"表示查找包含所有字词或短语的网页,"|"表示查找包含任意搜索词或短语的网页。实例:搜索发件人"Gmail 小组",其搜索结果如图 4.14 所示。

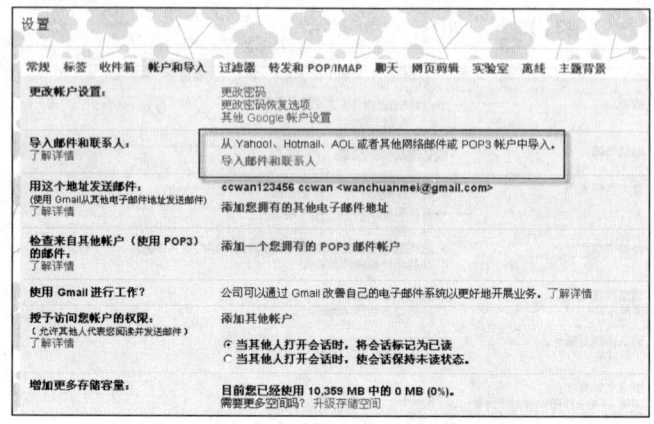

图 4.13 添加聊天联系人

第 4 章 Google 云计算应用

图 4.14 Gmail 邮件搜索

4.1.3 Goagent 代理工具

Google 的在线文档和电子表，可以实现创建在线文档和共享工作页面。它具有在线编辑器的功能，可以创建和保存 doc、xls、csv、dbs、odt、pdf、rtf、html 等文件，共享协同编辑与发布。可以访问 http://docs.google.com 打开 Google 的在线文档和 Google 的电子表格，但是 Google 已经退出中国，在访问这些网站时，可能打不开网页。那如何来访问这些网站呢？可以通过设置代理服务器打开这些网页。接下来给大家介绍一款 Goagent 代理工具。

1. Goagent 代理工具介绍

在这里给大家介绍一款免费的代理工具 Goagent。Goagent 是国内常常使用的免费代理工具，也是 Google 应用之一。Goagent 代理工具可以在 Windows、Mac、Linux、Android、iPod Touch、iPhone、iPad、webOS、openwrt、Maemo 等不同的平台中使用。这个工具对数据传输过程没有加密，因此那些对安全性要求很高的用户，可以选择其他的代理工具。

2. Goagent 代理工具的下载

首先下载 Goagent 代理工具，Goagent 的官网是 https://code.google.com/p/goagent/，可以在官网上下载最新的版本，如图 4.15 所示。

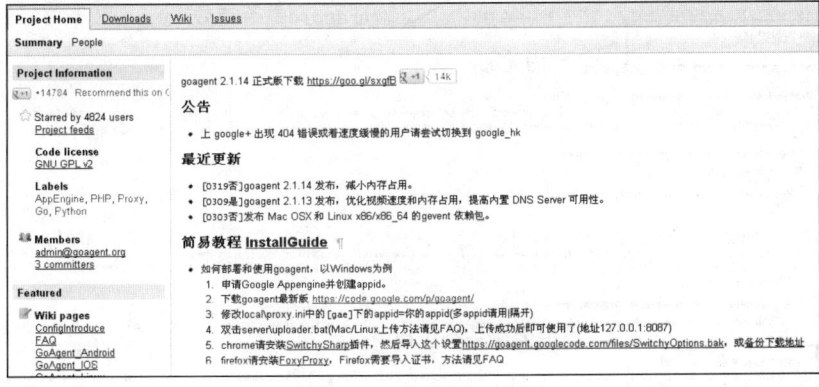

图 4.15 下载 Goagent

3. 注册 Google App Engine 用户

下载好 Goagent 后，需要申请 Google App Engine 账户并创建 appid。其操作过程如下：

首先申请一个 Google App Engine 的账户，网址是 https://appengine.google.com。如果没有 Gmail 账户，则申请一个，接着用该 Gmail 账户登录。Gmail 账户登录之后，自动转向 Application 注册页面，如图 4.16 所示。

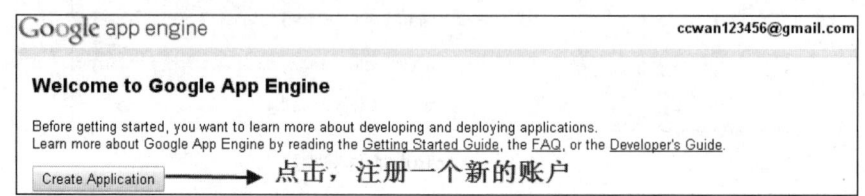

图 4.16　App Engine 注册

App Engine 注册过程需要手机验证码，输入你的手机验证码，提交完成之后，GAE 账号即被激活，然后就可以创建新的应用程序了。点击"Create Application"创建应用，如图 4.17 所示，你就成为了 Google App Engine 的用户了。

图 4.17　注册 App Engine，创建一个应用

接下来创建 appid 应用，一个 Gmail 账户最多可以创建十个 GAE 应用。填写 appid 应用的信息，如图 4.18 所示。

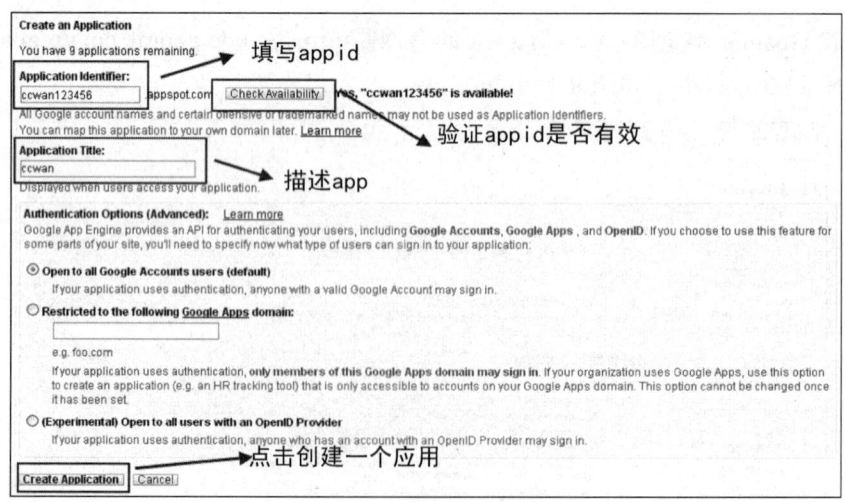

图 4.18　创建一个 appid

第 4 章　Google 云计算应用

记住你填写的 appid，如上面填写的是 ccwan123456，这个 ccwan123456.appspot.com 就是你的应用服务器地址了，填写完成后就可以看见一个应用创建成功的界面了，如图 4.19 所示。

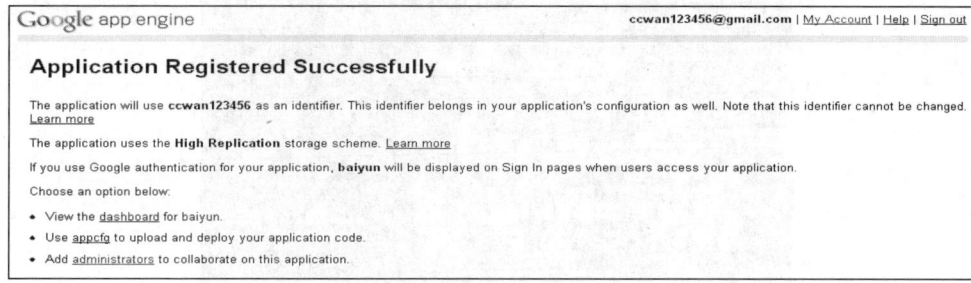

图 4.19　应用创建成功界面

4. 上传 Goagent 至 Google App Engine

前面已经下载了 Goagent 代理工具，接下来我们需要将 Goagent 工具上传到 Google App Engine 里。

如何来上传 Goagent 呢？不同的操作系统，采用方法是不同。如果是 Windows 用户，双击 server 文件夹下的 upload.bat 文件，输入 appid，如我的 appid 为 ccwan123456，如果有多个 appid，则它们之间用|来隔开，输入邮箱地址和密码，如图 4.20 所示。

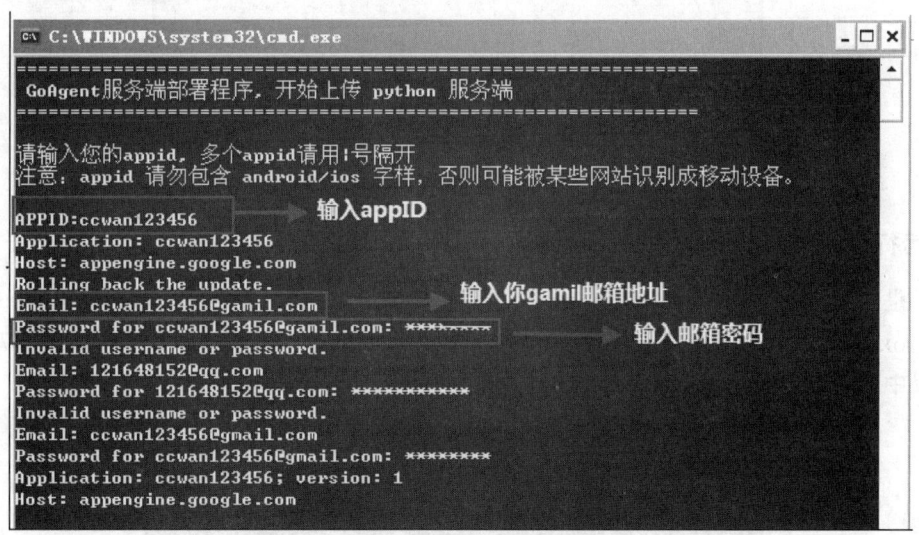

图 4.20　上传界面

Goagent 上传成功后，提示"不要忘记编辑"proxy.ini"文件，打开这个文件把你的 appid 填进去"，如图 4.21 所示。

5. 设置 proxy.ini 文件

Goagent 上传成功后，设置"proxy.ini"文件。该文件位于 local/proxy.ini 中，以记事本方式打开它，找到 appid=goatgent，把其中的 goatgent 修改为 appid，如图 4.22 所示。如果有多个 appid，则用"|"隔开，如：appid1|appid2|appid3。

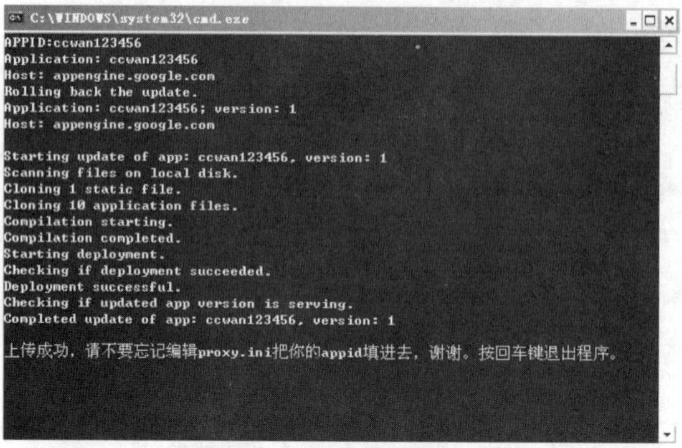

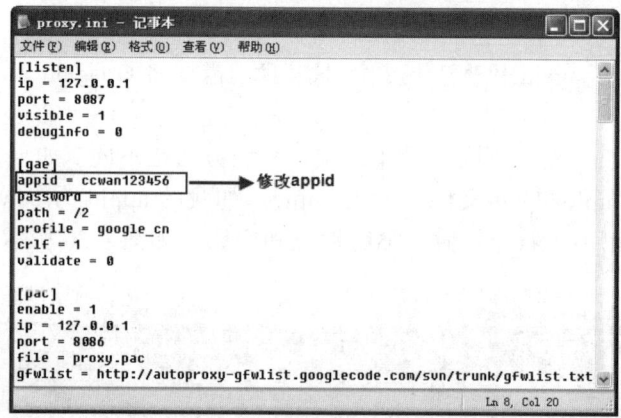

图 4.21　文件上传成功

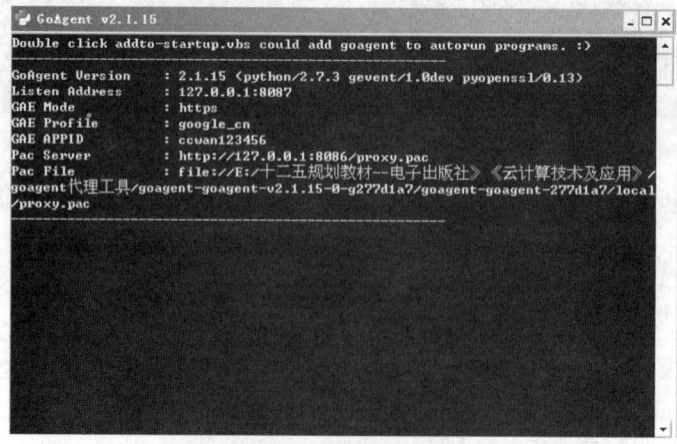

图 4.22　修改 proxy.ini 文件

6. 运行客户端

如果是 Windows 用户，则运行 local 文件夹中的 goagent.exe 文件。如果是 Linux 用户，则运行 proxy.py 文件。设置浏览器或其他需要代理程序的代理地址为 127.0.0.1:8087，并且在使用过程中要一致运行 goagent.exe/proxy.py。

图 4.23　设置客户端

第 4 章　Google 云计算应用

证书的导入：IE/Chrome 浏览器使用管理员身份运行 goagent.exe 会自动向系统导入证书，也可以双击 local 文件夹中的 CA.crt 安装证书；Firefox 浏览器则需要单独导入证书，打开 FireFox 浏览器"选项"/"高级"/"加密"/"查看证书"/"证书机构"/"导入证书"，选择 local\ca.crt 证书，勾选所有项，点击"导入"即可。

7. IE 浏览器的设置

接下来设置浏览器，不同的浏览器的设置方法是不一样的。我们先来看看 IE 浏览器的设置，IE 浏览器的设置有两种方式："全部使用 goagent 代理"和"pac 自动代理"。设置方法如下：

依次打开 IE 浏览器菜单栏中"工具"/"internet 选项"/"链接"/"局域网设置"，如图 4.24 所示。在"自动检测设置"前打钩，在"为 LAN 使用代理服务器"中配置地址为 127.0.0.1、端口为 8087。

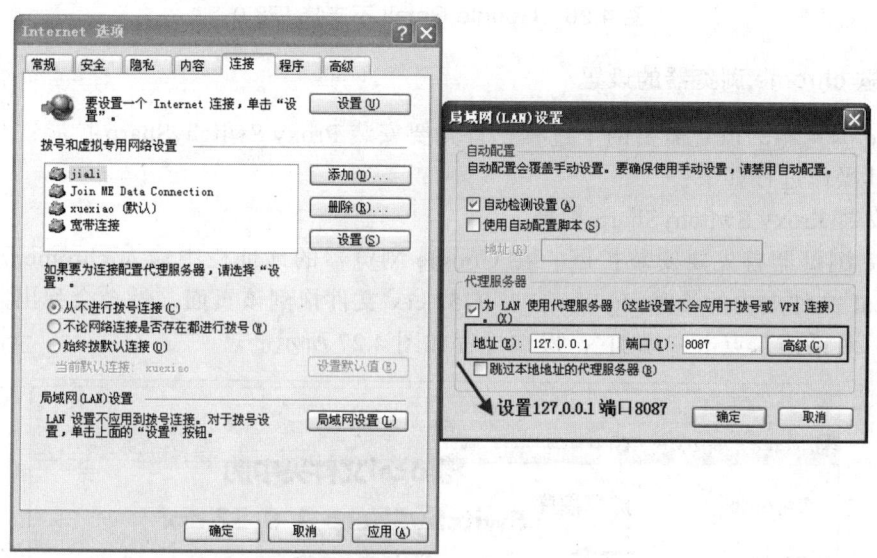

图 4.24　局域网设置

设置完成后，在 IE 浏览器中键入 Google 云端硬盘 https://drive.google.com/#my-drive，就可以打开 Google 的网页了，如图 4.25 所示。

图 4.25　Google 云盘

这里需要注意的是：从 2012 年 11 月起，Google Gmail 等产品就不再支持 IE8，如图 4.26 所示。

图 4.26　Google Gmail 不支持 IE8.0

8. 谷歌 chrome 浏览器的设置

Google 浏览器的设置需要两个过程：首先要安装 Proxy SwitchySharp 扩展；其次要配置该扩展。其操作过程如下：

（1）安装 Proxy SwitchySharp 扩展。

Google 浏览器首先要安装扩展。在 Google 浏览器的地址栏中输入 chrome://extensions/ 后，将 local 文件夹中的 SwitchySharp_1_9_52.crx 文件拖到该页面，然会会弹出"确认新增扩展程序"对话框，点击"添加"，操作过程如图 4.27 所示。

图 4.27　添加 Proxy SwitchSharp

（2）Proxy SwitchSharp 的导入设置。

点击"Proxy SwitchSharp"图标，在选项菜单中选择"导入/导出"下面的"从文件恢复"，打开文件窗口界面，在 local 文件夹中选择 SwitchOption.bak 文件，点击"打开"导入设置。其操作过程如图 4.28 所示。

第 4 章 Google 云计算应用

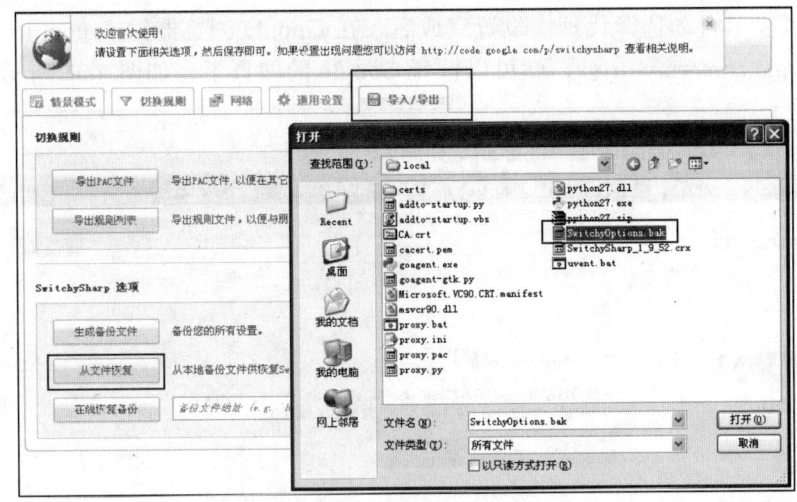

图 4.28 导入 Proxy SwitchSharp

接下来再选择菜单中的"切换规则",点击"立即更新列表",最后点击"保存"按钮。其操作过程如图 4.29 所示。

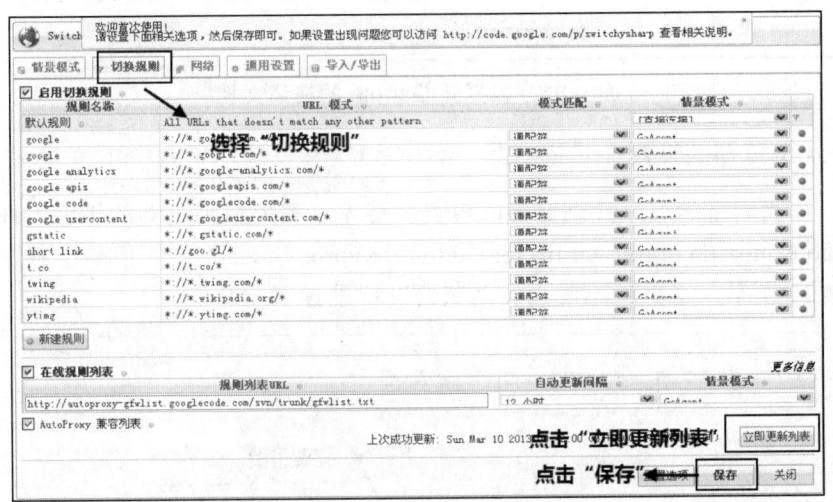

图 4.29 设置切换规则

(3) Proxy SwitchySharp 模式选择。

在 Google 浏览器的右侧,就会多一个 Proxy SwitchySharp 图标,此时单击 Proxy SwitchySharp 就可以进行模式的选择了,如图 4.30 所示。

GoAgent 模式设置方式有五种:分别是 GoAgent 模式、GoAgent PASS 模式、GoAgentPAC 模式、自动切换模式、使用系统代理设置。GoAgent 模式表示除了配置 proxy.ini 中的 sites 外,还需全部通过 GAE;GoAgent PAAS 模式表示全部需要 PAAS 代理;GoAgentPAC 模式表示全部需要通过 Socks5;自动切换模式表示会根据切换规则自动选择是否进行代理;使

图 4.30 GoAgent 模式的设置

119

用系统代理设置表示自动选择代理。设置完成后，在 Google 浏览器键入 google 云端硬盘网址 https://drive.google.com/#my-drive，就可以打开 Google 的网页了，如图 4.31 所示。

图 4.31　能打开 Google 的在线文档

9. Firefox 浏览器的设置

接下来，让我们来学习火狐浏览器的设置。首先下载火狐浏览器的扩展组件，下载地址为 https://addons.mozilla.org/zh-cn/firefox/addon/foxyproxy-standard/，但是下载这个组件需要付费，如图 4.32 所示。这里就不对火狐浏览器进行设置了。

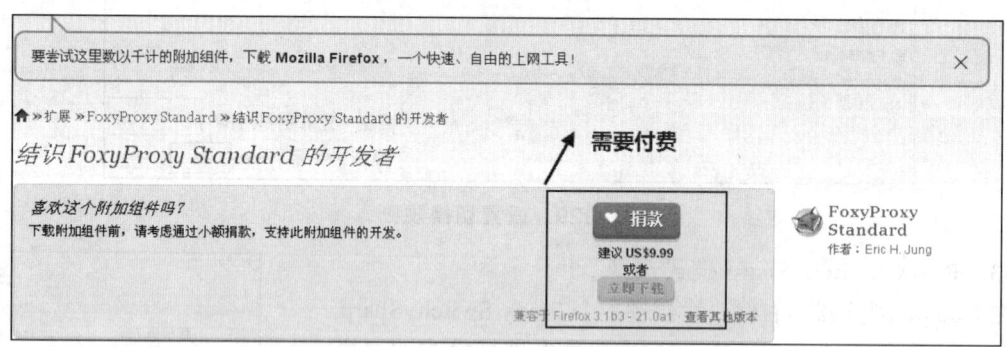

图 4.32　火狐浏览器下载收费组件

4.1.4　Google 在线文档、云端硬盘的使用

通过 Goagent 代理的设置，现在大家就可以打开 Google 的云应用了，如 Google 的在线文档、在线电子表以及云端硬盘，也可以通过代理打开一些国外的网站（如全球最大的 facebook 校友录一样实名制的网站）。

第 4 章　Google 云计算应用

1. Google 云端硬盘

在浏览器上键入 https://drive.google.com/#my-drive，通过用户的 Gmail 账户登录，可以看到 Google 提供了云端硬盘。Google 提供了免费的 5G 大小的云端硬盘，用户可以把自己的资料存放在云端硬盘，不需要担心自己计算机的硬盘出现故障，也保证了数据的安全性。在云端硬盘上还可以设置共享。

在云端硬盘上，可以进行创建文件夹、上传文件、上传文件夹以及删除文件等管理，并能设置文件共享给自己的好友，如图 4.33 所示。

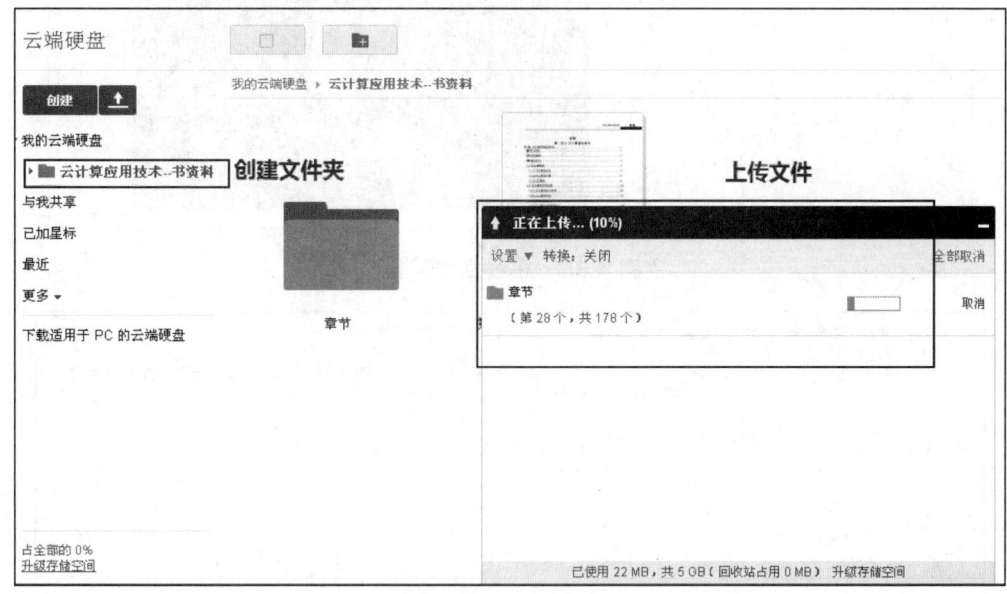

图 4.33　云端硬盘

2. Google 在线文档

Google 在线应用主要包括在线文档、在线演示文稿、在线电子表格、在线电子表单、在线绘图，如图 4.34 所示。

Google 在线文档，是一种在线文档编辑器（见图 4.35），其功能比较全面，可以创建文档、插入图片，也可以把图片直接拖到文档中。它的使用方法跟 Word 类似，但编辑功能还是没有 Word 那么强大。在线文档文件会自动保存在云端硬盘中，可以实现在线文件的共享，这点 Word 是没法超越的。在线文档编辑完成后，也可以直接下载到本地计算机中。

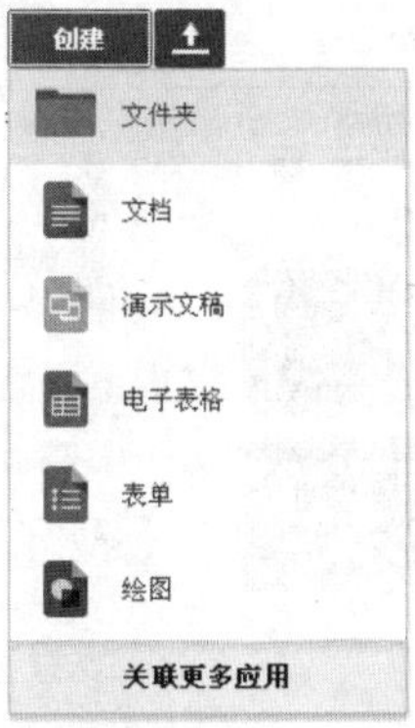

3. Google 在线表格

Google 在线表格是简易的 Excel 文档，它也包含了函数，其使用方法与 Excel 类似，其创建方法跟 Google 在线文档创建方法类似，如图 4.36 所示。

图 4.34　Google 在线应用

图 4.35　在线文档编辑

图 4.36　在线表格的使用

4. Google 演示文稿

Google 演示文稿是简易的 ppt。它可以制作简单的 ppt，包括 ppt 的动画设置，如图 4.37 所示。

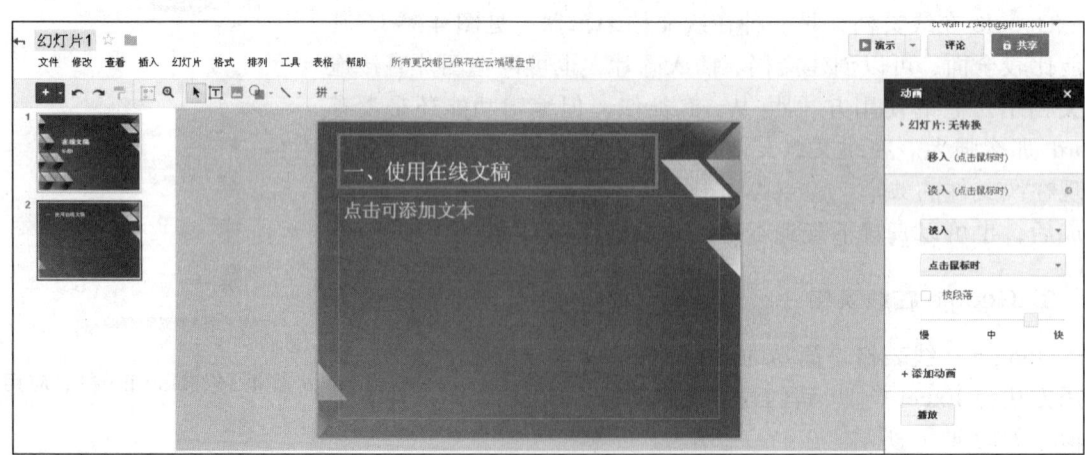

图 4.37　设置在线演示文稿

4.2 Google 云计算的关键技术

Google 是最大的云计算使用者，具有强大的搜索引擎，分布于 20 多个数据中心，有上百万台的服务器。Google 如何来管理强大的数据中心呢？Google 早已公开发表了学术论文，在云计算领域中，Google 有三大核心技术 GFS、MapReduce、BigTable。接下来我们就对 Google 的三大核心技术做一个简要介绍。目前 Google 内部运行着 200 多个的 GFS 集群，最大的集群拥有几千台服务器，服务于多个 Google 应用。

4.2.1 Google 文件系统 GFS

Google 的文件系统 GFS（Google File System）是一个大型的分布式文件系统，用于存储 Google 的海量数据。GFS 是一个可扩展的分布式文件系统，能用于大型的、分布式的、海量数据存储。它运行在廉价的硬件上，并能提供容错功能。它处于 Google 技术的底层，因为目前它还不是一个开源的系统，因此我们只能通过 Google 公开的技术文档中来获取相关知识。

GFS 分布式文件系统主要是为 Google 的搜索引擎服务。有的应用还不适合传统的 GFS，如 YouTube、Gmail 等应用。目前 Google 开发了下一代的 GFS，并且在设计上有所不同，如支持分布式 Master 节点来提升高可用性，ChunkServer 节点能支持 1MB 大小 Chunk 等。

1．GFS 的组成

GFS 分布式文件系统的组成主要有两类关键节点：Master 节点和 Chunkserver 节点，如图 4.38 所示。

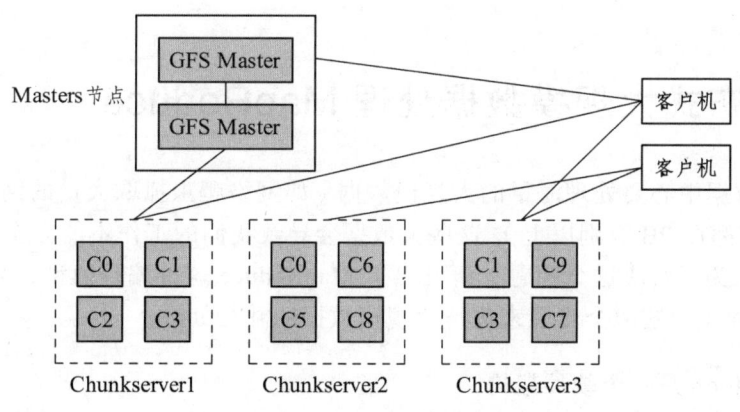

图 4.38　GFS 的组成

Master 和 Chunkserver 节点通常运行在 Linux 系统上。Chunkserver 和客户机可以运行在同一台机器中。存储在 GFS 文件系统的文件被分成固定大小的块，这些块中有一个全局唯一标识 chunk-handle，其大小在 64 位，是在创建块时由 Master 节点来进行分配的。Chunkserver 节点以块为单位在 Linux 文件存储系统中进行读和写，为了保证高可靠性，每一个块被复制到多个 Chunkserver 上，在默认的情况下，有 3 个副本。

2. Master 节点

Master 节点维护着系统中所有 GFS 文件系统的三种元数据（metadata）：命名空间（NameSpace）、Chunk 与文件名的映射表、Chunk 副本的位置信息。Master 通过 HeartBeat 与每一个 Chunkserver 保持通信，给 Chunkserver 发送指令并收集 Chunkserver 的状态。

Master 中主要存储的是与数据相关的元数据，而不是真正的 Chunk 数据块。

3. Chunk 数据块

GFS 中的每一个文件被划分成多个 Chunk，Chunk 的大小为 64MB。为什么要把文件划分这么大呢？原因在于 Google 中主要处理大数据，采用 64MB 为单位是一个合理地选择。每一个 Chunk 有 3 个副本，在 Chunkserver 节点中存储的是 Chunk 副本的信息，副本的信息采用文件的方式进行存储。在 Chunk 中又以 Block 为单位进行划分，Block 的大小为 63kb，在 Block 中有一个 32 位的校验和。当要读取 Chunk 的副本时，Chunkserver 就会读取数据和校验和进行比较：如果匹配，那就正常的读取；如果不匹配，Chunkserver 就会返回一个错误信息，让客户端选择其他的 Chunkserver 上的副本。

4. Chubby Server 容错机制

GFS 采用的容错机制为 Chubby Server。每一个 Chunk 都存储了多个副本，一般情况下有 3 个副本，把这些副本存储到不同的 Chunkserver 上。副本的存储要考虑多种因素，如网络的拓扑结构，机架的分布以及磁盘的利用率等。每一个 Chunk 都将所有副本写入成功。如果 Chunk 的副本丢失了或者不可恢复了，Master 节点会自动将该副本复制到其他的 Chunkserver 上，保证了副本个数的一致性。虽然说副本存储需要三份，磁盘的利用率不高，但磁盘的成本在不断下降，因此利用副本是一种最简单、最可靠、最有效而实现难度小的一种方法。

4.2.2 分布式大规模数据处理 MapReduce

Google 的数据中心要处理海量的大规模数据（如网络爬虫抓取大量的网页信息，而这些信息的数据很多都在 PB 级别以上），这些大数据会导致我们的工作不能完全地按并行化的方式进行。Google 为了解决这个问题，研发出了 MapReduce 这种编程模型，采用 Map 函数映射和 Reduce 函数化简这两个步骤来进行大规模数据的并行处理。

1. MapReduce 是一个软件架构

MapReduce 是 Google 提出的一个软件架构，它采用并行编程模式来处理海量数据。它通常会对规模达到 1TB 的数据进行并行计算。其主要思想是 Map 映射和 Reduce 化简。

2. MapReduce 产生的背景

MapReduce 这种编程思想是在 1995 年提出的。与传统的分布式程序设计相比，它封装了并行处理、容错处理、本地化计算、负载均衡等细节，还提供了一个简单而强大的接口，通过这个接口,使得复杂的分布式编程变得非常容易。

MapReduce 把对大数据集的大规模操作,分发给一个主节点,这个主节点会管理各个分节点来共同完成。在每一个生命周期里,主节点都会对分节点的工作状态进行标记,一旦分节点的状态标记为死亡状态,那么这个分节点的任务就会被分配到其他节点上重新执行。

3. MapReduce 的思想

MapReduce 的名字源于这个模型中的两项核心操作:Map 和 Reduce。简单地说,Map 是把一组数据一对一地映射为另外的一组数据,其映射规则由一个函数来指定,比如对[1,2,3,4]进行乘 2 的映射就变成了[2,4,6,8]。Reduce 对一组数据进行归约,这个归约规则由一个函数指定,比如对[1,2,3,4]进行求和的归约的结果是 10,而对它进行求积的归约的结果是 24。抽象概括来说,Map 负责把任务分解成多个任务,Reduce 负责在分解后将多任务处理的结果汇总起来。至于在并行编程中的其他复杂问题,如分布式存储、工作调度、负载均衡、容错处理、网络通信等,由 MapReduce 框架负责处理,而程序员可以不关心这些问题。

MapReduce 模式的主要思想是通过自动分割将要执行的问题(例如程序)拆解成 Map(映射)和 Reduce(化简)的方式,其流程图如图 4.39 所示。

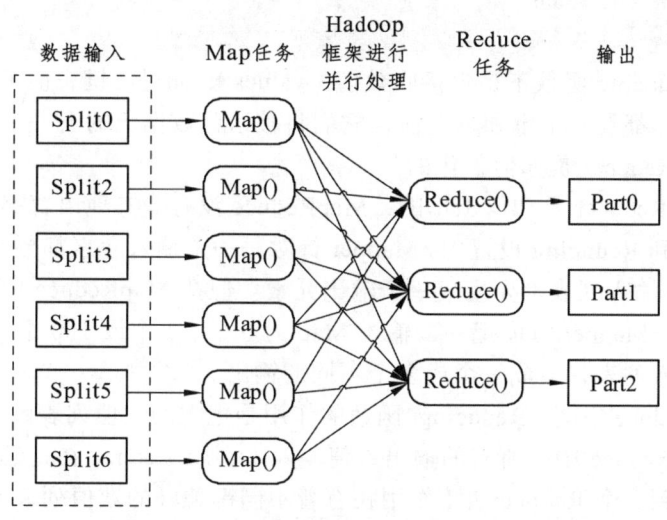

图 4.39 MapReduce 处理流程

在数据被分割后,通过 Map 函数的程序将数据映射成不同的区块,然后分配给计算机机群处理以达到分布式运算的效果,再通过 Reduce 函数的程序将结果汇整,从而输出开发者需要的结果。

MapReduce 致力于解决大规模数据处理的问题,因此在设计之初就考虑采用数据的局部性原理,将整个问题分而治之。MapReduce 机群由普通 PC 机构成,采用无共享式架构。在处理之前,将数据集分布至各个节点;处理时,每个节点就近读取本地存储的数据进行处理(Map),将处理后的数据进行合并(Combine)、排序(Shuffle and Sort)后再分发(至 Reduce 节点),就避免了大量数据的传输,提高了处理效率。无共享式架构的另一个好处是配合复制(Replication)策略,机群可以具有良好的容错性,一部分节点的宕机对机群的正常工作不会造成影响。

4. MapReduce 的编程模式

MapReduce 是一种编程模型,用于大规模数据集(大于 1TB)的并行运算。其中"Map(映射)"和"Reduce(化简)"这两概念以及它们的主要思想,有从函数式编程语言里借来的特性,还有从矢量编程语言里借来的特性。它极大地方便了编程人员在不会分布式并行编程的情况下,将自己的程序运行在分布式系统上。

MapReduce 实现:指定一个 Map(映射)函数,用来把一组键值对映射成一组新的键值对;指定一个 Reduce(化简)函数,用来保证所有映射键值对中的每一个共享相同的键组。

(1)认识键和值。

键和值:在 MapReduce 中,没有一个值是单独的,每一个值都会有一个键与其关联,键标识相关的值。举个例子,从多辆车中读取到的时间编码车速表日志可以由车牌号码标识,就像下面一样。

AAA-123	65mph, 12:00pm
ZZZ-789	50mph, 12:02pm
AAA-123	40mph, 12:05pm
CCC-456	25mph, 12:15pm
...	

Mapping 和 Reducing 函数不是仅接收数值(values),而是(键,值)对。这些函数的每一个输出是一样的,都是一个键和一个值,它们将被送到数据流的下一个列表。

(2)Mapper、Reducer 是如何工作的?

对于 Mapper、Reducer 是如何工作的,MapReduce 没有像其他语言那样严格。在更正式的函数式 Mapping 和 Reducing 设置中,Mapper 针对每一个输入元素都要生成一个输出元素,Reducer 针对每一个输入列表都要生成一个输出元素。但在 MapReduce 中,每一个阶段都可以生成任意的数值;Mapper 可能把一个输入 Map 为 0 个、1 个或 100 个输出。Reducer 可能计算超过一个的输入列表并生成一个或多个不同的输出。

根据键划分 Reduce 空间:Reducing 函数的作用是把大的数值列表转变为一个(或几个)输出数值。在 MapReduce 中,所有的输出数值一般不会跟 Reduce 在一起。有着相同键的所有数值会被一起送到一个 Reducer 里。作用在有着不同键关联的数值列表上的 Reduce 操作之间是独立执行的。Reduce 的操作过程如图 4.40 所示。

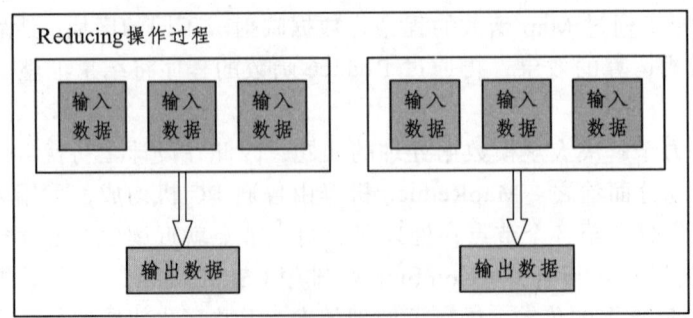

图 4.40 Reduce 操作过程

有着相同键的数值都被传到同一个 Reduce 任务里。

4.2.3 分布式结构化数据表 BigTable

BigTable 是 Google 开发的基于 GFS 和 Chubby 的分布式存储系统。Google 的很多数据，包括 Web 索引、卫星图像数据等在内的海量结构化和半结构化数据都存储在 BigTable 中。从实现上看，BigTable 并没有什么全新的技术，但是如何选择合适的技术并将这些技术高效、巧妙地结合在一起恰恰是最大的难点。BigTable 在很多方面和数据库类似，但它并不是真正意义上的数据库。通过本节的学习，读者将会对 BigTable 的数据模型、系统架构、实现一机使用的一些数据库技术有一个全面的认识。

1. 数据模型

BigTable 是一个分布式多维映射表，表中的数据通过一个行关键字（ROW key）、一个列簇关键字（column key）以及一个时间戳（time stamp）进行索引。其存储数据的格式如下：

（ROW：string,column:string,time:int64）−>string

（1）行关键字。BigTable 中的行关键字可以是任意的字符串，但它的大小不能够超过 64KB。BigTable 与传统的关系型数据库区别很大，表中的数据根据行的关键字进行排序，采用的是词排序。如图 4.41 所示的实例 com.cnn.www，就是一个行关键字，它的存储方式采用倒排方式，其优点如下：同意一个域的网页被存储在表中的连续位置，有利于用户的查找和分析；便于数据压缩，可以提高压缩率。

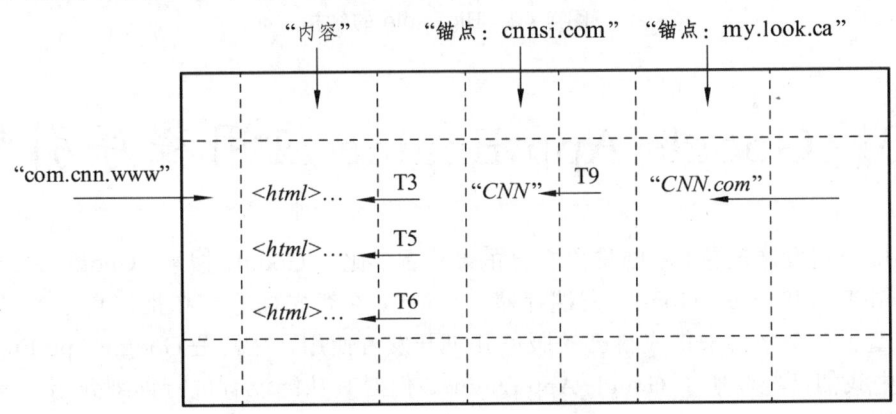

图 4.41 BigTable 数据模型

（2）列簇。在 BigTable 数据表中存储的不仅仅是列的关键字，而是列簇（clolumn family）。在一个列簇中的数据是同一种类型，同列簇会被一起压缩进行保存。列关键字的定义格式如下：

族名：限定词（family：qualifier）

（3）时间戳。在 BigTable 中保存不同时间的网页是通过时间戳来进行区别的，BigTable 中的时间戳是 64 位的整型数。

2. BigTable 的组成

BigTable 建立在其他几个 Google 基础构件上。BigTable 使用分布式文件系统 GFS 来存储日志文件和数据文件；采用的 Chubby 负责任务调度和分布式文件系统 GFS 的队列分组，它是 BigTable 的分布式锁服务。一个 BigTable 包含了 5 个活动副本，其中一个副本就作为 Master，在大多数的副本都处于正常的运行状态下，分布式锁服务 Chubby 才能起到作用。BigTable 使用 Chubby 完成以下几个任务：

确保同一时间内最多只有一个活动的 Master 副本；获取子表的位置信息；保存 BigTable 的模式信息以及访问控制列表；查找 Tablet 服务器和 Tablet 服务器失效时进行善后；存储 BigTable 的模式信息（每张表的列簇信息）；存储访问控制列表。

如果分布式锁服务 Chubby 长时间无法访问，说明 BigTable 失效了。BigTable 的基本架构如图 4.42 所示。

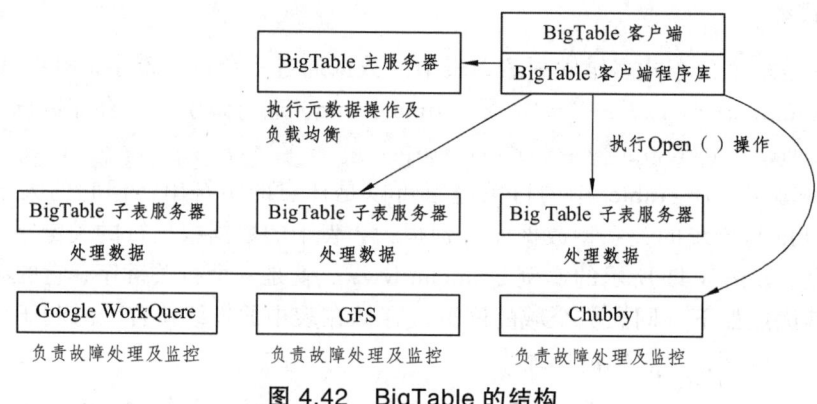

图 4.42 BigTable 的结构

4.3　Google App Engine 应用程序引擎

Google 公司发展迅速，不断推出自己的新产品，比如 Google 搜索、Google Maps、Google Earth、Google AdSense、Google 云端存储、Google 在线文档等。在推出自己产品的同时，Google 打造了一个平台来集成自己的服务并供开发者使用，这就是 Google App Engine 平台。在前一节中我们已经注册了 Google App Engine，但对其功能没有进行详细介绍，这一节中就来详细介绍 Google App Engine。

4.3.1　Google App Engine

1. Google App Engine 介绍

Google App Engine 是 Google 的应用程序引擎。它是由 Python 应用服务器群、BigTable 数据库以及分布式文件系统 GFS 共同组成的一个平台，在该平台上能为开发者提供一体化的、自动审计的在线应用服务。开发者在 Google App Engine 之上容易构建和维护应用程序，并且可根据需要进行扩展，而开发人员在这个平台中不需要去维护服务器，只要上传应用程序，Google App Engine 便可立即为用户提供服务。

2. Google App Engine 支持的开发语言

Google App Engine 平台支持 Python 语言和 Java 语言。

3. Google App Engine 服务

Google App Engine 提供了多种服务，如网址获取、图像操作 API、邮件、Memcache、图片操作等服务。这些服务能帮助开发人员管理应用程序。可以通过 API 来使用 Google App Engine 服务。

（1）图像操作 API。

运用 Google App Engine 提供的图像操作 API，可以对 JPEG、PNG 等格式的图像进行缩放、剪裁、旋转和翻转等操作。

（2）Image 类。

Image 类来自于 Google.appengine.api.images 模块。该类可以实现封装图像信息以及转换该图像。采用 execute_transforms()方法实现图片的转换。构造函数为 class Image（image_data），其中 image_data 形参表示字节串（str）格式的图片数据，并能对 PNG、JPEG、TIFF 或 ICO 等格式的图像数据进行编码。

（3）网址获取。

应用程序可以使用 App Engine 的网址获取服务来访问互联网上的资源。

（4）邮件。

开发者可以使用 App Engine 的邮件服务来发送电子邮件。

（5）Memcache。

Google App Engine 的 Memcache 服务提供了高性能的内存键值缓存。

了解 Google App Engine 的更多 API 服务，可访问 http://code.google.com/appengine 网址，如图 4.43 所示。

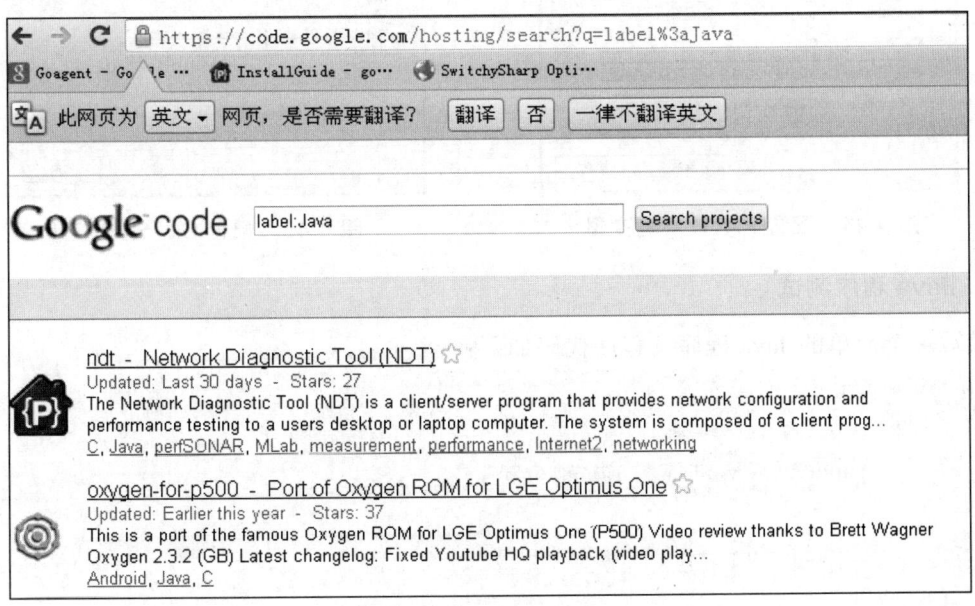

图 4.43　更多的 API 资源

4.3.2　Google App Engine 环境下 Java 编程

若想在 Google App Engine 环境下进行 Java 编程，首先要安装 Java 的运行环境 JDK。Google App Engine 支持 Java5 和 Java 6。当 Java 程序运行在 App Engine 上，它是用 Java6.0 的标准函数库来运行的。

1. JDK 的安装和配置

可以直接到官网上下载 JDK 的安装包，官网的网址：http://java.sum.net/javasc/downloads/indes.jsp。下载后，安装 JDK。接下来开始 JDK 环境变量的配置，配置 CLASSPATH、PATH 环境变量。

（1）配置 PATH 环境变量。

右击"我的电脑"，依次选择"属性"/"高级"，点击"环境变量"按钮。PATH 环境变量的值是 JDK 安装路径下的 bin 目录，其操作过程如图 4.44 所示。

（2）配置 CLASSPATH 环境变量。

右击"我的电脑"，依次选择"属性"/"高级"，点击"环境变量"按钮。ClASSPATH 环境变量的值，就是 JDK 安装路径下的 lib 目录。其操作过程如图 4.45 所示。

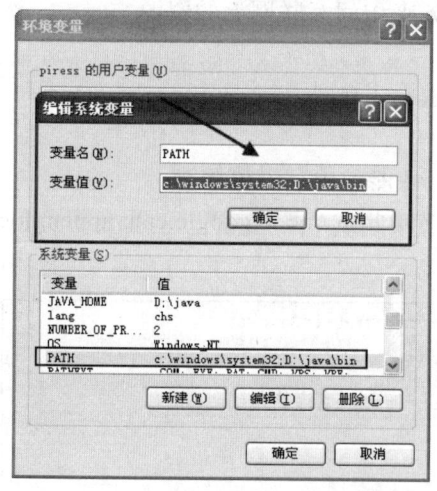

图 4.44　配置 PATH 环境变量

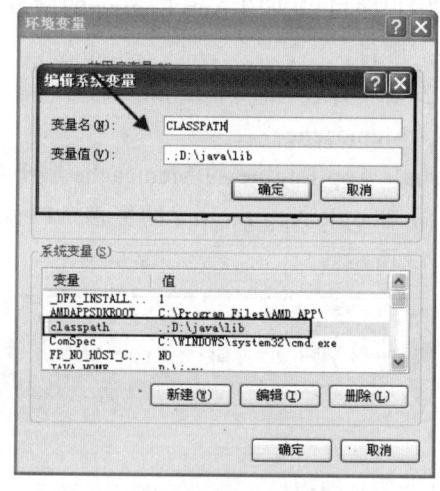

图 4.45　配置 CLASSPATH

2. Java 程序测试

编写一个简单的 Java 程序，程序代码如下：

```
public class test
    {
        public static void main(String[] args)
        {
         System.out.println("Hello World!");
        }
    }
```

保存后缀名为.java 的文件，且文件名为 test.java。打开命令提示符，输入 "F:" 回车，输入 "javac test.java" 回车，输入 "java test" 输出结果为："Hello World!"，如图 4.46 所示。

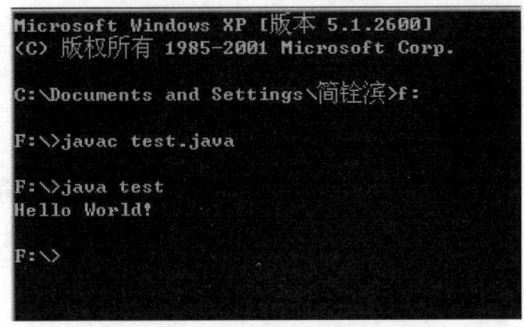

图 4.46　测试 java 程序

3. Eclipse 的安装

Eclipse 是一个开放源代码的、基于 Java 的可扩展开发平台。下载并安装 Eclipse。Google 提供了 Google Plugin for Eclipse 插件，该插件支持 Eclipse，其中包含了用户构建、测试和发布应用到 Google App Engine 的所有功能。目前它支持的 Eclipse 版本有 3.3、3.4、3.5、3.7、3.8。

4. 安装 Google Plugin for Eclipse

启动 Eclipse，我用的 Eclipse 的版本是 3.7，安装 Google Plugin for Eclipse 插件。由于 Eclipse 的版本不一样，选择的 Google Plugin for Eclipse 插件版本也就不一样，因此我们要知道 Eclipse 的版本才能选择 Google Plugin for Eclipse 插件版本，可以在这个网址上查询 https://developers.google.com/eclipse/docs/getting_started?hl=zh-CN，如图 4.47 所示。

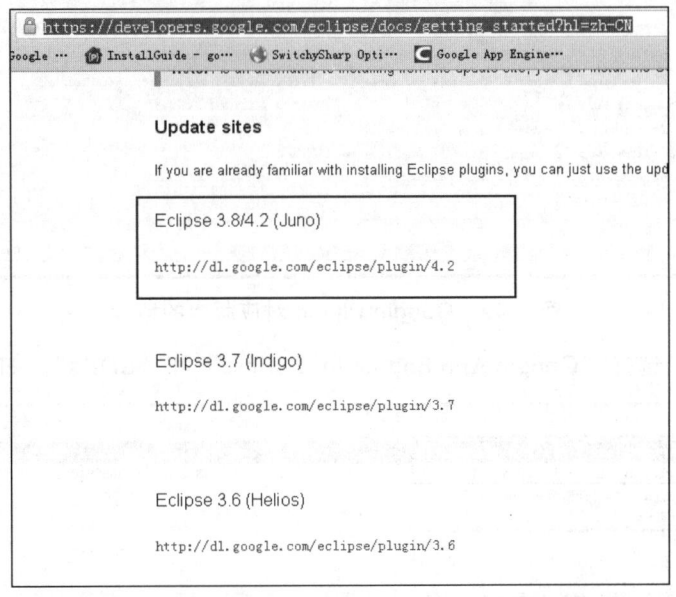

图 4.47　查询 Eclipse 版本与 Google Plugin 版本

启动 Eclipse，选择 "Help" / "Install New Software"，如图 4.48 所示。

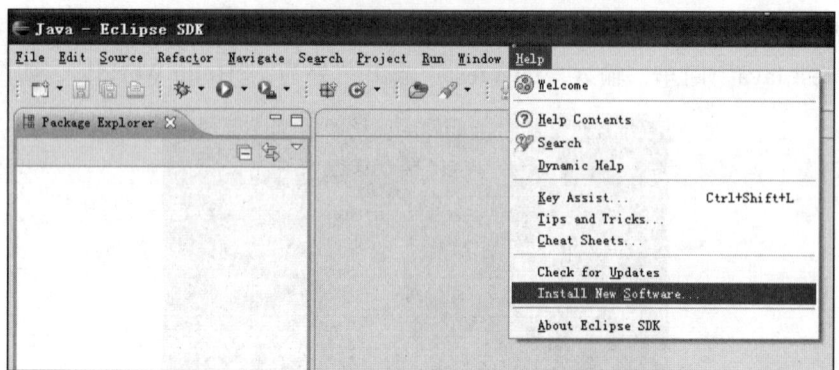

图 4.48 选择"Install New Software"

接下来,进入到"Available Software",点击"Add",在弹出的对话框中,输入下载 Google Plugin 对应版本的地址,如图 4.49 所示。

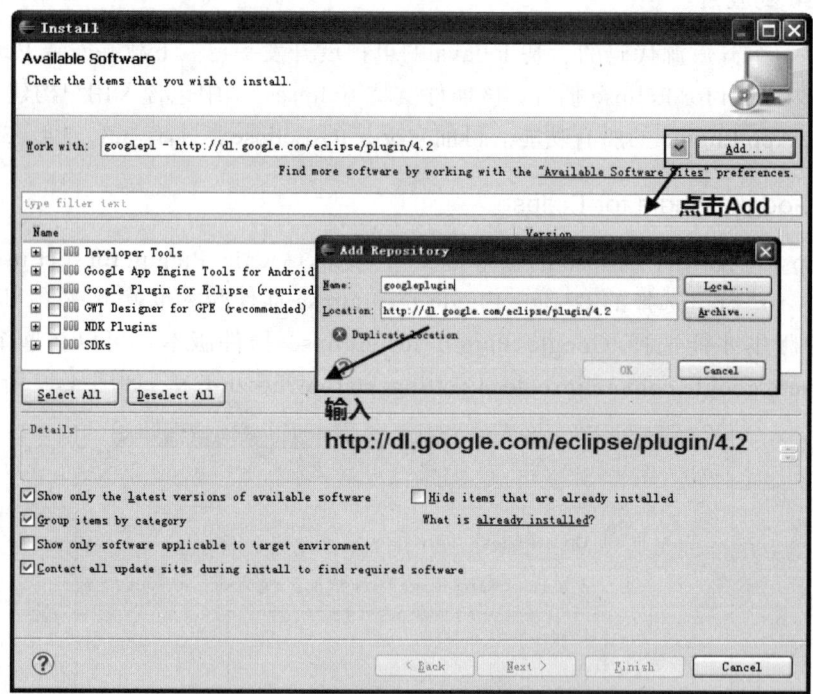

图 4.49 Google Plugin 对应版本的地址

点击"Next",选择"Google App Engine for Eclipse"和"SDKs",如图 4.50 所示。

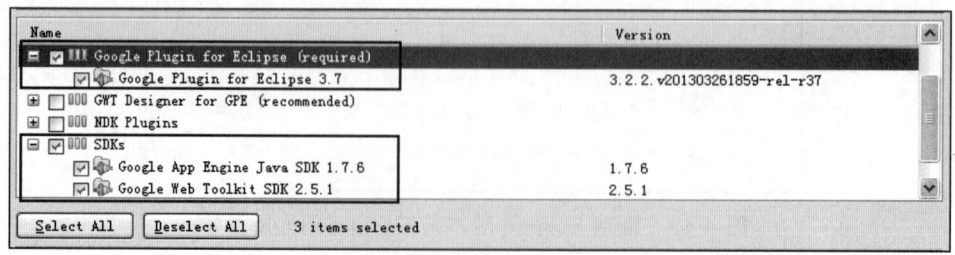

图 4.50 选择所有安装

点击"Next",进行安装,如图 4.51 所示。

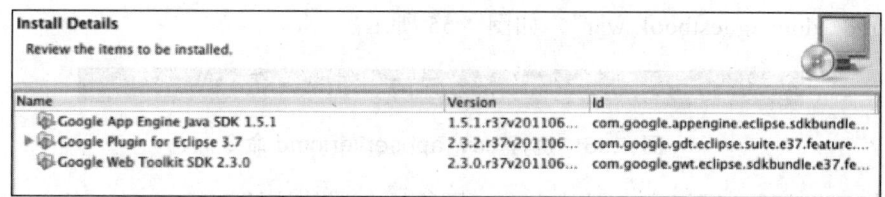

图 4.51 安装过程

安装成功后,Eclipse 需要重新启动,如图 4.52 所示。

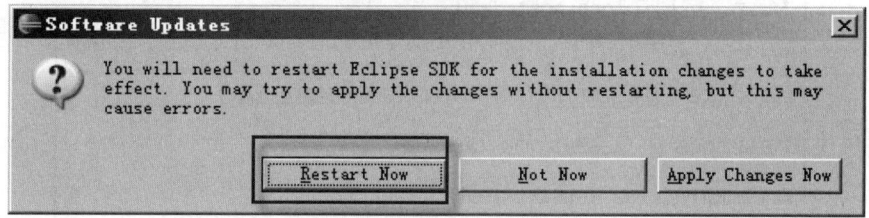

图 4.52 重启 Eclipse

安装完成后 App Engine SDK 自动安装到 Eclipse 安装目录下。

5. 测试程序

Google App Engine 插件安装在 Eclipse 成功后,在 Eclipse 的安装路径 eclipse\plugins\com.google.appengine.eclipse.sdkbundle_1.7.6\appengine-java-sdk-1.7.6\demos 中有很多实例,如图 4.53 所示。

图 4.53 实例

在 App Engine SDK 中包含一个网络服务器,用于在模拟环境中测试应用程序。我们选择如图 4.53 所示的 guestbook 实例来测试网络服务器。在 Windows 环境中的命令提示符中,进入到 Eclipse 安装路径中 Plugins 目录下面的 com.google.appengine.eclipse.sdkbundle_1.7.6 目录,如:plugins\com.google.appengine.eclipse.sdkbundle_1.7.6\appengine-java-sdk-1.7.6\bin 目录,在该目录中有 dev_appserver.cmd 命令,如图 4.54 所示。

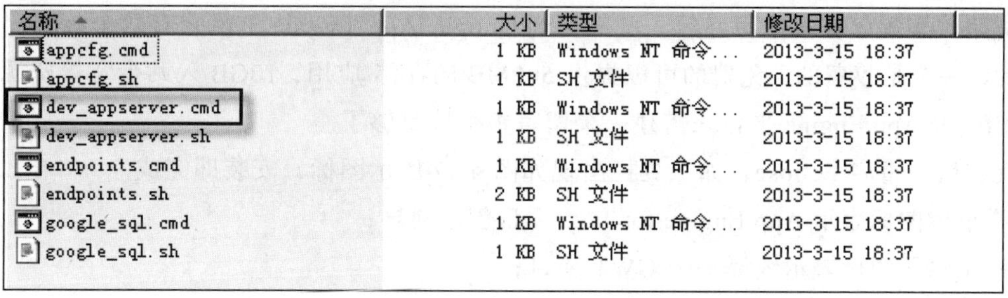

名称	大小	类型	修改日期
appcfg.cmd	1 KB	Windows NT 命令...	2013-3-15 18:37
appcfg.sh	1 KB	SH 文件	2013-3-15 18:37
dev_appserver.cmd	1 KB	Windows NT 命令...	2013-3-15 18:37
dev_appserver.sh	1 KB	SH 文件	2013-3-15 18:37
endpoints.cmd	1 KB	Windows NT 命令...	2013-3-15 18:37
endpoints.sh	2 KB	SH 文件	2013-3-15 18:37
google_sql.cmd	1 KB	Windows NT 命令...	2013-3-15 18:37
google_sql.sh	1 KB	SH 文件	2013-3-15 18:37

图 4.54 bin 目录中的 dev_appserver.cmd 命令

通过"dev_appserver.cmd 目录"来测试网络服务器。以 guestbook 为例,执行"dev_appserver.cmd..\doms\guestbook\war",如图 4.55 所示。

图 4.55　执行 dev_appserver.cmd 命令

命令执行成功后,网络服务器就启动,网络服务器的地址为 http://localhost:8080,运行 guestbook 实例,如图 4.56 所示。

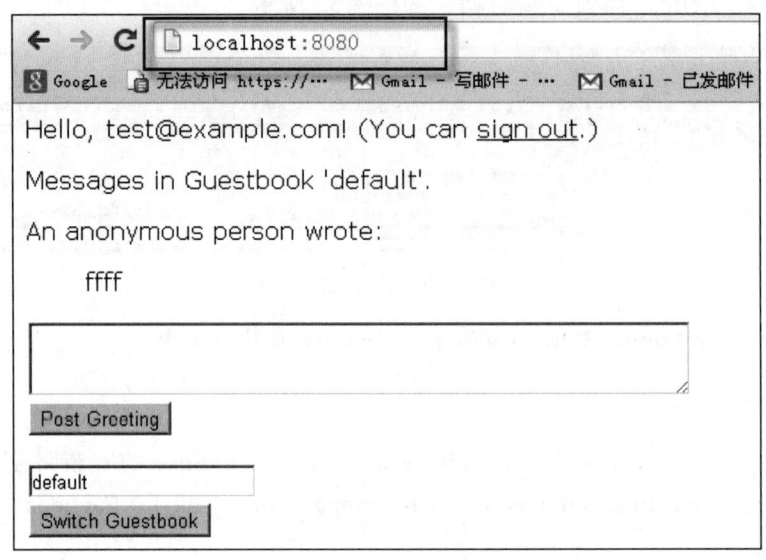

图 4.56　网络服务器测试成功

学习项目

项目:在 Google App Engine 平台部署应用

Google App Engine 是一个托管的服务,它允许你在本地使用 Google 的基础设施来搭建 Web 应用。当程序在本地写好后,可部署到 Google App Engine 上。它有两个版本:一个是免费的,一个是收费的。免费的可以提供 500MB 的存储/应用,10GB 入站带宽等资源,这对采用 Google App Engine 平台来搭建一个留言板系统足够了。

安装后,重启 Eclipse,如工具栏出现如图 4.57 所示图标,安装即完成。

- ➢ 小球图标表示 App Engine for Java 项目创建向导;
- ➢ 小箱子图标表示编译一个 GWT 项目;
- ➢ 迷你喷气式飞机图标表示部署一个 App Engine 项目。

第 4 章 Google 云计算应用

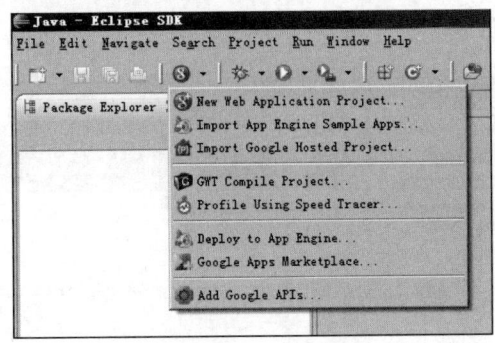

图 4.57　Eclipse 图标

1. 新建一个 welcome 项目

点击 ⑧ 图标，选择"New Web Application Project"项目，设置项目名为 helloeveryone，如图 4.58 所示。

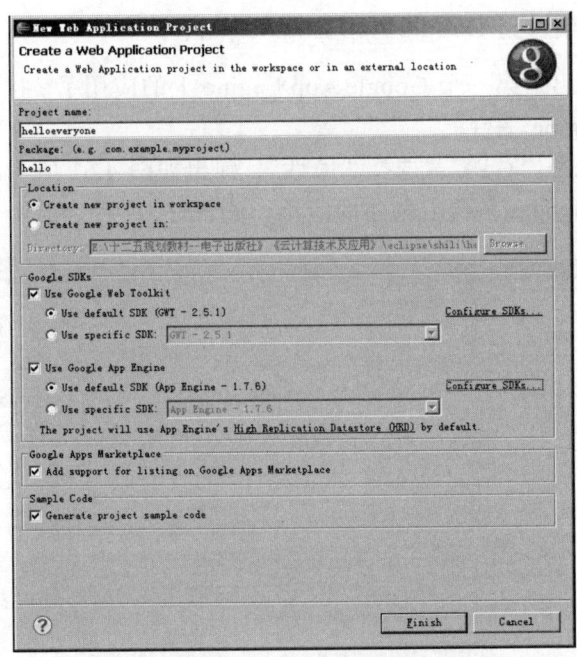

图 4.58　新建 Web 项目

创建成功后，运行选择"Run As"下面的"Web Application"，程序就在 Web App Server 服务器上运行，如图 4.59 所示。

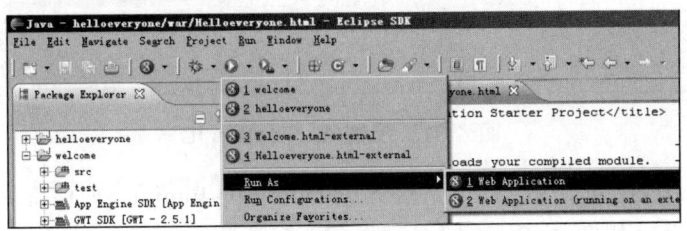

图 4.59　运行 Web Application

运行成功，如图 4.60 所示。

图 4.60　运行成功

2. 部署 weclome 项目到 Google App Engine 平台

到这里，已经构建出了第一个 Google App Engine 上的应用了。接下来，你可以将应用部署到 Google 的 App Engine 平台上。

选中项目名称，点击"右键"，选择"属性"，弹出如图 4.61 所示的界面。在其中配置好 Application ID，值为 Google 平台上创建的应用，配置好 ID 后，点击"OK"。

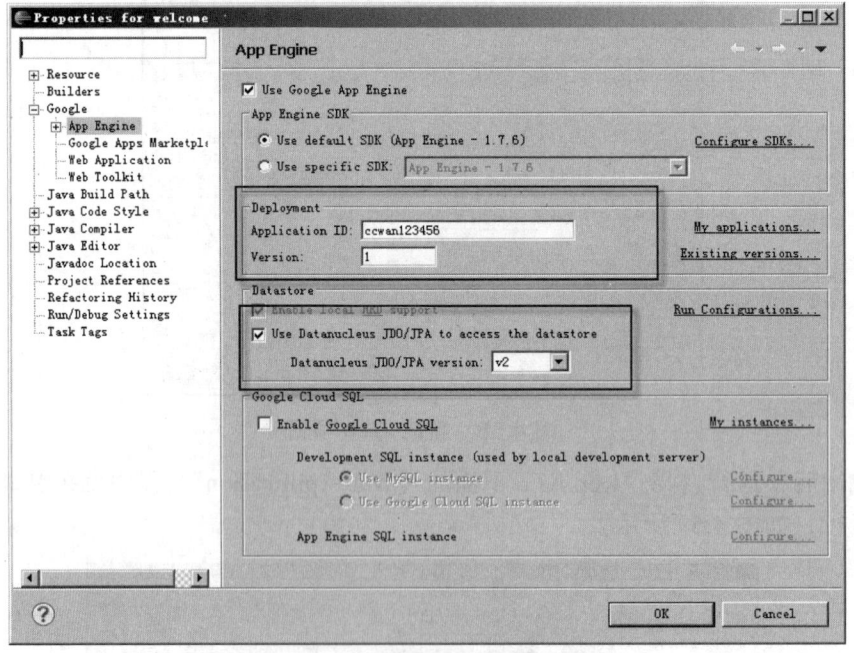

图 4.61　配置 Application ID

当 Application ID 配置完后，还需部署到 Google App Engine。如何部署？请点击"Deploy to App Engine"部署，如图 4.62、4.63 所示。

第 4 章　Google 云计算应用

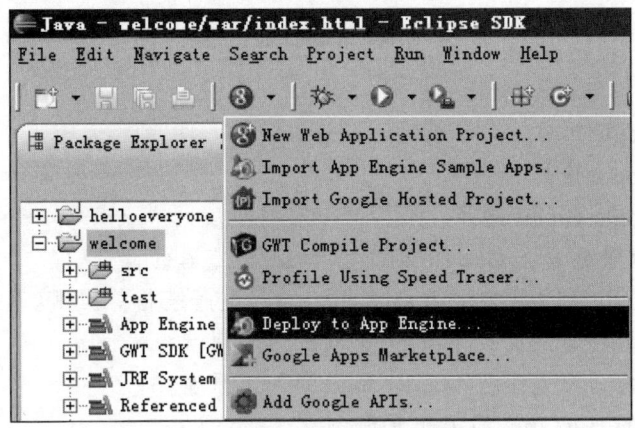

图 4.62　选中 Deploy to App Engine

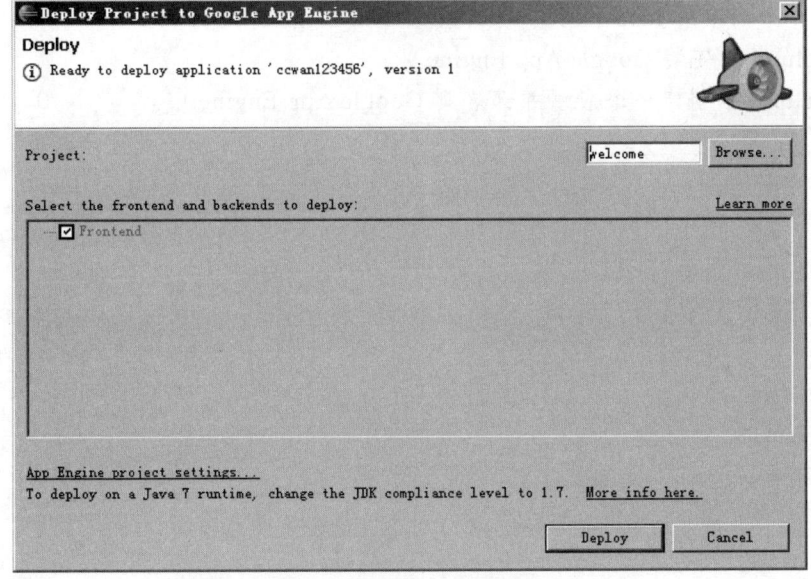

图 4.63　部署

到这里，通过 Eclipse 工具，就把引用部署到了 Google App Engine。

本章小结

本章主要内容分为四部分：第一部分是 Google 的运营，包括 Google 云计算的战略部署、Google 的云计算应用（如 Google 地球、代理服务器设置、Google 在线文档、Google 云端硬盘、Google 的电子表格等）。第二部分是 Google 云计算的核心技术，包括分布式文件系统 GFS、分布式编程框架 MapReduce、分布式结构化数据表 BigTable。第三部分 Google App Engine，包括 Google App Engine 的注册、Google App Engine 应用的创建以及 Eclipse 的安装、在 Eclipse 上安装 Google App Engine 的插件。第四部分为将通过 Eclipse 开发的应用部署到 Google App Engine 上。

本章习题

1. 熟练运用 Google 地球。
2. 注册一个 Google 账户。
3. 熟练运用 Google Gmail 账户。
4. 熟练掌握代理服务器在 Google 浏览器和 IE 浏览器的设置。
5. 熟练运用 Google 云端硬盘、在线文档、在线电子表格等应用。
6. 了解 Google 的分布式文件系统 GFS 的工作原理。
7. 了解 Google 的分布式编程 MapReduce 的工作原理。
8. 了解 Google 的 BigTable 的工作原理。
9. 安装 JDK，配置环境变量。
10. 编写一个简单的 Java 程序，测试 JDK 是否安装成功。
11. 在 Eclipse 中安装 Google App Engine。
12. 在 Eclipse 中创建一个应用并部署到 Google App Engine 中。

第 5 章　微软云计算应用

微软作为 IT 的领先企业，在每一次的 IT 变革中都经历了重要变革，它能够感受到用户需求的变化，并以此为依据提供先进的信息技术产品和服务。微软坚持信息技术的不断创新，正全心全意地致力于推进云计算时代的早一日到来。微软作为云计算解决方案的提供商，采用领先的技术、产品、服务、成熟的软件平台以及多样化的商业运营模式为用户提供了全面的云计算解决方案，最终目的是让云触手可及。

本章重点讲述了微软云计算发展的战略、Windows Azure 平台、SQL Azure 以及 Windows Live 等知识。

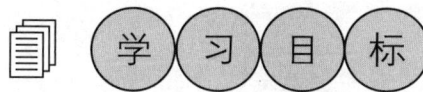

- 了解微软云计算的发展战略
- 了解微软的 SQL Azure
- 了解 Windows Azure 平台
- 了解微软公司的云计算解决方案
- 熟练使用 Windows Live 云应用
- 熟练使用 Windows Live Mail 邮箱
- 熟练使用 Windows Live 照片库

引导案例

在云计算大潮下，微软公司也在 2008 年 10 月，发布了公共的基于 Windows 的云计算平台 Windows Azure Platform。微软认为，未来的 IT 互联网世界，会是"云+端"的组合，以云为中心，用户只要通过各种终端设备（包括计算机、手机、甚至是电视等大家熟悉的电子产品）就可以访问云中的各种数据和服务。用户使用不同的终端设备访问云中的服务，其体验是完全相同的。微软目前在动态数据中心、私有云以及公有云等方面进行了卓有成效的探索和实践。

📖 相关知识

5.1 微软云计算概述

微软公司是全世界 PC 机软件开发的先导，它是由比尔·盖茨与保罗·艾伦于 1975 年创建的，目前总部在华盛顿州的雷德蒙市。微软作为全球最大的计算机软件提供商，目前员工的规模达到 6.4 万人。微软的主要产品有 Windows 操作系统、Internet Explorer（IE）浏览器以及微软的 Office 办公软件等。微软于 1992 年在中国北京设立了首个代表处，成立了在中国的研发中心、产品开发以及技术支持服务机构等，形成了以北京为总部，上海、广州设有分公司的架构。

5.1.1 微软公司云计算战略

微软公司的云计算发展战略主要包括三大部分，分别是委员运营模式战略、合作伙伴运营战略以及客户自建模式战略，如图 5.1 所示。

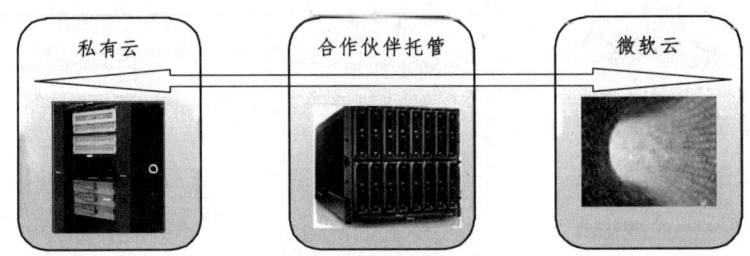

图 5.1 微软云发展战略

1. 微软运营模式

微软的运营模式发展战略主要围绕着微软自己构建以及运营公有云的应用和服务，为不同的用户（包括个人消费者和企业用户）提供不同的云服务。如微软提供给用户的 Online Services、Windows Live 等服务。

2. 伙伴运营模式

与微软的合作伙伴都可以应用微软的 Windows Azure 平台来开发 ERG、CRM 等各种云计算应用。微软自己的云计算平台中的 BPOS（Business Productivity Online Suite）产品也可交合作伙伴进行托管运营。其中 BPOS 主要包括的就是微软在线服务，如 Exchange、Online、Office Online 以及 LiveMeeting Online 等在线软件。

3. 客户自建模式

用户可以选择微软的云计算解决方案来构建自己的云计算平台。微软可以为用户提供技术、产品、平台以及运维管理在内的全面支持。

微软云计算发展战略有三个典型的特点：软件+服务、微软平台以及用户可以自由选择微软提供的云计算解决方案，如图 5.2 所示。

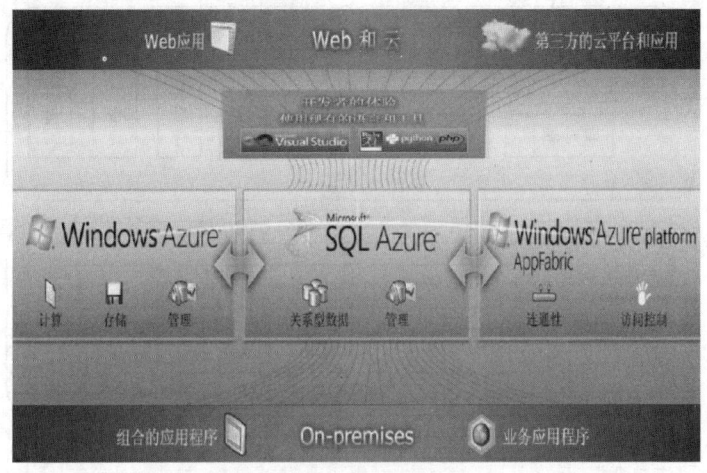

图 5.2 微软云计算发展战略特点

5.1.2 微软公司云计算解决方案

微软公司提供的云计算解决方案主要有 Windows Azure 平台、Windows Live 平台、Online 解决方案以及动态数据中心解决方案，如图 5.3 所示。

图 5.3 微软云解决方案

微软公司的云计算解决方案的架构如图 5.4 所示。

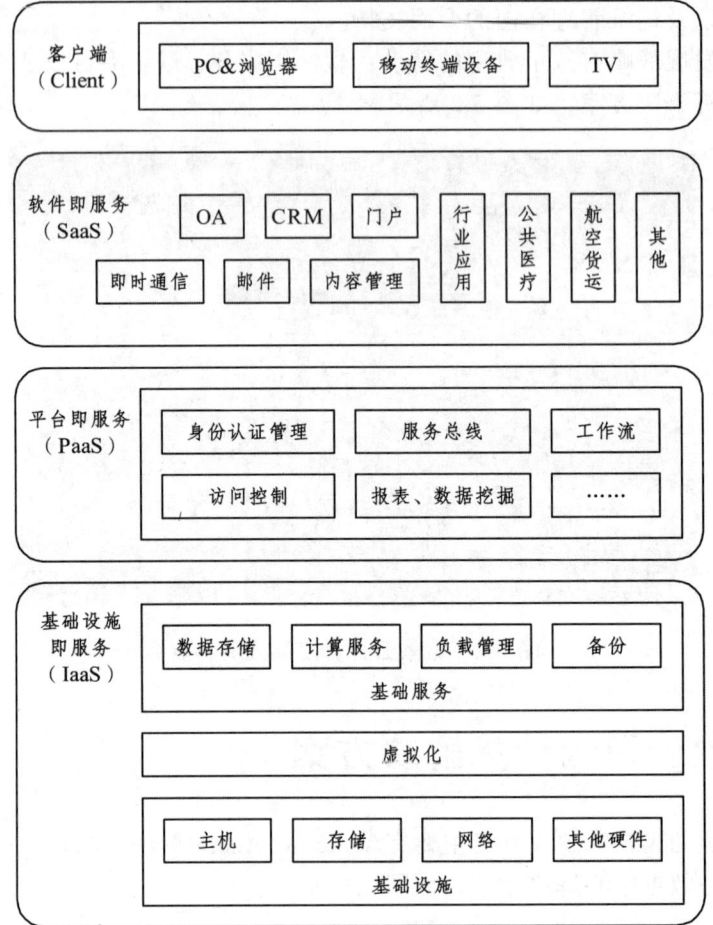

图 5.4 微软云计算架构

5.2 Windows Azure 云平台简介

Windows Azure 是微软推出的云计算操作系统，是微软的"软件加服务"的真实体验。Windows Azure 平台主要是为开发者提供的一个平台：可以帮助开发者在云服务器上、Web 和 PC 机上或者数据中心上开发应用程序；开发者可以使用微软的数据中心存储、计算能力以及网络服务等。

5.2.1 Windows Azure

Windows Azure 是微软在 2008 年宣布的云计算战略以及云计算平台。Azure 平台是一个互联网级的运行在微软数据系统上的云计算服务平台，它不仅提供了操作系统，还可以为开发者提供服务。Azure 平台可以支持互操作，是一种灵活的平台。它可以创建云应用，也可以加强现有的应用服务。它采用开发式的架构，可以为开发者提供各种 Web 应用、互联网应用以及商业云计算解决方案。

Windows Azure 平台的主要组件有：Windows Azure、Microsoft SQL 数据库服务、Microsoft.net 服务、Live 服务、Microsoft SharePoint 服务、Dynamics CRM 服务，如图 5.5 所示。

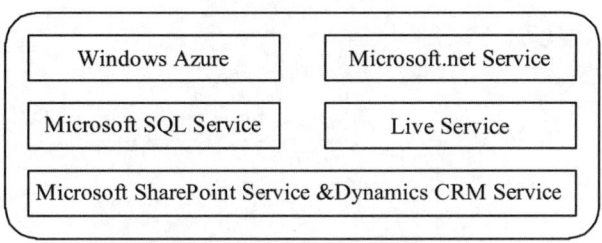

图 5.5 Windows Azure 主要组件

（1）Windows Azure 组件主要用于服务托管、底层可扩展的存储、计算和网络管理等。

（2）Microsoft SQL Services 组件提供扩展 Microsoft SQL Server 数据库应用到云中的能力。

（3）Microsoft .NET Services 组件可以通过.NET 来搭建基于云的应用程序，并可以设置访问机制来保证用户程序的安全。

（4）Live Services 组件提供了一致性的方法，用于处理用户数据和程序的资源。用户可以使用终端设备（如 PC 机、手机）中的应用程序在 Web 网站上存储和共享同步文档、照片、文件以及其他的信息。

（5）Microsoft SharePoint Services and Microsoft Dynamics CRM Services 组件主要用于在云端提供针对业务内容、协作和快速开发的服务，建立更强的客户关系。

1. 注册 Windows Azure 平台

Windows Azure 平台的网址：http://www.windowsazure.com/en-us/，通过这个网址可以免费试用 90 天的 Windows Azure，如图 5.6 所示。

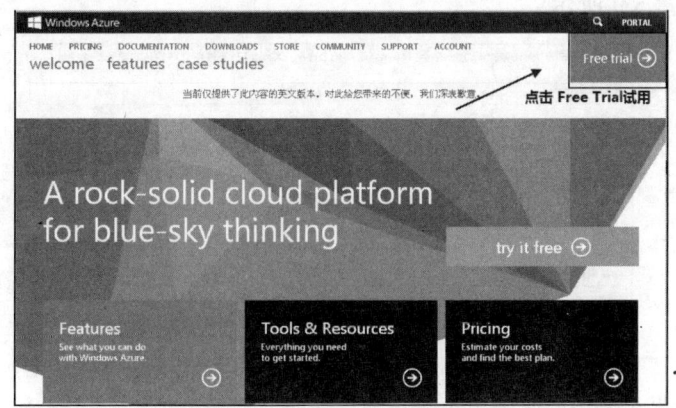

图 5.6 Windows Azure 试用

点击"Free trial"可以免费试用 90 天，试用的服务包括计算、10 个网站、10 项移动服务、1 个 SQL 数据库、70 GB 的存储、20 G 的数据备份、25 GB 的数据传输、20 GB 的 cdn、128MB 的缓存等，如图 5.7 所示。

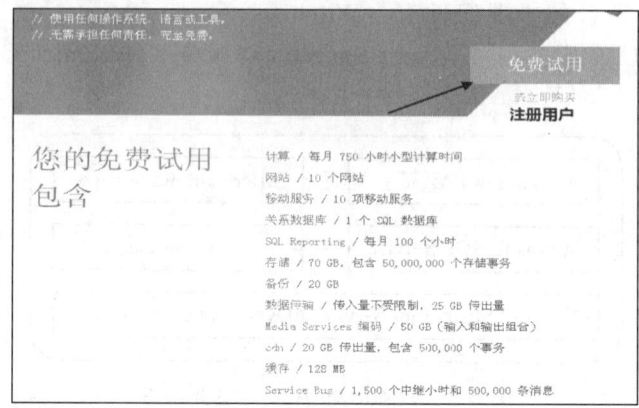

图 5.7　试用提供的服务

2. 注册微软用户

点击如图 5.8 所示的"立即注册"，进行微软账户的注册。

图 5.8　微软账户的注册

接下来，输入用户的信息，包括姓名、生日、性别、Microsoft 账户、登录密码、电话号码、出生地等，如图 5.9 所示。

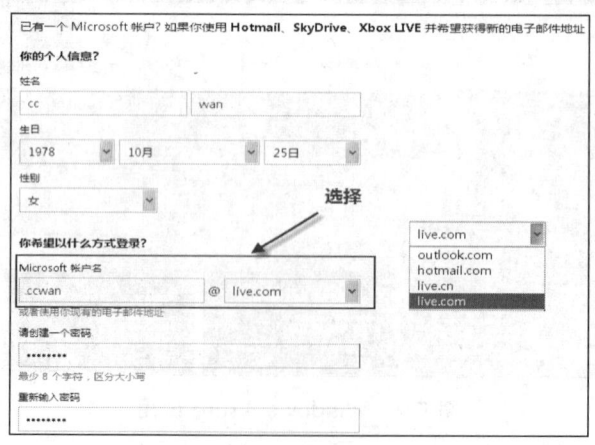

图 5.9　填写注册信息

用户注册成功，如图 5.10 所示，可以看到如图 5.11 所示的试用服务。

图 5.10　用户注册成功

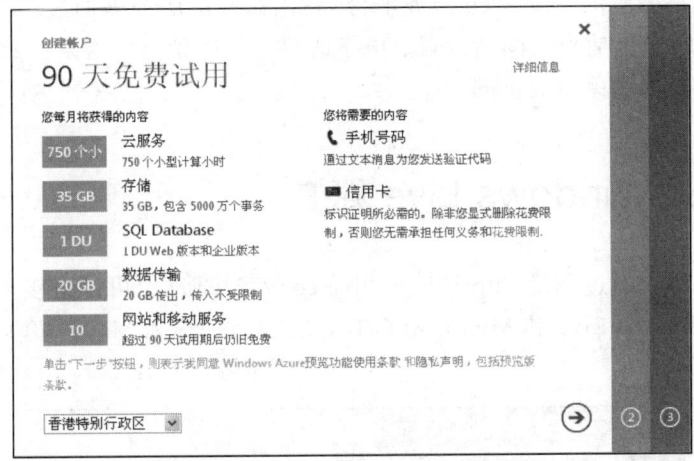

图 5.11　注册为试用 90 天

在注册过程中，打开微软的网站网速很慢，请大家耐心等待。

5.2.2　SQL Azure

SQL Azure 是以微软的 SQL Server 2008 为主，构建在 Windows Azure 云操作系统上的关系数据库服务，也是云存储的实现，为应用程序提供数据存储服务。它是 Windows Azure 平台的组成部分，提供了托管计算、基础结构、Web 服务和数据服务的服务。

一般来说 SQL Azure 的功能能与 SQL 互换，除了在 Windows Azure 平台上一些数据库设置的大小限制不一样外。那么 SQL Azure 有哪些优势呢？无论用户什么时候需要数据库，都可以选择 SQL Azure。

SQL Azure 的优点如下：

（1）协作性强：可以直接将数据移植到云中。它协作性强，可以帮助用户构建协作中心，当设置共享时可以在各分支机构之间设置访问权限，可以利用托管服务确保数据的安全。

（2）缩放：可以根据用户的需要动态地扩展应用程序的功能。

（3）合并：当用户需求逐渐细化到各个部分和工作组时，可以利用 SQL Azure 合并部门和工作组数据库，成套配置和简化管理，使管理员能够更加轻松地满足不同部门的需求。

（4）托管应用程序：在 SQL Azure 上托管数据库以减少工作负荷。

（5）成本低：通过微软的云计算应用模型可以降低成本。

学习项目

项目：Windows Live 云应用

Windows Live 是微软的一款 Web 服务平台，它由微软的服务器通过互联网为用户提供各种应用服务。应用服务包括个人网站设置、电子邮件、即时消息、检索、云盘、在线相册等，这些服务均是微软向用户免费提供的。

任务 1：注册 Windows Live 账户

Windows Live 账户通过网址 https://login.live.com/ 来注册。也可以直接下载 Windows Live 软件包。微软把 Windows Live 和 Microsoft Office Live 统一称为 Microsoft Live 平台，登录和注册页面如图 5.12 所示。

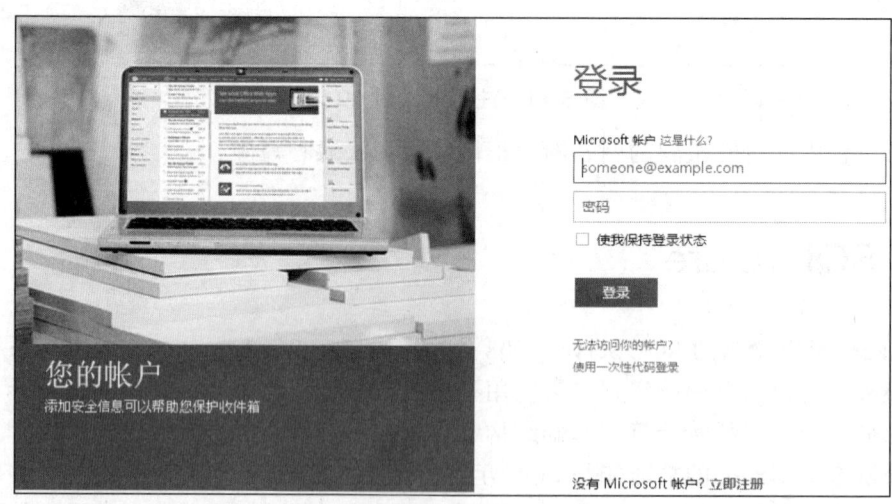

图 5.12　Windows Live 登录

任务 2：认识 Windows Live Messenger

下载 Windows Live 软件包，在该软件包中包括 Windows Live Mail、Windows Live

第 5 章　微软云计算应用

Messenger（MSN）、Windows Live 照片库等。在安装好 Windows Live 软件包后，在"开始"/"程序"/"Windows Live"菜单中，加入了 Windows Live 启动项，如图 5.13 所示。

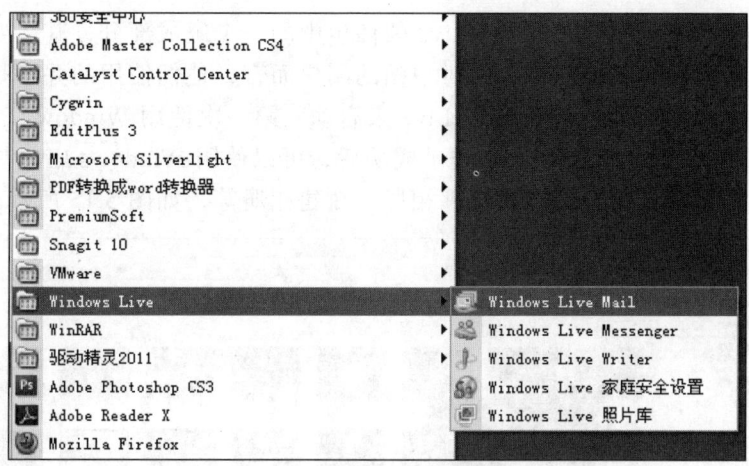

图 5.13　启动 Windows Live

　　MSN 是微软推出的即时消息软件，如图 5.14 所示。它的主要功能是文字聊天、语音对话以及视频会议等即时交流。另外它还提供了手机 SNS、中文资讯、手机娱乐以及搜索等移动服务，满足了移动互联网时代的沟通、出行、娱乐以及出行的需求，在国内有大量的用户群。

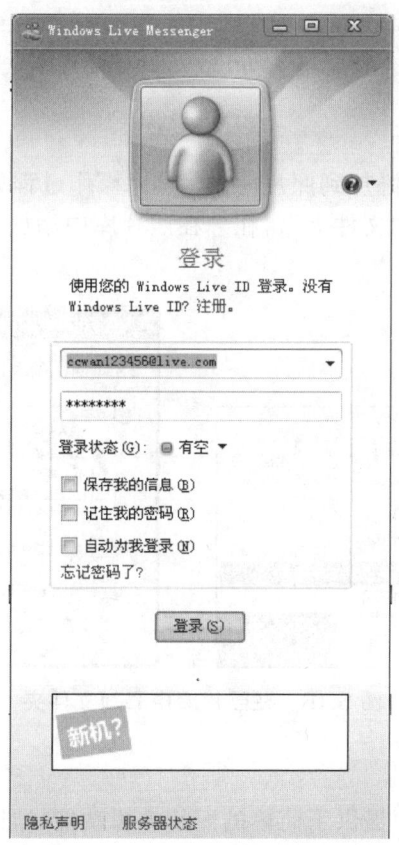

图 5.14　MSN 聊天软件

任务 3：使用 Windows Live 照片库

Windows Live 照片库是 Windows Live 软件包中的一个组成部分，其主要功能是编辑、查看、管理和共享用户的数码照片。但对中国的用户而言，他们使用的并不是很多。

Windows Live 照片库通过 Windows Live 来启动。第一次使用 Windows Live 照片库时，需要输入 Live ID 和密码，然后登录。登录成功后，可以使用 Windows Live 中很多服务，如发布联机相册、群相册、按拍摄时间管理相册、新建相册等，如图 5.15 所示。

图 5.15　Windows Live 照片库

1. 添加文件夹到照片库

可以将常用的图片文件夹添加到照片库中，具体操作过程如下：右键点击"所有照片和视频"，选择"在照片库中添加文件夹"，在"在照片库中添加文件夹"中选择本地磁盘上的文件夹，如图 5.16 所示。

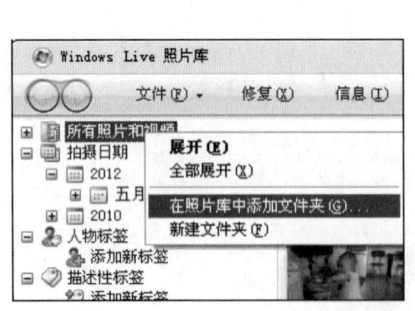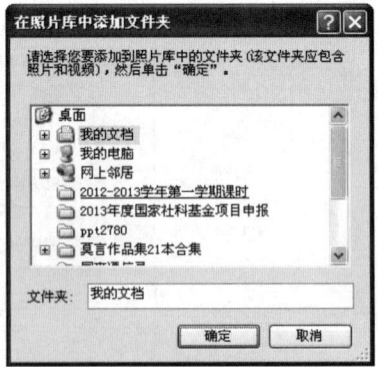

图 5.16　在照片库中添加文件夹

2. 简单的图片编辑

在 Windows Live 照片库中提供了简单的照片编辑功能，如可以改善照片中的元素，如曝光、细节、颜色并可以去除红眼。

编辑图片，首先选择图片，点击菜单栏"修复"按钮，弹出如图 5.17 所示界面，主要有自动调整、调整曝光、调整颜色、校正照片、剪裁照片、调整细节、修复红眼、黑白效果等编辑选项。

3．制作全景照片

全景照片具有气势宏大、包括景物内容多的优点，需要有专业相机才能拍摄出这样的效果来。使用 Windows Live 照片库可以很方便地合成全景照片，操作过程如下：把需要合成的全景照片放在一个文件夹内，选中这些相片，点击菜单栏中的"制作"/"创建全景照片"，如图 5.18 所示。

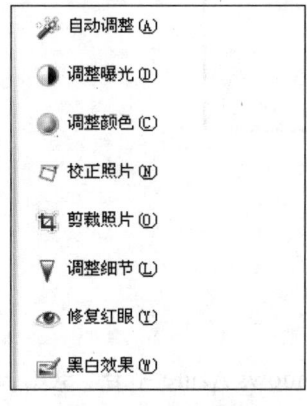

图 5.17　编辑照片

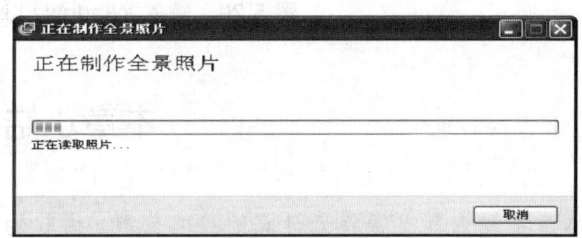

图 5.18　制作全景照片

接下来，保存全景照片，如图 5.19 所示。

图 5.19　保存全景照片

4．发布联机相册

只要有 LiveID 账户，就可以使用 Live 服务中的发布联机相册。操作过程如下：选中要发布的照片，单击"发布"/"联机相册"，弹出输入 Windows Live 账户的对话框，输入 Windows Live ID 和密码，如图 5.20 所示。

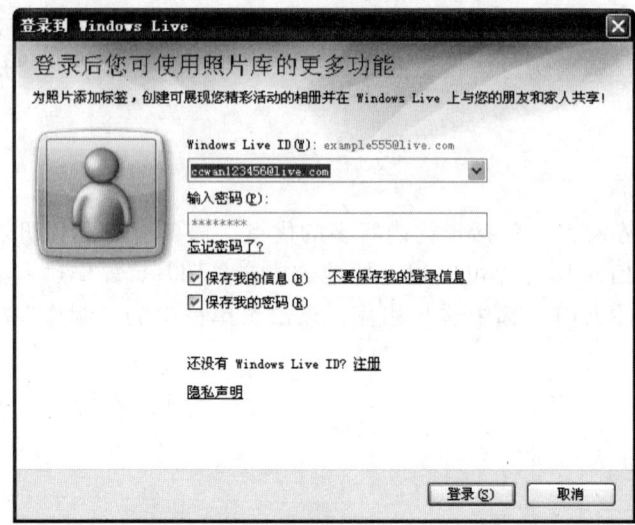

图 5.20 输入 Windows Live ID 和密码

本章小结

本章主要内容有微软云计算的战略部署、微软的云平台 Windows Azure 平台、SQL Azure 平台以及 Windows Live 软件包的使用。

本章习题

1. 微软的云计算战略方向是什么？
2. 微软的 Windows Azure 平台包括哪些组件？
3. 注册 Windows Azure 账户。
4. 安装 Windows Live 软件包。
5. 熟练使用 MSN。
6. 熟练使用 Windows Live 照片库。

Part 3 第三部分

开源系统分布式计算篇

本书第三篇主要介绍开源系统分布式计算，目前市场比较流行的云计算开源分布式系统为 Hadoop。本篇的主要内容：第 6 章介绍了分布式框架 Hadoop 及其在不同操作系统下的安装和配置、Hadoop 框架下的各种项目、MapReduce 分布式编程框架以及在 MapReduce 编程；第 7 章的主要内容有开源 NoSQL 分布式数据库 HBase 介绍、HBase 的安装、HBase 下创建数据库；第 8 章的主要内容为国内的云计算平台介绍。本篇重点讲述了 Hadoop 框架在不同环境中的安装以及 MapReduce 分布式编程。该篇共有 5 个项目，分别是 Hadoop 在 Windows 环境中的安装；Hadoop 在 Linux 环境中的安装配置；MapReduce 分布式程序的开发；HBase 的安装配置；HBase 创建数据库项目。

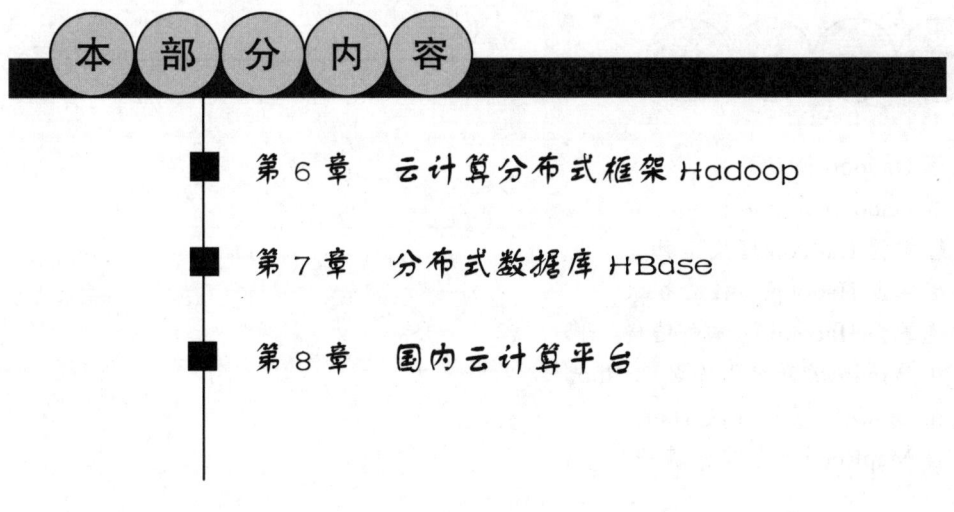

本部分内容

- 第 6 章　云计算分布式框架 Hadoop
- 第 7 章　分布式数据库 HBase
- 第 8 章　国内云计算平台

第6章 云计算分布式框架 Hadoop

Google 的 MapReduce、GFS、BigTable 成为互联网的领头羊，然而相关技术是保密的，Google 并没有开源 MapReduce 的实现细节。Amazon 的 AWS、微软的 Azure 和 IBM 的蓝云等也是云计算的典型代表，但它们都是商业性平台。因此，对想要继续研究和发展云计算技术的人员或科研团体来说，无法获得更多的知识。

Hadoop 作为 Apache 基金会资助的开源项目，模仿 Google 的核心技术，是一个分布式系统的基础架构，由 Doug Cutting 带领的团队进行开发。它的出现给研究者带来了希望，是最典型和最常见的云计算平台。未来，Hadoop 将作为一个幕后英雄，应用于越来越多的行业。本章重点讲述了 Hadoop 框架、Hadoop 子项目、Hadoop 在 Windows 系统下的安装与配置、Hadoop 在 Linux 系统下的安装与配置、MapReduce 分布式编程等知识。通过本章的学习，读者能了解 Hadoop 开源分布式框架，能熟练掌握 Hadoop 在不同环境中的安装与配置，能了解简单的 MapReduce 分布式程序如何编写。

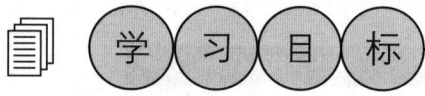

- ➢ 了解 Hadoop 框架
- ➢ 了解 Hadoop 的子项目
- ➢ 熟练掌握 Hadoop 框架是什么
- ➢ 熟练掌握 Hadoop 的核心技术
- ➢ 熟练掌握 Hadoop 的体系结构
- ➢ 能在 Windows 系统下安装 Hadoop
- ➢ 能在 Linux 系统下安装 Hadoop
- ➢ 了解 MapReduce 分布式编程

引导案例

Hadoop 起源于从 2002 年开始的 Apache Nutch，它是 Apache Lucene 的子项目之一。直到 2006 年，Hadoop 才逐渐成为一套完整而独立的软件，并被正式命名，其最大支持者是 Yahoo。2008 年初，Hadoop 开始应用到 Yahoo 以外的很多互联网公司。Hadoop 并不是一个缩写而是一个虚构的名字，该项目的创建者 Doug Cutting 是这样解释 Hadoop 的得名："这个名字是我的孩子给一个棕黄色的大象填充玩具命名的。我的命名标准就是简短,容易发音和拼写,没有太多的意义,并且不会被用于别处。小孩子是这方面的高手。"

相关知识

6.1 Hadoop 开源云计算平台介绍

6.1.1 Hadoop 简介

一台计算机处理一批数据需要 30 小时,比如处理地震预测、天气预报的数据,这样的计算速度实在是太慢了。提升单台计算机速度是过去的办法,慢慢走到了极端,原因在于 CPU 的速度不可能再大幅度提升了。人们一直希望通过增加计算机数量来提升数据运算和处理速度,比如,希望通过同时在 300 台计算机上处理数据,让处理这批数据的时间变成 0.1 小时。当然,这是一种理想状态。实际上,人们已经开始设计这样的分布式系统,让众多的计算机通过集群方式并行同时运行,来提高处理速度。

Hadoop 是一个分布式计算框架,它能在由大量廉价的硬件设备组成的集群上运行应用程序,并且为应用程序提供一组既稳定、又可靠的接口。Hadoop 计算框架的目的是构建一个具有高可靠性和良好扩展性的分布式操作系统。随着云计算的逐渐流行,这一项目被越来越多的个人和企业运用。

6.1.2 Hadoop 的起源

自 2004 年 Google 工程师 Jeffrey Dean 提出 MapReduce 编程思想后,MapReduce 便在 Google 的各种 Web 应用中释放着魔力。MapReduce 自提出后首先应用于大型集群。同时,Google 公司也发表了 GFS、BigTable 等底层系统以及 MapReduce 应用模型。2007 年,Google's MapReduce Programming Model-Revisted 论文发表,进一步详细介绍了 Google MapReduce 模型以及 Sazwall 并行处理海量数据分析语言。Google 公司以 MapReduce 作为基石,逐步发展成为全球互联网企业的领头羊。然而,也许出于技术保密的目的,Google 公司并没有透露 MapReduce 的实现细节。

Hadoop 之父 Doug Cutting 开发出的 Hadoop 是 MapReduce 的开源实现,使得 MapReduce 技术能那么迅速地、平易地来到我们的身边。2006 年 1 月,Doug Cutting 由于在开源项目 Nutch 和 Lucene 中表现卓越,受邀加入 Yahoo! 公司,专攻 Hadoop 项目并对其进行开发。2006 年 2 月,Hadoop 项目从 Nutch 项目中脱离出来,并正式成为 Apache 组织中一个专注于 DFS 和 MapReduce 的开源项目,目前 Hadoop 已成为 Apache 的顶级项目。2008 年 2 月,Yahoo! 公司宣布它的搜索引擎中的索引是构建在一个拥有 1 万个内核的 Hadoop 集群上的。同年 4 月,Hadoop 搜索排序速度打破了世界纪录,成为了世界上最快的 TB 级数据排序系统。在 910 个节点规模上，Hadoop 仅仅用了 209 秒（不到三分半钟）完成了对 1 TB 数据的排序，打败了上一年的 297 秒冠军。2008 年 11 月，谷歌宣布它的 MapReduce 只用了 68 秒就完成对 1 TB 数据的排序。同年 Yahoo! 的团队采用 Hadoop 对 1 TB 数据进行排序却只花了 62 秒。

在 Doug Cutting 加入 Yahoo! 公司一月后，Yahoo! 搜索就决定采用 Hadoop 框架。Yahoo! 在两个月内就搭建了一个 Hadoop 集群，并以更快速度帮助它的客户使用这个新的框架。Hadoop 的另一个显著优点就是它是开源的，这一优势可以促进对 Hadoop 深层次的研究。2006 年，Yahoo! 构建了一个 200 个节点的 Hadoop 集群，并暂时搁置了 Yahoo! 的 WebMap 计划，转向研究 Hadoop 使得用户能进一步加深对 Hadoop 的研究。

如今 Hadoop 不仅致力于应对网络流量的科学研究，而且还涉及搜索引擎、广告优化、机器学习等领域，并成为 IT 产业里优秀的大数据平台。

6.1.3　什么是 Hadoop

1. Hadoop 是什么

Hadoop 是一个分布式处理的软件框架，主要处理大量数据。它实现了 MapReduce 一样的编程模式和框架，它能在由大量计算机组成的集群中运行海量数据并进行分布式计算，它所处理的海量数据能达到 PB 级别（1PB = 1 000TB），可以让应用程序在上千个节点中进行分布式处理，其处理的方式是可靠的、高效的、可伸缩的。Hadoop 是可靠的，如果计算元素或者存储数据失败，它可以启动和维护多个工作数据副本，确保失败的节点重新对数据进行分布式处理。Hadoop 是高效的，它的工作方式是并行的，采用这种方式可以加快处理数据的速度。Hadoop 是可伸缩的，可以处理不同级别的数据，大到能够处理 PB 级别的数据。除此之外，由于 Hadoop 依赖于社区服务器，因此它的成本很低，任何人都可以放心地、舒畅地使用它，而不需要过多地考虑费用问题。

2. Hadoop 支持的开发语言

Hadoop 自带 Java 语言编写框架，在 Linux 平台上运行是非常理想的。也可以支持 Windows 平台（前提是安装了 Cygwin）。Hadoop 上的应用程序也可以使用其他语言编写，比如 C++。

3. Hadoop 的组成

Hadoop 主要的两部分为：分布式存储 HDFS 和分布式计算 MapReduce。HDFS 是一个 Master/Slave 的结构。就一般部署来说，在 Master 上只运行一个 NameNode，而在每一个 Slave 上运行一个 DataNode。MapReduce 是一个编程模型，用以进行大数据量的计算。MapReduce 的名字源于这个模型中的两项核心操作：Map 和 Reduce。Map 是把一组数据一对一地映射为另外一组数据；Reduce 是对一组数据进行归约，映射和归约的规则都由一个函数指定。关于 HDFS 和 MapReduce 更多内容将在后面详细介绍。

4. Hadoop 的族群

整个 Hadoop 族群包括很多项目，分别如下：

> HDFS：分布式文件系统，是 GFS 的开源实现。

> MapReduce：分布式并行编程模型和程序执行框架，是 Google 公司 MapReduce 的开源实现。

> Common：整个 Hadoop 项目的核心，包括一组分布式文件系统、通用 I/O 的组件与接口（序列化、Java RPC 和持久化数据结构）。

> Avro：一种支持高效、跨语言的 RPC 以及永久存储数据的序列化实现。

> Pig：是一种数据流语言和运行环境，用以检索非常大的数据集，运行在 MapReduce 和 HDFS 集群上。

> Hive：一个分布式、按列存储的数据仓库。Hive 管理 HDFS 中存储的数据，并提供基于 SQL 的查询语言（由运行时引擎翻译成 MapReduce 作业）用以查询数据。

> HBase：一个分布式、按列存储数据库。HBase 使用 HDFS 作为底层存储，同时支持 MapReduce 的批量式计算和点查询（随机读取）。

> Mahout：一个在 Hadoop 上运行的机器学习类库。

> ZooKeeper：一个分布式、可用性高的协调服务。ZooKeeper 提供分布式锁之类的基本服务以构建分布式应用。

> Cassandra：是一套开源分布式 NoSQL 数据库系统。它最初由 Facebook 开发，用于存储收件箱等简单格式数据，集 Google BigTable 的数据模型与 Amazon Dynamo 的完全分布式的架构于一身。

6.1.4 Hadoop 的核心技术是 Google 核心技术的开源实现

Hadoop 的核心技术为 HDFS、MapReduce 和 HBase，分别对应 Google 最核心技术 GFS、MapReduce 和 BigTable 的开源实现。Hadoop 核心技术与 Google 的核心技术对应如表 6.1 所示。

表 6.1 Hadoop 核心技术与 Google 的核心技术对比

Hadoop 中核心技术	Google 中核心技术
Hadoop HDFS	Google GFS
Hadoop MapReduce	Google MapReduce
Hadoop HBase	Google BigTable
Hadoop ZooKeeper	Google Chubby
Hadoop Pig	Google Sawzall

注：

> Hadoop HDFS(Hadoop Distributed File System)：分布式文件系统，是 Google GFS 的开源实现。

> Hadoop MapReduce：大型数据的分布式处理模型，是 Google GFS 的开源实现。

> Hadoop HBase ：支持结构化数据存储的分布式数据库，是 Google BigTable 的开源实现。

> Hadoop ZooKeeper：用于解决分布式系统中一致性问题，是 Google Chubby 的开源实现。

> Hadoop Pig：在 MapReduce 上构建的一种高级的数据流语言，它是 Sawzall 的开源实现。

> Sawzall 是一种建立在 MapReduce 基础上的领域语言，其程序控制结构（如 if、while 等）与 C 语言无区别，但它完成相同功能的代码比 MapReduce 的 C++代码简洁很多。

在这些子项目中，Pig 最初是由 Yahoo! 的网格部门开发的，后来捐献给了 Apache 基金会。从实现的功能来看，Hadoop 几乎就是 Google 的一个"翻版"，几乎每个子项目都是 Google 某项技术的开源实现。

6.1.5　Hadoop 的应用现状和发展趋势

Hadoop 经历了这样一个发展过程：Hadoop 起源于 Apache 基金会项目，随着越来越多的用户加入，扩大了使用面，进行进一步的开发和完善，到现在已经形成一个强大的生态系统。从 2009 年开始，开始大力发展云计算和大数据，Hadoop 作为海量数据分析的最佳解决方案，受到了越来越多 IT 厂商的关注，因此 Hadoop 发展飞速，出现了 Hadoop 的商业版以及相匹配的 Hadoop 产品，包括软件和硬件产品。

1. Hadoop 的企业应用现状

（1）国外企业和学校应用情况。2008 年 2 月，雅虎搭建出世界上最大的基于 Hadoop 的集群系统—Yahoo! Search WebMap，与此同时 Hadoop 也广泛应用到雅虎的日志分析、广告计算、科研实验中；Amazon 公司的搜索门户 A9.com 网站就是采用 Hadoop 来实现商品搜索的索引的；Last.fm 互联网电台和音乐社区网站搭建了 Hadoop 集群，并且采用 Hadoop 进行日志分析、A/B 测试评价、AdHoc 处理和图表生成等日常作业；著名网站 facebook 采用 Hadoop 构建了整个网站的数据仓库，运用 Hadoop 框架在 320 多台机器中进行网站的日志分析和数据挖掘。UC Berkeley 等著名高校也对 Hadoop 进行了应用和研究，改进了 Hadoop 的推测执行技术，改进了 MapReduce 体系，开发了 Hadoop Online Prototype（HOP）系统等。

（2）国内企业在 Hadoop 中的应用。在 2008 年之后，国内应用和研究 Hadoop 的企业也越来越多，如淘宝、中国移动、金山、腾讯、百度、网易、sina 等。淘宝的 Hadoop 系统用于存储并处理电子商务交易的相关数据；中国移动研究院基于 Hadoop 的"大云"（BigCloud）系统用于对数据进行分析和对外提供服务；金山专注于安全云；腾讯提出"腾云"、"Web QQ"；百度采用 Hadoop 进行搜索日志的分析和网页数据的挖掘工作。Hadoop 在企业中的运用如图 6.1 所示。

图 6.1　Hadoop 在企业中的运用

Hadoop 目前已经取得了卓越的成绩。相信随着互联网的发展，新的商业模式、业务模块会不断涌现，Hadoop 的应用也会不断拓展，逐渐进入电信、电子商务、银行、生物制药等领域。Hadoop 将在更多的领域中扮演幕后英雄，将为我们的生活带来更多优质的服务。

2. Hadoop 运用地域分布

北京、深圳和杭州位列前三甲：北京有淘宝和百度；深圳有腾讯；杭州有网易等。互联网公司是 Hadoop 在国内运用的中坚力量。淘宝是国内最先使用 Hadoop 的公司之一，而百度赞助了 HyperTable 的开发，加上北京研究 Hadoop 的高校比较多，因此北京是 Hadoop 研究和应用需求最高的一个城市。北京的中科院研究所，在 2009 年度还举办过几次 Hadoop 技术大会，2010、2011 年也举办了 Hadoop 专题会议或云计算博览会，这些工作也加速了 Hadoop 在国内的发展。Hadoop 的运用地域分布如图 6.2 所示。

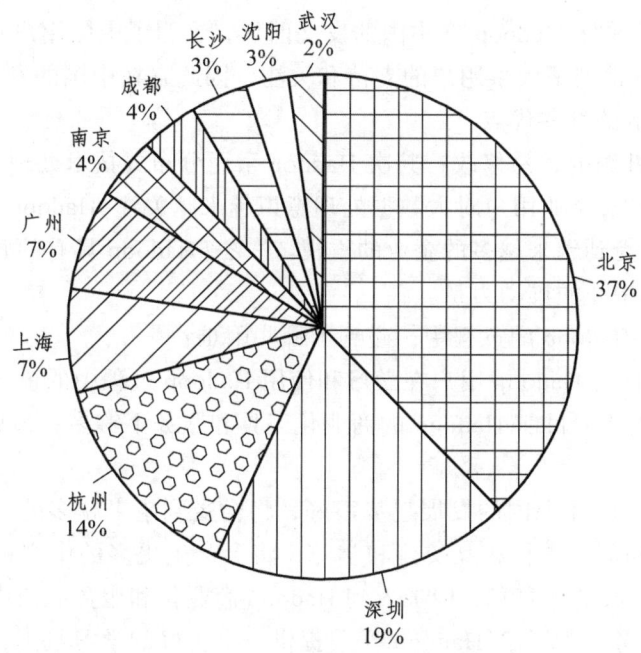

图 6.2　Hadoop 的运用地域分布

3. Hadoop 的发展趋势

2011 年 12 月，中国科学院技术研究所在北京会议中心主办了第五届 Hadoop in China 大会，大会首次邀请到了 Hadoop 创始人 Doug Cutting 亲临会场助阵，也吸引了大批来自世界各地的 Hadoop 开发者、用户。IT168 在大会现场对用户进行了调查，得到了与会嘉宾和用户的极大关注和积极参与。调查涉及以下几个方面：

（1）企业规模。

从 Hadoop 应用所在企业规模方面看，人数位于 1 000 以上的企业所占的比例达到了将近一半（45%），这意味着，Hadoop 应用在大型企业占多数；但是，从另一个角度看，人数位于 100～249 之间的中小型企业占有 28% 的比例，这表明，Hadoop 的应用已经不再是大型企业的专利，许多中小型的企业也已经开始关注 Hadoop。

（2）企业使用 Hadoop 的主要用途是什么？

一半以上的企业使用 Hadoop 的目的首先是数据挖掘和改善商业智能分析；其次是日志的分析和 WEB 搜索、降低数据分析成本，它们所占的比例分别为 38% 和 31%，剩下的 26% 的企业使用 Hadoop 的目的是半结构化/非结构化数据处理和分析。

从以上可以看出，企业使用 Hadoop 的目的在于商业智能和数据挖掘、半结构化/非结构化数据分析与处理，该目的是推动 Hadoop 在企业内应用的两大重要动力。

（3）Hadoop 相关技术。

在 Hadoop 中 HDFS、MapReduce 是企业使用的两种最主要的技术，使用率分别为 74% 和 69%。这表明大部分企业使用 Hadoop 中的 HDFS 和 MapReduce 两种技术，也反映了这两种技术的使用达到一个比较高的水准；同时超过三分之一的企业在使用 HBase、Hive。

（4）Hadoop 的发展趋势。

其中 94% 的人都看好 Hadoop 在中国的发展前景，表明了中国用户对 Hadoop 的认可度是非常高的，Hadoop 得到了大多用户的支持和关注，因此它在中国的发展前途光明。

（5）看重 Hadoop 的哪些优点。

首先 Hadoop 是开源的，易修改；其次 Hadoop 采用分布式技术处理大数据，其效率高。随着企业数据量的暴涨，企业用户对大数据处理意识越来越关注，Hadoop 有自己独有的优势，因此在大数据时代会受到越来越多的企业的重视。总之，Hadoop 具有的开源和高效这两大优势是它风靡企业数据中心的推动力量。

（6）学习和使用 Hadoop 的过程中，碰到了哪些困难？

有超过 1/3 的人认为 Hadoop 用户在学习和使用 Hadoop 过程中的最大的困难是缺少中文社区；其次 33% 的人认为目前 Hadoop 的商业化工具和服务不够多；最后 Hadoop 人才技术比较缺乏。

综上所述，Hadoop 在中国的发展趋势很好，将会受到越来越多的企业关注。为了便于 Hadoop 的开发人员和用户进行相互交流和学习，将会产生更多的中文社区。为了扩大发展 Hadoop 的商业模式，鼓励厂商和企业加入到 Hadoop 商业化和服务队伍中去，为用户提供更好的商业化工具和服务。为了给 Hadoop 学习提供一个更好的学习氛围，教育机构、培训机构或企业方面都可以提供更多的机会和资源，以培养更好的 Hadoop 人才。

4. 大数据让 Hadoop 走得更远

随着 IT 的发展，以前用于分析企业数据的传统的数据库和一些商业智能的工具在面对海量大数据处理时显得力不从心了，无法胜任大数据的处理任务了。近几年解决大数据问题变得越来越迫切，许多企业的数据架构师开始走向探索之路。

这个挑战的形成，源于十年前，当时很少有 TB 级的企业数据仓库。Forrester 分析报告指出，在 2009 年之前，有三分之二的企业数据仓库（EDW）处于 1-10 TB 的范围。而到 2015 年，大多数大型组织的 EDW 会达到 100TB 以上，电信、金融服务和电子商务领域甚至会出现 PB 级 EDW。

这些大数据存储需要一些"超级规模分析"新工具和新方法，其中的"超级规模分析"包含了 4 个方面：容量从几百 TB 到 PB 级、速度达到实时秒级单位、多样性包括多样结构、无结构或半结构和波动性（包括各种类型应用程序、新服务、新社交网络等数据源）。

目前现有 BI 工具供应商正在增加 Apache Hadoop 的支持，如 Pentaho，它先在 2010 年 5 月加入 Hadoop 支持，随后又增加 EMC Greenplum 发行版支持。Hadoop 正在成为主流的另一个迹象是数据集成商的支持。

此外，也出现了 Hadoop 设备，其中包括 2011 年 5 月发布的 EMC Greenplum HD（一个整合 Hadoop MapR、Greenplum 数据和标准 X86 服务器的设备）和 Dell/Cloudera Solution（在 Dell PowerEdge C2100 服务器和 PowerConnect 交换机上整合 Cloudera 的 Hadoop 发行版和 Cloudera Enterprise 管理工具）。

最后，Hadoop 比较适合部署到云环境中，如 Amazon 的 EC2 和 S3 提供了 Amazon Elastic MapReduce 的托管服务。Apache Hadoop 自己本身还带有一组专门用于简化 EC2 部署和运行的工具。

6.2　Hadoop 子项目介绍

Hadoop 是 Apache 下的一个项目，它并不仅仅是一个用于存储的分布式文件系统，而是一个设计用来在由通用计算设备组成的大型集群上执行分布式应用的框架。Hadoop 由 HDFS、MapReduce、HBase、Hive 和 ZooKeeper 等成员组成，其中 HDFS 和 MapReduce 是 Hadoop 中的两个最基础最重要的成员，它们提供了互补性服务或在核心层上提供了更高层的服务。Hadoop 的项目结构如图 6.3 所示。

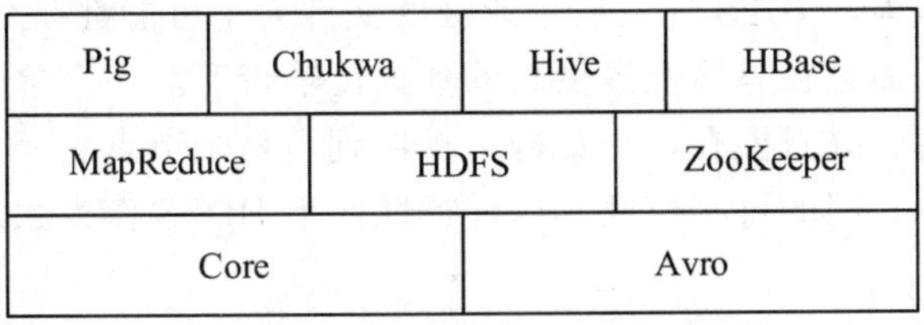

Pig	Chukwa	Hive	HBase
MapReduce	HDFS		ZooKeeper
Core		Avro	

图 6.3　Hadoop 的项目结构

（1）Core/Common：从 Hadoop 0.20 版本开始，Hadoop Core 项目便更名为 Common。Common 是为 Hadoop 其他子项目提供支持的常用工具，主要包括 FileSystem、RPC 和串行化库，它们为在廉价的硬件上搭建云计算环境提供了基本的服务，并且为运行在该平台上的软件的开发提供了所需的 API。

（2）Avro：Avro 是用于数据序列化的系统。它提供了丰富的数据结构类型、快速可压缩的二进制数据格式、存储持久性数据的文件集、远程调用 RPC 的功能和简单的动态语言集成功能。其中，代码生成器既不需要读写文件数据，也不需要使用或实现 RPC 协议，它只是一个可选的对静态类型语言的实现。

Avro 系统依赖于模式（Schema），Avro 数据的读和写是在模式之下完成的。这样就可以减少写入数据的开销，提高序列化的速度并缩减其大小。同时，也可以方便动态脚本语言的使用，因为数据连同其模式都是自描述的。在 RPC 中，Avro 系统的客户端和服务端通过握手协议进行模式的交换。当客户端和服务端拥有彼此全部的模式时，不同模式下的相同命名字段、丢失字段和附加字段等信息的一致性问题就得到了很好地解决。

6.2.1 HDFS 的体系结构

HDFS 可以部署在廉价硬件之上,高容错、可靠性地存储海量数据(可以达到 TB 甚至 PB 级)。另外,它可以与 MapReduce 编程模型很好地结合,为应用程序提供高吞吐量的数据访问,适用于大数据集应用程序。

1. HDFS 的设计目标

(1)检测及快速恢复硬件故障。硬件故障是最常见的问题,整个 HDFS 系统由成百上千的存储着数据文件的服务器组成,而如此多的服务器意味着高故障率,因此,故障的检测和快速恢复是 HDFS 的一个核心目标。

(2)流式的数据访问。HDFS 使应用程序能流式地访问它们的数据集。HDFS 被设计成适合进行批量处理,而不是用户交互式的处理。因此它重视数据吞吐量,而不是数据访问的反应速度。

(3)简化一致性模型。大部分的 HDFS 程序操作文件时需要一次写入,多次读取。一个文件一旦经过创建、写入、关闭之后就不需要修改了,从而简化了数据一致性问题和高吞吐量的数据访问问题。

(4)移动计算的代价比移动数据的代价低。一个应用请求的计算,是离它操作的数据越近就越高效,这在数据达到海量级别的时候更是如此。将计算移动到数据附近,比之将数据移动到计算显然更好,HDFS 提供给应用移动计算的接口。

(5)超大规模数据集。HDFS 的一般企业级的文件大小可能都在 TB 级甚至 PB 级,因此需要支持大文件存储,而且在整体上提供高的数据传输带宽。一个单一的 HDFS 实例应该能支撑数以千万计的文件,并且能在一个集群里扩展到数百个节点。

(6)异构软硬件平台间的可移植性。这种特性便于 HDFS 作为大规模数据应用平台进行推广。

2. HDFS 结构模型

HDFS 分布式文件存储系统是一个主从(Master/Slave)结构模型。从最终用户的角度来看,它就像传统的文件系统一样,可以通过目录路径对文件执行创建、读取、修改、删除(create、read、update、delete)操作。一个 HDFS 集群是由一个 NameNode 主节点和若干个 DataNode 组成的。NameNode 主节点是主服务器,管理文件系统的命名空间和客户端对文件的访问操作;DataNode 数据节点是集群中一般节点,它负责节点数据的存储。客户端通过 NameNode 数据节点主节点向 DataNode 数据节点交互访问文件系统,通过 NameNode 获得文件的元数,这样文件 I/O 操作就可以直接与 DataNode 进行交互的。HDFS 允许用户以文件的形式存储数据。HDFS 的结构模型如图 6.4 所示。

从数据内部来看,文件被分成若干个数据块,典型数据块大小是 64M。HDFS 的文件通常是按照 64MB 被切分成不同的数据块(Block)的,每个数据块尽可能地分散存储在不同的 DataNode 中,而若干个数据块存放在一组 DataNode 上。NameNode 执行文件系统的命名空间操作,比如打开、关闭、重命名文件或目录等。另外它负责数据块到具体 DataNode 的映射。DataNode 负责处理文件系统客户端的文件读写请求，并在 NameNode 的统一调度下进行数据块的创建、删除和复制工作。

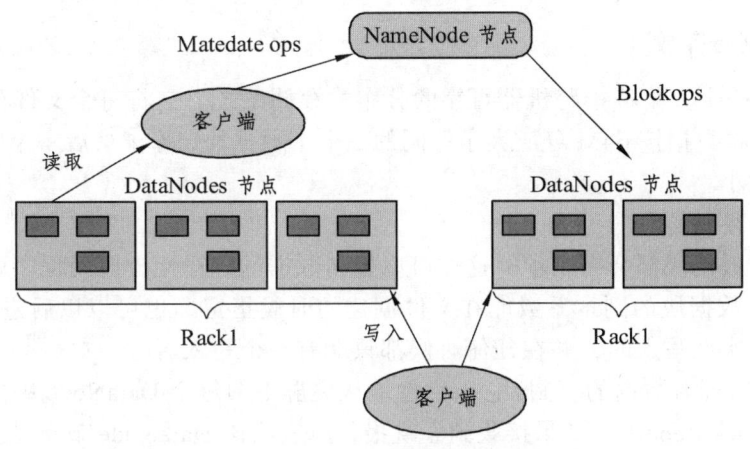

图 6.4 HDFS 结构模型

假设客户端要访问一个文件。首先，客户端从 NameNode 中获得组成该文件的数据块位置列表，即知道数据块存储在哪些 DataNode 上。然后，客户端直接从 DataNode 上读取文件数据。在这个过程中，NameNode 不参与文件的传输。

NameNode 和 DataNode 都设计成可以在廉价 Linux 主机上运行。HDFS 是采用 Java 语言开发，因此可以部署在大范围的机器上。一个典型案例是一台机器跑一个单独的 NameNode 节点，集群中的其他机器各跑一个 DataNode 实例。这个架构并不排除一台机器上跑多个 DataNode，不过这比较少见。

NameNode 相当于是 HDFS 的守护程序，是 HDFS 的主节点它主要负责记录大数据文件如何被分割成数据块，被分割后的数据块分别被存储到哪些 DataNode 数据节点上。NameNode 主要功能是对内存以及 I/O 进行集中管理。NameNode 节点是单一的，这样就可以大大简化系统的架构。NameNode 负责保管和管理所有的 HDFS 元数据，因而用户文件数据的读写就可以直接在 DataNode 上而不需要通过 NameNode。在一般情况下，NameNode 服务器不存储任何用户信息或执行计算任务，这样可以降低服务器的性能。如果 DataNode 服务器出现因软硬件的宕机问题，Hadoop 集群依然可以继续运转，或者快速重启。但是，由于 NameNode 是 Hadoop 集群中的一个单点，一旦 NameNode 服务器宕机，整个系统将无法运行。

集群中的每个 Slave 服务器都运行一个 DataNode 后台程序，这个后台程序负责把 HDFS 数据块读写到本地的文件系统中。当客户端读/写数据时，首先经过 NameNode 告诉客户端去哪个 DataNode 进行具体的读/写操作，然后客户端就可以直接与该 DataNode 服务器的后台程序进行通信，进行相关的数据读/写操作了。

3. 文件系统的命名空间 NameSpace

HDFS 支持传统的层次型文件组织，这一点与其他文件系统类似。用户可以创建目录，并在目录中创建、删除、移动和重命名文件。但是，HDFS 不支持用户磁盘配额和访问权限控制，也不支持硬链接和软链接。但是 HDFS 架构并不妨碍实现这些特性。

NameNode 负责维护文件系统的名称空间，任何对文件系统名称空间或属性的修改都将被 NameNode 记录下来，文件副本的数目称为文件的副本系数，这个信息也是由 NameNode 保存的。

4. 数据复制与存放

HDFS 能在一个大集群中跨机器可靠的分布式存储系统。它将每个文件存储成一系列的数据块，也就是将数据按 64M 分成大小等同的一个个数据块，除了最后一个数据块，所有数据块都是同等大小。

（1）数据的复制。

文件的所有数据块都会有副本，这样可以提高数据的容错性，应用程序可以指定某个文件的副本数目。数据块的副本系数能在文件创建的时候指定，也可以以后进行修改。HDFS 中的文件都是一次性写入的，并在任何时候都只能有一个写入者。

NameNode 管理着数据的复制，它周期性地从集群中的每个 DataNode 中接收心跳信号和块状态报告（Block Report）。如果接收到心跳报告就表明该 DataNode 节点是正常工作的；如果没有接收到心跳报告，则说明该 DataNode 节点出现异常。块状态报告中包含了一个 DataNode 节点上所有数据块的列表信息，如图 6.5 所示。

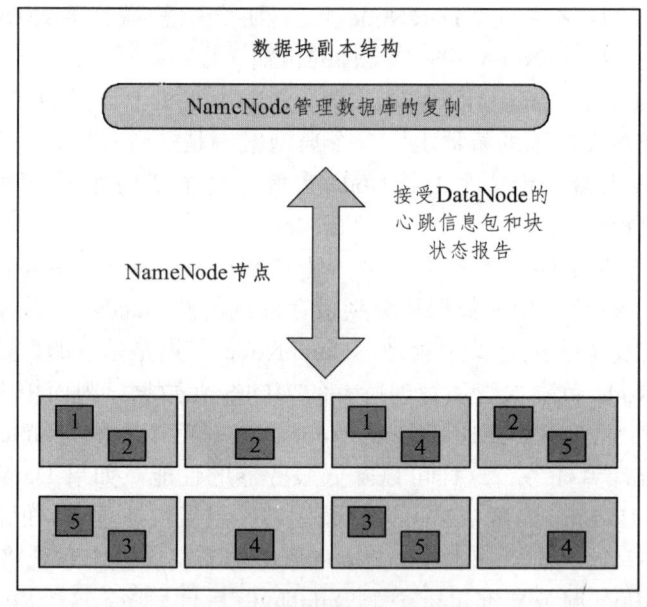

图 6.5　数据复制结构图

（2）副本的存放是 HDFS 可靠性和性能的关键。

副本的存放是 HDFS 可靠性和性能的关键。优化的副本存放策略是 HDFS 区分于其他大部分分布式文件系统的重要特性。HDFS 采用一种机架感知（rack-aware）策略来改进 HDFS 的数据的可靠性、可用性和网络带宽的利用率。目前的副本存放采用机架感知策略是第一步，为实现更先进的策略打下测试和研究的基础。

大型的 HDFS 分布式文件系统一般运行在跨越多个机架的计算机集群上，处在不同机架上的两台机器之间的通讯需要经过交换机。同一个机架内的两台机器间的带宽要比处于不同机架的两台机器间的带宽要大。

一个机架感知的过程就是确定每个 DataNode 所属的机架 id 的过程。一个简单但没有优化的策略就是将副本存放在不同的机架上,这样可以有效防止当整个机架失效时数据的丢失,并且允许读数据的时候充分利用多个机架的带宽。这种策略可以将副本均匀分布在集群中,有利于负载均衡,但是这个策略也有缺点,即一个写操作需要把数据传输到多个机架,这样也增加了写的代价。

在大多数情况下,数据块的副本系数是 3,HDFS 的存放策略是将一个副本存放在本地机架的节点上,一个副本放在同一机架的另一个节点上,最后一个副本放在不同机架的节点上。这种策略减少了机架间的数据传输,这就提高了写操作的效率。由于机架的错误远远比节点的错误少,因此这种策略不会影响到数据的可靠性和可用性。与此同时,因为数据块只放在两个(不是三个)不同的机架上,所以此策略减少了读取数据时需要的网络传输总带宽。在这种策略下,副本并不是均匀分布在不同的机架上。三分之一的副本在一个节点上,三分之二的副本在一个机架上,其他副本均匀分布在剩下的机架中,这一策略在不损害数据可靠性和读取性能的情况下改进了写的性能。

(3)副本选择。

为了降低整体的带宽消耗和读取延时,HDFS 会尽量让读取程序读取离它最近的副本。如果在读取程序的同一个机架上有一个副本,那么就读取该副本。如果一个 HDFS 集群跨越多个数据中心,那么客户端也将首先读取本地数据中心的副本。

(4)安全模式。

NameNode 启动后会进入安全模式的特殊状态,处于安全模式中的 NameNode 是不会复制数据块的。NameNode 接收所有 DataNode 的心跳信号和块状态报告,块状态报告中包括了一个 DataNode 中的所有数据块的列表信息,每个数据块都有一个最小的副本数。当 NameNode 检测到某个数据块的副本数达到这个最少副本数值时,就说明该数据块的副本是安全的;在某百分比(百分比数通过参数来进行配置)的数据块通过 NameNode 检测确定是安全之后,会增加一个额外的 30 秒的等待时间,NameNode 就会退出安全模式状态。接下来 NameNode 确定哪些数据块的副本没有达到指定数值,并把这些数据块的副本复制到其他的 DataNode 节点上。

5. 文件系统元数据的持久化

NameNode 节点上保存着 HDFS 的命名空间,在对任何文件系统的元数据进行创建、修改、删除等操作时,NameNode 会采用 Editlog 的事务日志文件将其记录下来。如 HDFS 创建一个文件时,NameNode 就会在 Editlog 中插入一条记录;在 HDFS 中修改文件的副本系数时,这时 NameNode 也会在 Editlog 中插入一条记录;在 HDFS 中删除一个文件时,NameNode 也会在 Editlog 中插入一条记录。总之,NameNode 节点把在文件系统中所有的操作过程都存储到 Editlog 事务日志文件中。整个 HDFS 文件系统的命名空间,包含数据块的文件映射、文件的属性、数据块的副本信息都会被存储在这个 FsImage 文件中,而 FsImage 文件也会存在 NameNode 所在的本地文件系统上。

6. HDFS 的通讯协议

HDFS 通讯协议建立在 TCP/IP 网络协议之上。客户端通过 TCP 端口连接到 NameNode,

然后采用 ClientProtocol 协议与 NameNode 节点实现交互。在 DataNode 节点上采用 DataNodeProtocol 协议来与 NameNode 主节点之间实现交互。

远程过程调用（RPC）模型被抽象出来封装成 ClientProtocol 和 DataNodeProtocol 协议。一般情况下，NameNode 节点不会主动发起 RPC 请求，NameNode 接收来自客户端或 DataNode 的 RPC 请求。

7．HDFS 的数据组织

（1）数据块。

HDFS 被设计成支持大容量文件，处理大规模的数据集应用。这些应用都是只写入数据一次，但却读取一次或多次，并且读取速度应能满足流式读取的需要。HDFS 支持文件的"一次写入多次读取"，一个典型的数据块大小是 64 MB。因而，HDFS 中的文件总是按照 64 M 被划分成不同的块，每个块尽可能地存储在不同的 DataNode 中。

（2）数据块的存放。

客户端创建文件的请求会先将文件数据缓存到本地的一个临时文件中，并没有立即发送给 NameNode。应用程序的写操作被透明地重定位到这个临时文件，当临时文件累计到超过一个数据块大小时，客户端才会联系 NameNode，NameNode 将文件名插入到 HDFS 文件层次结构中，HDFS 分配一个数据块给 NameNode，NameNode 返回 DataNode 的标识符和目标数据块给客户端，接着客户端将这个数据块从本地临时文件上传到指定的 DataNode 上。如果在文件关闭时，临时文件还有剩余，没有上传的数据也会传输到指定的 DataNode 上，然后客户端会告诉 NameNode 该文件已经关闭了。这时 NameNode 才把文件创建的操作提交到日志 Editlog 文件中进行存储。如果 NameNode 在文件关闭前出现故障宕机了，则该文件就丢失了。

在上述方法中，HDFS 在进行文件传输时充分考虑了应用程序中需要进行文件的流式写入，采用了客户端的缓存，这样可以避免由于网络速度和网络的堵塞对吞吐量造成过多的负担。这种方法不是没有先例的，在早期的文件系统中，如 AFS，就考虑过用客户端缓存的方法来提高数据传输的效率。

（3）数据块流水线复制。

客户端向 HDFS 文件系统写入数据的过程如下：开始是写到本地的临时文件中，也就是客户端的缓存中，当本地临时文件的大小积累到一个数据块 64 M 大小时，客户端就会从 NameNode 节点中获取一个 DataNode 列表信息用来存储数据块。接着客户端向 DataNode 节点传输数据，假设数据块的副本为 3，第一个 DataNode 会一小部分一小部分（大概在 4KB）的接收数据，将接收到每一部分数据写入到本地仓库；在这同时，数据也被传输到该 DataNode 列表中的第二个 DataNode 节点，第二个 DataNode 节点接收数据的方法跟第一个 DataNode 节点接收的方法相同；在这同时也把数据传输给第三个 DataNode 节点。综上所述，DataNode 从第一个节点接收数据，并同时转发给下一个节点，这样数据采用流水线的方式从前一个 DataNode 节点复制到下一个 DataNode。

8．HDFS 的可访问性

应用程序可以通过多种方式来访问 HDFS。如 HDFS 提供 Java API 接口供用户访问；HDFS

提供通过 C 语言封装的 API 供用户访问；HDFS 还提供了浏览器方式供用户访问；HDFS 正在开发的 WEBDAV 协议供用户访问，以及类 Linux 命令、hadoopShell 访问。

（1）采用 DFSShell 访问 HDFS。

HDFS 提供了一个名为 DFSShell 命令行的接口，让用户通过 DFSShell 命令行中命令来对 HDFS 中的数据进行交互。DFSShell 的命令语法和 shell（例如 bash，csh）工具类似。下面是一些动作/命令的示例，DFSShell 访问 HDFS 的命令如表 6.2 所示。

表 6.2 DFSShell 访问 HDFS

动 作	命 令
创建一个名为/foodir 的目录	bin/hadoop dfs-mkdir/foodir
创建一个名为/foodir 的目录	bin/hadoop dfs-mkdir/foodir
查看名为/foodir/myfile.txt 的文件内容	bin/hadoop dfs-cat/foodir/myfile.txt

DFSShell 还可以用在通过脚本语言和文件系统进行交互的应用程序上。

（2）采用 DFSAdmin 访问 HDFS。

HDFS 提供 DFSAdmin 命令来管理 HDFS 的集群。但是 DFSAdmin 中的命令只有 HDSF 的管理员才能使用。采用 DFSAdmin 访问 HDFS 的命令，如表 6.3 所示。

表 6.3 采用 DFSAdmin 访问 HDFS

动 作	命 令
将集群置于安全模式	bin/hadoop dfsadmin -safemode enter
显示 DataNode 列表	bin/hadoop dfsadmin -report
使 DataNode 节点 DataNodename 退役	bin/hadoop dfsadmin -decommission DataNodename

（3）采用浏览器访问 HDFS。

HDFS 安装好后，通过一个可配置的 TCP 端口开启一个 Web 服务器，用于显示 HDFS 中的命名空间，用户通过浏览器接口来浏览 HDFS 的命名空间并查看该文件中的内容。

6.2.2 MapReduce 的体系结构

MapReduce 是 Hadoop 的主要核心组件之一。Hadoop Map/Reduce 是一个使用简易的软件框架，基于它写出来的应用程序能够运行在由上千个商用机器组成的大型集群上，并以一种可靠容错的方式并行处理上 TB 级别的数据集。

采用 MapReduce 架构实现的程序能够在由大量普通配置的计算机构成的集群中实现并行化操作。MapReduce 系统在运行过程中只关心数据如何分割、如何调度，集群中计算机如何对错误进行处理，管理计算机之间的通信。采用 MapReduce 架构可以使那些没有进行过并行计算和分布式计算的开发人员能充分利用分布式系统的丰富资源进行并行式分布式的开发。

MapReduce 框架由一个单独的 Master JobTracker 和集群节点上的 Slave TaskTracker 共同组成。Master 负责调度一个作业中的所有任务，把这些任务分布在不同的 Slave 上。Master 监控 Slave 节点上这些任务的执行情况，并重新执行失败的任务，而 Slave 仅负责执行由 Master 指派的任务。

1. MapReduce 是一种编程模式

MapReduce 是一种编程模式，一种云计算的核心计算模式，它采用分布式运算计算模式。

（1）MapReduce 主要解决什么问题？

MapReduce 致力于解决大规模数据处理问题。因此 MapReduce 在设计之初就考虑了数据的局部性原理，利用局部性原理将整个问题分而治之。数据在处理之前，已经将数据集分布到各个节点上。处理时，每个节点先就近读取本地存储的数据进行 Map 处理，将 Map 处理后的数据进行合并（combine）、排序（shuffle and sort）后再分发到 Reduce 节点。在数据传输过程中，为了避免大量的数据传输，提高数据传输的效率，采用无共享式架构。该架构好处就是配合复制（replication）策略，为集群带来良好的容错能力，当一部分节点出现宕机时对集群的正常工作不会造成大的影响。

（2）MapReduce 编程模式的核心思想。

MapReduce 编程模式的主要思想是将要执行的问题（例如程序）自动分割后拆解成 Map（映射）和 Reduce（化简）。它的两项核心操作是 Map 和 Reduce。在数据被分割后，通过 Map 函数的程序将数据映射成不同的区块，分配给计算机机群处理达到分布式运算的效果，再通过 Reduce 函数的程序将结果汇总，从而输出开发者需要的结果。

简单来说，Map 函数是把一组数据一对一映射到另外一组数据中。映射的规则由一个函数来指定，如一组数据[1，2，3，4]乘以 3 就变成了[3，6，9，12]。Reduce 函数的作用就是对这一组数据进行归约，归约的规则也是由一个函数指定，如对[3，6，9，12]进行求和得到结果为 30。总的来说，Map 函数主要是把任务分解成多个小任务，Reduce 函数则负责把分解后的各个任务处理的结果进行汇总。对于其他复杂的问题，如工作调度、分布式存储、容错处理、负载均衡、网络通信等问题，则由 MapReduce 框架来负责处理，而程序员可以不关心这些问题。

（3）MapReduce 与 HDFS 的关系。

通常 MapReduce 框架和 HDFS 是运行在同一组相同的节点上的。换句话说，计算节点和存储节点通常在一起。采用这种配置的优势是框架中存好数据的节点可以高效地调度任务，使得整个集群的网络得到高效的利用。

一个 MapReduce 作业（job）会把输入的数据集划分为多个独立的数据块（数据块的大小为 64M），这个工作由 Map 任务（task）采用并行的方式进行处理。框架会对 Map 的输出进行排序，通过 Map 函数处理后，把处理的结果输入给 Reduce 任务。通常作业的输入和输出都会被存储在文件系统中。框架负责任务的调度、监控和重新执行已经失败的任务。

2. MapReduce

MapReduce 处理大数据集，其核心部分就是 Map 和 Reduce 函数。这两个函数的具体功能由用户根据自己需要设计实现，只要能够安装用户自定义的规则，将输入的<key,value>对转换成另一个或一批<key,value>对输出即可。

在 Map 阶段，MapReduce 框架将任务的输入数据分割成固定大小的数据片段（splits），随后将每个 split 进一步分解成一批键值对<k1,v1>。Hadoop 为每一个 split 创建一个 Map 任务，用于执行用户自定义的 Map 函数，并将对应的数据块 split 中的<k1,v1>对作为输出，得到计算的中间结果<k2,v2>。接着将中间结果按 k2 进行排序，并将 Key 值相同的 value 放在一起形成一个新列表，形成<k2,list(v2)>元组。最后再根据 key 值的范围将这些元组进行分组，对应不同的 Reduce 任务。

在 Reduce 阶段，Reduce 任务将不同 Map 接收来的数据整合在一起并进行排序，然后调用用户自定义的 Reduce 函数，对输入的<k2,list(v2)>对进行相应的处理，得到键值对<k3,v3>并输出到 HDFS 上。既然 MapReduce 框架为每个 split 创建一个 Map，那么谁来确认 Reduce 任务的数目呢？答案是用户，用户来确认 Reduce 的数量。Mapred-site.xml 配置文件中有一个表示 Reduce 任务数目的属性 Mapred.Reduce.tasks，该属性的默认值为 1，开发人员可以通过 job.setNumReduceTasks()方法重新设置该值。

MapReduce 将处理大数据的过程（例如程序）拆解成 Map（映射）和 Reduce（化简）的方式。MapReduce 数据处理过程如图 6.6 所示。

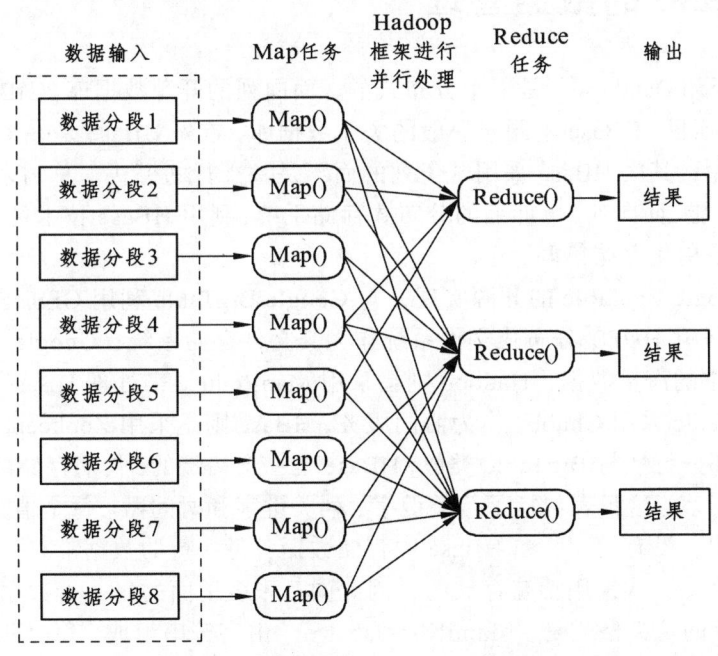

图 6.6　MapReduce 数据处理过程

这里简要介绍了 MapReduce 编程模型的原理。MapReduce 编程流程、程序结构和并行计算的实现，MapReduce 程序的详细流程、编程接口、程序实例等请参见后面章节。

6.2.3　HDFS 的数据管理

HDFS 是分布式计算、分布式存储的基石，HDFS 分布式文件系统和其他分布式文件系统有很多类似的特质：
    ➢ 对于整个集群有单一的命名空间；
    ➢ 具有数据一致性。适合一次写入多次读取的模型，客户端在文件没有被成功创建之前是无法看到文件存在的；
    ➢ 文件会被分割成多个文件块，每个文件块被分配存储到数据节点上，而且会根据配置由复制文件块来保证数据的安全性。

    HDFS 文件系统的管理主要是通过三个重要的角色来进行的：名字节点 NameNode、数据节点 DataNode 和客户端 Client。NameNode 是分布式文件系统中的管理者，它主要负责管理文件系统的命名空间、集群配置信息和存储块的复制等。NameNode 节点将文件系统的 Metadata 存储在内存中，MetaData 中的信息主要包括文件信息、每一个文件对应的文件块的信息和每一个文件块在 DataNode 中的信息等。DataNode 是文件存储的基本单元，它将文件块（Block）存储在本地文件系统中，保存了所有 Block 的 Metadata，同时周期性地将所有存在的 Block 信息发送给 NameNode。

6.2.4　HBase 的数据管理

    HBase（Hadoop Database）是一个分布式的、面向列的开源数据库。HBase 是 Apache 的 Hadoop 项目的子项目。HBase 不同于一般的关系数据库，首先 HBase 是一个适合于非结构化数据存储的数据库；其次 HBase 采用基于列的而不是基于行的模式。总的来说，HBase 是一个高可靠性、高性能、面向列、可伸缩的分布式存储系统，利用 HBase 技术可在廉价 PC Server 上搭建起大规模结构化存储集群。

    HBase 是 Google BigTable 的开源实现，与 Google BigTable 利用 GFS 作为其文件存储系统类似，HBase 利用 HDFS 分布式文件系统作为其文件存储系统；Google 采用 MapReduce 来处理 BigTable 中的海量数据，Hadoop 则是采用 MapReduce 来处理 HBase 中的海量数据；Google 中的 BigTable 采用 Chubby 作为协同服务，HBase 则是采用 Zookeeper 作为协同服务。

    HBase 的大部分特性与 BigTable 类似，HBase 是一个稀疏的、长期存储的（存在硬盘上）、多维度的排序映射表，这张表包括了行关键字、列关键字和时间戳。每个值是一个字符数组，其数据都是字符串，没有类型。在 HBase 中存储数据：每一行的数据都有一个可排序的主键和任意多的列，存储方式采用稀疏存储的，因此同一张表里面的每一行数据都可以有截然不同的列，列关键字的定义格式是"<family>:<label>"，由字符串组成，每一张表有一个 family 集合，这个集合是固定不变的，相当于表的结构，只能通过改变表结构来改变表的 family 集合，但是 label 值相对于每一行来说都是可以改变的。

6.2.5　Hive 的数据管理

    Hive 是基于 Hadoop 的一个数据仓库工具，用来进行数据提取、转化、加载。它是一种可以存储、查询和分析存储在 Hadoop 中的大规模数据的机制。Hive 数据仓库工具能将结构化的数据文件映射为一张数据库表,并提供 SQL 查询功能,能将 SQL 语句转变成 MapReduce 任务进行执行。Hive 的优点是学习成本低,可以通过类似 SQL 语句实现快速 MapReduce 统计,使 MapReduce 变得更加简单,而不必开发专门的 MapReduce 应用程序。Hive 十分适合数据仓库的统计分析和 Windows 注册表文件。

1. Hive 的体系架构

Hive 的体系架构中的用户接口主要包含三个:CLI(数据库接口)、Client(客户端)和 WUI(Web 界面)。其中最常用的是 CLI,启动 CLI 的时候,同时也会启动一个 Hive 副本。Client 是 Hive 的客户端,用户通过客户端连接至 Hive Server。在启动 Client 模式的时,需要指出 Hive Server 所在节点,并且在该节点启动 Hive Server。WUI 就是 Web 界面,通过浏览器方式来访问 Hive。Hive 的体系结构如图 6.7 所示。

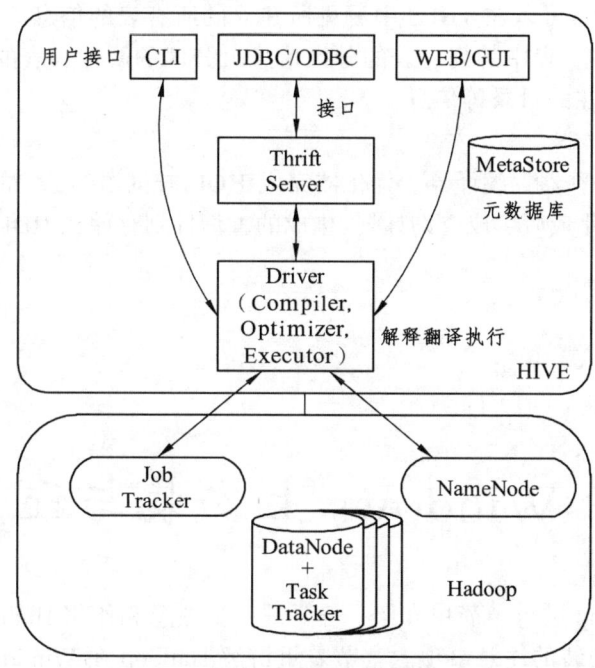

图 6.7 Hive 的体系结构

2. Hive 的数据管理

Hive 作为一个数据管理仓库,其数据管理按照使用层次方面来看的话,可以从元数据存储、数据存储和查询计划三个方面来介绍。

(1) 元数据存储。

Hive 数据仓库将元数据存储在关系数据库 RDBMS 中,如 MySQL、Derby。Hive 中的元数据包括表的名字、表的列和分区及其属性、表的属性(是否为外部表等)、表的数据所在目录等。

通过解释器、编译器、优化器来完成 HQL 查询语句。HQL 查询语句由词法分析、语法分析、编译、优化以及查询计划的生成。把生成的查询计划存储在 HDFS 分布式文件系统中,接着在 MapReduce 调用时执行。

Hive 的数据存储在 HDFS 中,大部分的查询是通过 MapReduce 来完成的,但是带有*的查询，比如 select*from tbl 是不会生成 MapReduce 任务的。
有三种模式可以连接到数据库：
> SingleUserMode：此模式连接到一个 In-memory 的数据库 Derby，一般用于 UnitTest。
> MultiUserMode：通过网络连接到一个数据库中，是最经常使用的模式。
> RemoteServerMode：用于非 Java 客户端访问元数据库，在服务器端启动一个 MetaStoreServer，客户端通过 Thrift 协议采用 MetaStoreServer 来访问元数据库。

（2）数据存储。

在 Hive 中没有专门的数据存储格式，也不需要为数据建立索引，用户可以自由在 Hive 中组织表。在组织表之前创建表时通知 Hive 在数据中采用列分隔符和行分隔符，这样 Hive 就可以解析数据了。

Hive 将元数据存储在嵌入式数据库中，如 MySQL 或者 Derby 嵌入式数据库。假设将元数据存储在 MySQL 中，可以在 TBLS 中看见所建立的所有表的信息。在 Hive 仓库中，元数据的信息包括表的名字、表中的列、表的分区信息、分区的属性、表的属性（表是否为外部表等），以及表数据所在的目录等信息。

（3）查询计划。

查询计划是通过解释器、编译器、优化器完成 HQL 查询语句，它的执行过程包括词法分析、语法分析、编译、优化最后生成查询计划。生成的查询计划存储在 HDFS 中，通过 MapReduce 调用才执行。

📖 学习项目

项目 1：在 Windows 上安装与配置 Hadoop

前面主要对 Hadoop 进行了简单介绍。若要进一步熟悉和使用 Hadoop 这个框架，先得搞清楚它如何安装以及安装的注意事项。本节着重讲解 Hadoop 在 Windows、Linux 下的安装。

任务 1：JDK 的安装

运行 Hadoop 需要 Java 1.6 或更高版本。因此在 Windows 操作系统下安装 Hadoop 前，先安装好 JDK 和 Cygwin。

JDK 的安装包括 JRE 的安装和 JDK 的安装。在安装 JDK 时，也同时安装了 JRE。MapReduce 编写的程序和 Hadoop 程序的编译都依赖于 JDK，因此仅仅安装 JRE 是不能满足要求的。

JRE 下载地址：http://www.java.com/zh_CN/download/manual.jsp

JDK 下载地址：http://java.sun.com/javase/downloads/index.jsp，在下载选项中选择 Java SE 下载即可，下载 JDK 如图 6.8 所示。

第6章 云计算分布式框架 Hadoop

图 6.8　JDK 下载网址

1. JDK 的安装

下载 JDK1.6（jdk-6u16-windows-i586.exe）文件库，安装 JDK。在安装过程中可以自定义安装目录等信息。例如选择安装目录为"C:\ProgramFiles\Java\jdk1.6.0_10"。安装完成后，进行环境变量的配置。

2. 环境变量的配置

JDK 环境变量的配置包括 java_home、path、classpath 三个环境变量的配置。

（1）右击"我的电脑"，点击"属性"选择"高级"选项卡，点击"环境变量"，在"系统变量"中，设置 3 项属性，JAVA_HOME、PATH、CLASSPATH（大小写无所谓），若已存在则点击"编辑"，不存在则点击"新建"。环境变量的配置如图 6.9 所示。

（2）设置 java_home 环境变量值为 JDK 安装路径，也就是刚才安装时所选择的路径"C:\ProgramFiles\Java\jdk1.6.0_10"。在该路径下包括 lib、bin、jre 等文件夹，此变量最好设置，因为以后运行 tomcat、eclipse 等都需要此变量。java_home 环境变量的配置如图 6.10 所示。

（3）path 环境变量的配置。通过配置 path 环境变量，使得系统可以在任何路径下识别 java 命令。path 环境变量的值为："%java_home%\bin;%java_home%\jre\bin"。path 环境变量的配置如图 6.11 所示。

（4）classpath 环境变量的配置。classpath 环境变量设置的目的为 Java 加载类（class or lib）路径，只有类在 classpath 中，java 命令才能识别。

classpath 环境变量的值为：".;%java_home%\lib\tools.jar;%java_home%\lib;%JAVA_HOME%\lib\dt.jar"，其中".;"表示 Windows 系统下的当前目录；lib 存放的是 JDK 固有的资源包。classpath 环境变量的配置如图 6.12 所示。

（5）测试环境变量是否配置成功。在左下角"开始"/"运行"键入"cmd"命令，在命令提示符下，键入"java -version"命令，如图 6.13 所示。

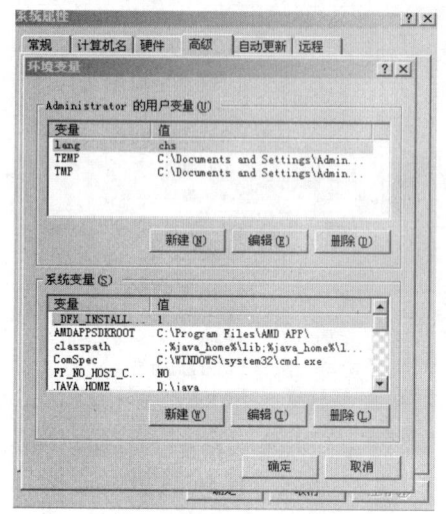

图 6.9 环境变量

图 6.10 java_home 环境变量的配置

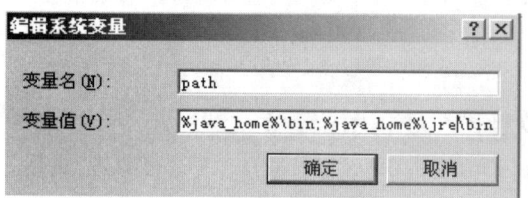

图 6.11 path 环境变量的配置

图 6.12 classpath 环境变量的配置

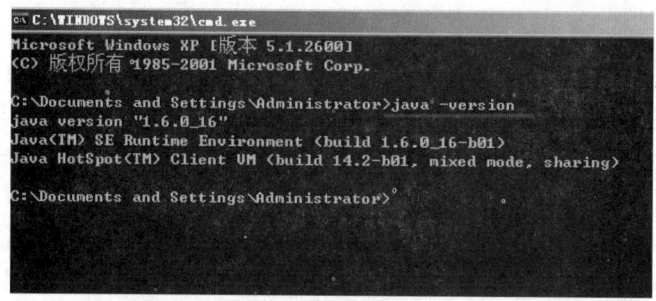

图 6.13 键入 java-version 命令

接着在命令提示符下，键入 javac 命令，运行结果如下图 6.14 所示。

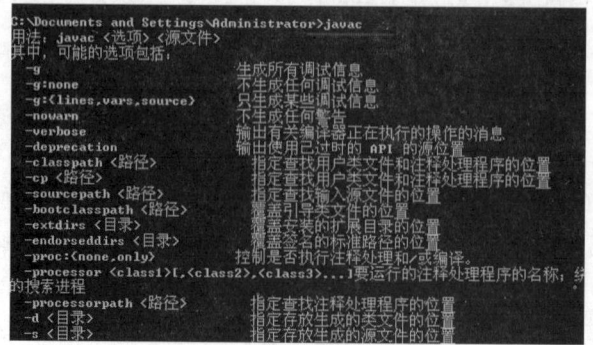

图 6.14 键入 javac 命令

若出现如图 6.13、6.14 所示界面，说明环境变量配置成功。但是，在键入 java 命令或者 javac 命令后，命令提示符显示"不是内部或外部命令，也不是可运行的程序"，说明环境变量配置没有成功，此时需要重新配置环境变量。

任务 2：Cygwin 的安装

Windows 的 DOS 功能非常薄弱，命令行的命令工具也非常少。Cygwin 是一款能在 Windows 系统下使用 Unix 指令的强大软件，它是一个功能强大的工具集。在 Windows 操作系统下安装 Cygwin，它可以将 Unix 下的一些自由软件中的安装包直接移植到 Windows 系统下使用，就像在 Windows 系统下使用 Unix 操作系统一样。

由于 Windows 的 DosScripts 功能非常薄弱，命令行工具也非常少，Cygwin 可以在 Windows 下面使用强大的 Bash 以及 Linux 命令，通过 Scripts，可以更加高效地完成系统管理工作。在很多时候不可否认，相比图形界面，使用命令行工具更加方便。如果用户对 Linux 操作系统不熟悉，那么可以通过 Cygwin 在 Windows 下运用 Linux 中的命令以及常用的工具。这样用户可以不用安装 Linux 操作系统，也不用担心 Windows 操作系统被破坏了。

1. 下载 Cygwin

安装 Cygwin 之前，先下载 Cygwin。Cygwin 安装程序下载地址为：http://www.cygwin.com/setup.exe，当然也可以从 http://www.cygwin.cn/setup.exe 下载 Cygwin 安装程序，下载的版本是 Cygwin1.7.1。Cygwin 的下载如图 6.15 所示。

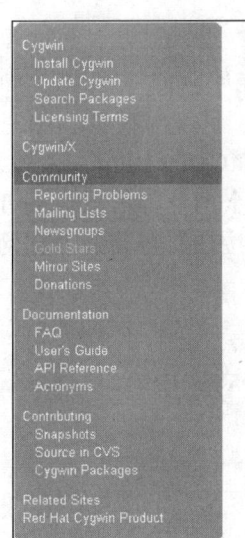

图 6.15 Cygwin 的下载

第一次安装 Cygwin 用户会觉得它安装起来非常简单，就跟安装一个普通软件那样。但是在后来使用过程中才发现安装过程完全不像自己想象的那么简单,如在使用一个 Unix 的简单命令 ssh 时，Cygwin 会提示报错，报错信息为"ssh:commandnotfound"，报错信息表明根本没这个命令。出现这个报错的原因是在安装的过程中出了问题，在安装过程要特别注意软件包选择的问题。

2. 安装 Cygwin

当 Cygwin 下载成功后，运行 setup.exe 安装程序就可以直接安装了。

（1）双击"setup.exe"进行 Cygwin 安装，弹出如图 6.16 所示界面，选择"Install from Internet"从 Internet 进行安装，点击"下一步"。

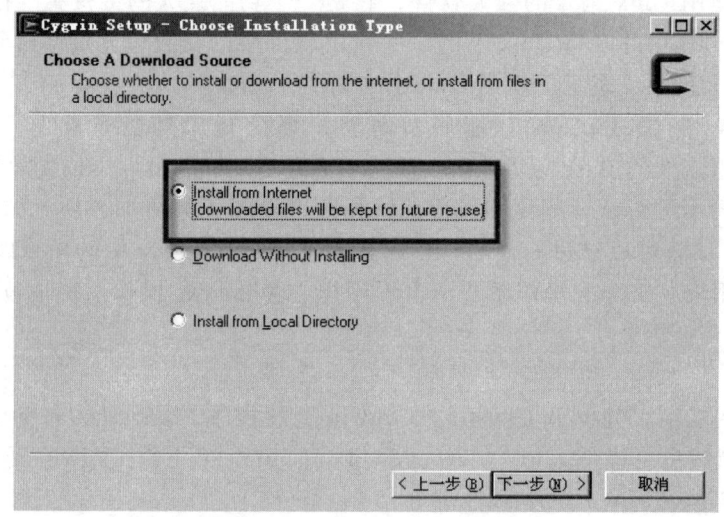

图 6.16　选择"Install from Internet"

（2）进入到安装路径的选择界面，如图 6.17 所示。选择安装包的存放路径如图 6.18 所示，点击"下一步"。

（3）进入到 Internet 连接方式的选择，如图 6.19 所示，选择"Direct Connection"选项。点击"下一步"，进入到下载网址的选择，如图 6.20 所示，选择前面 3 个网址都可以，或者选择 Cygwin 的官网，如果列表中没有，就添加官网网址，点击"Add"按钮，将其添加到网址列表中，点击"下一步"。

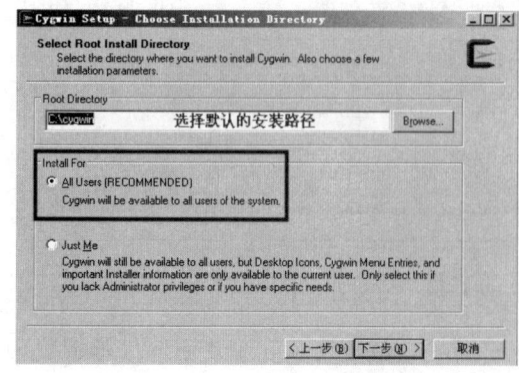

图 6.17　选择安装路径

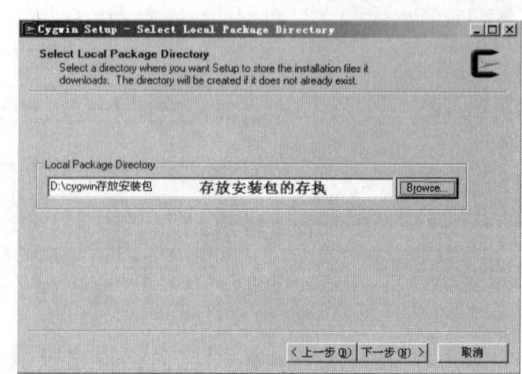

图 6.18　存放安装包路径

第 6 章 云计算分布式框架 Hadoop

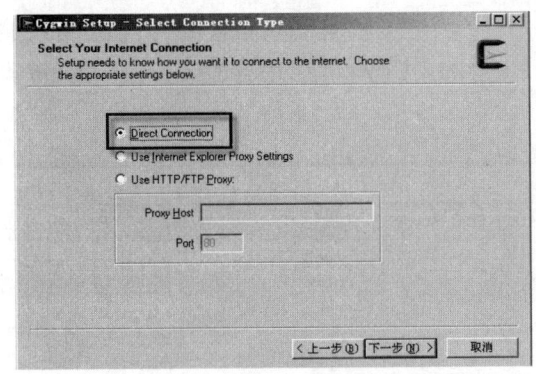

图 6.19 选择 Internet 连接方式

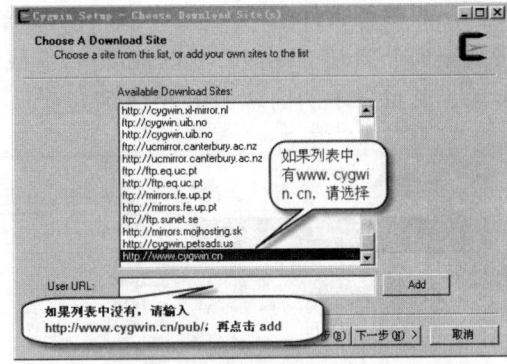

图 6.20 选择下载网址

（4）进入 Select Packages 界面，在安装软件包过程中，必须安装下列软件包。

① 安装在"NetCategory"下的"OpenSSL"软件包，如图 6.21 所示。

② 安装在"BaseCategory"下的"sed"软件包，如图 6.22 所示。其目的是在 Eclipse 上编译 Hadoop。

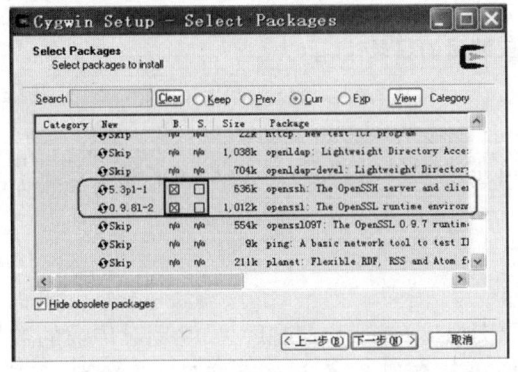

图 6.21 选择 OpenSSL 安装包

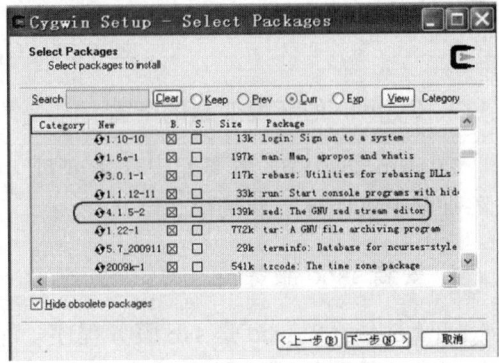

图 6.22 安装 sed 软件包

③ 安装在"EditorsCategory"下的"vim"软件包，其目的是在 Cygwin 上直接修改配置文件。最后还需要在"DevelCategory"下安装"subversion"软件包，如图 6.23 所示。

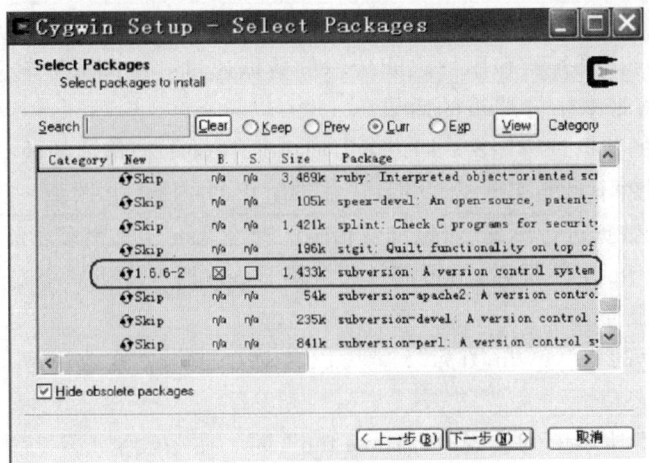

图 6.23 安装 subversion 软件包

（5）等待软件包的下载，当软件包下载完毕后，选中"CreateicononDesktop"，以方便直接从桌面上启动Cygwin，然后点击"完成"按钮。至此，Cgywin已经安装完毕。Cygwin安装后，其目录下的内容如图6.24所示。

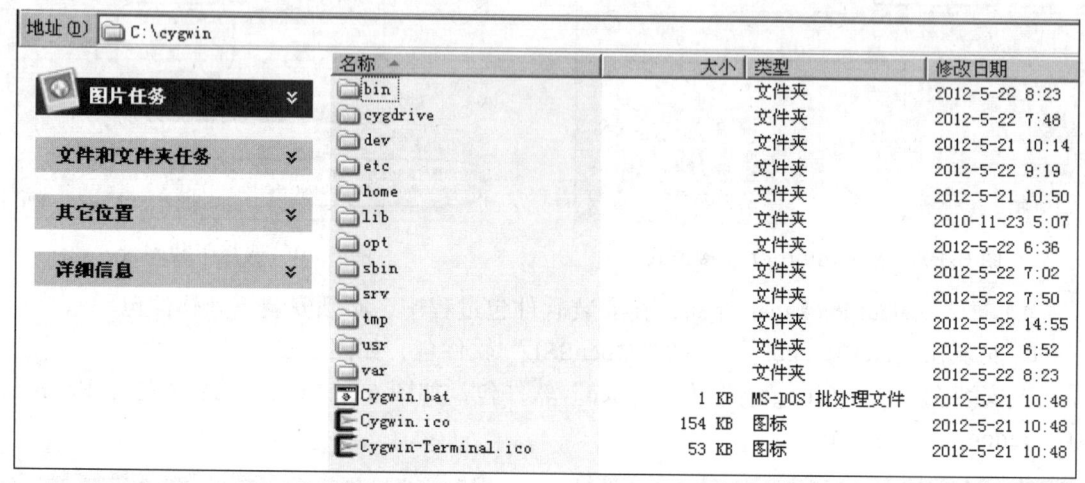

图 6.24　Cygwin 安装后的目录

3. Cygwin 的环境变量的配置

Cygwin 安装后，需要配置环境变量。Cygwin 的 bin 目录和 Cygwin 的 usr\sbin 目录都必须添加到 PATH 环境变量中。

4. 安装 sshd 服务

sshd 是什么？sshd 是 ssh 服务程序。那什么又是 ssh（secure shell）？就是对传输的数据进行加密。传统的网络服务程序，如 ftp、pop 和 telnet 等从根本上来说都是不安全的，不安全因素首先在于它们在网络上传输采用的是明文传送口令和数据，黑客或者别有用心的人就很容易截获这些口令和数据。除此之外，这些服务程序的安全验证方式也不够安全，很容易受到"中间人"（man-in-the-middle）方式的攻击。什么是"中间人"的攻击方式，就是"中间人"假冒真正的服务器来接收用户传送给服务器的数据，接着"中间人"又冒充用户把数据传给真正的服务器。服务器和用户之间传输的数据通过"中间人"转手，如果"中间人"对其做了手脚，这将带来十分严重的后果。

ssh 可以对传输的数据进行加密。用户可以通过使用 ssh，把传输的数据进行加密，这样"中间人"这种攻击方式就不可能实现了，并且还能够防止 DNS 和 IP 欺骗。除此之外，ssh 另外一个好处就是对传输的数据进行压缩，可以加快传输的速度。ssh 还有很多功能，它可以为替代 telnet 远程服务，还可以为 ftp 文件服务、pop 邮件服务甚至 ppp 服务提供一个安全的"通道"。

（1）安装 sshd 服务。

首先点击桌面上的"Cygwin 图标"，就可以启动 Cygwin。接着执行 ssh-host-config 命令，如图 6.25 所示。

当看到如图 6.25 所示中的出现了"Have fun"时，在一般情况下就表示 sshd 服务安装成功了，然后重新启动 sshd 服务。

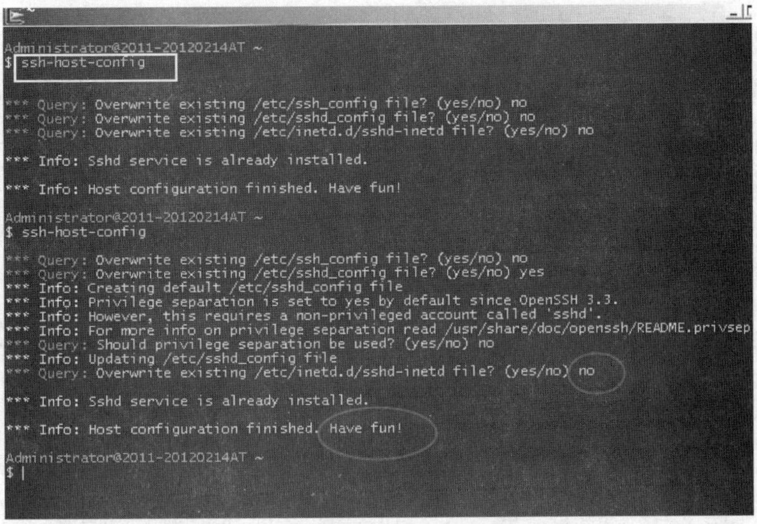

第 6 章 云计算分布式框架 Hadoop

图 6.25 执行 ssh-host-config 命令

（2）启动 sshd 服务。

在桌面上的"我的电脑"图标上单击"右键"，点击"管理"菜单，进入 Windows 计算机管理，选中"CYGWIN sshd"，点击"右键"，选择"启动 CYGWIN sshd 服务"。sshd 服务启动成功后，如图 6.26 所示。

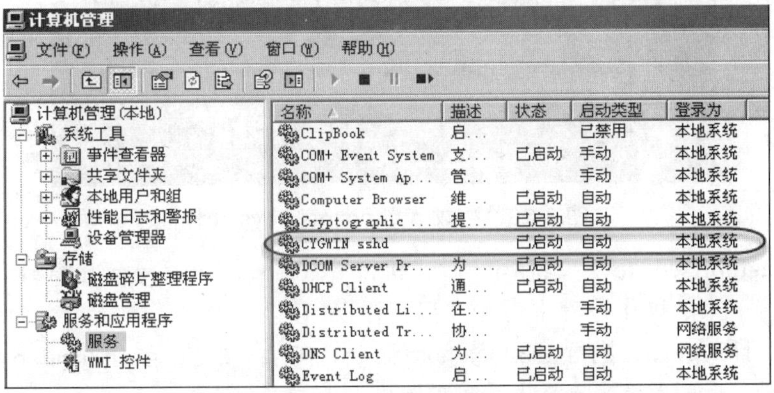

图 6.26 启动 CYGWIN sshd 服务

当 CYGWIN sshd 的状态为"已启动"后，接下来就是配置和登录 ssh。

（3）配置 ssh 和登录 ssh。

① 在 CYGWIN 环境下，执行 ssh-keygen 命令生成密钥文件。在如图 2.20 所示对话框中，输入 ssh-keygen 并回车，当再次输入时，直接按回车键即可，如果不出错，应当是需要按三次回车键。

② 接下来生成 authorized_keys 文件。需要执行三步操作：第一步执行 cd~/.ssh/命令，进入到 ssh 目录下；第二步使用 ls 命令，查看 ssh 目录下的文件，是否存在 id_ras.pub 文件；第三步采用 cpid_rsa.pubauthorized_keys 命令，复制 id_ras.pub 文件为 authorized_keys 文件。其中<cd>是 linux 的更改当前路径命令；<ls>是显示文件列表的命令；<cp>是复制文件/目录的命令。生成 authorized_keys 文件的操作如图 6.28 所示。

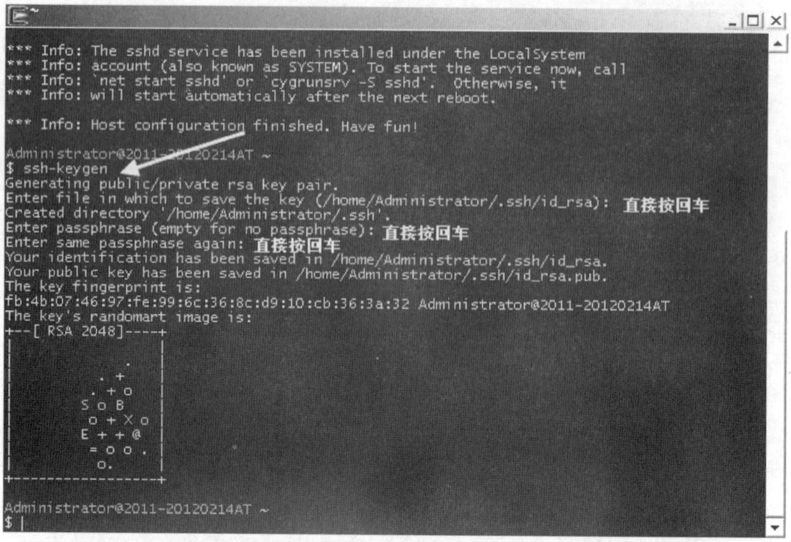

图 6.27　执行 ssh-keygen 命令生成密钥文件

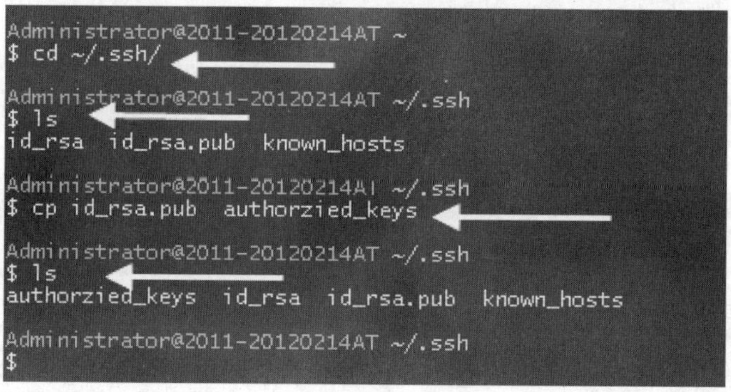

图 6.28　生成 authorized_keys 文件

完成生成 authorized_keys 文件操作后，执行 exit 命令退出 Cygwin 窗口，如果不执行这一步操作，在接下来的操作过程中可能会遇到错误。

③ 重新运行 Cygwin，执行 ssh localhost 命令。在第一次执行 ssh localhost 时，会有如图 6.29 所示的提示，此时输入 yes，然后回车即可。

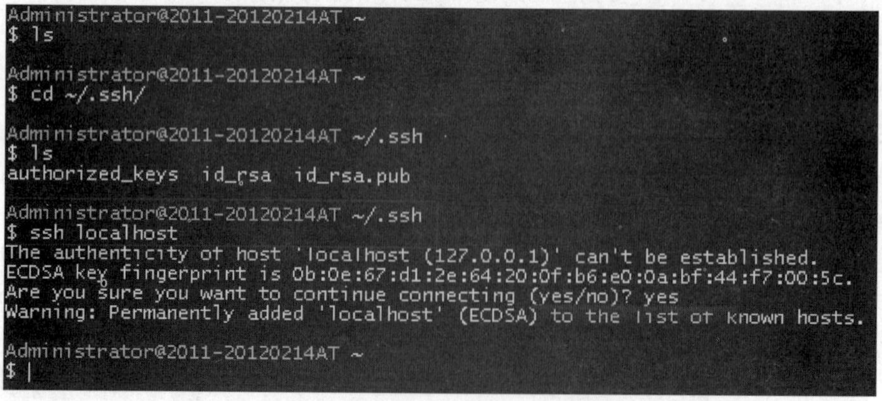

图 6.29　执行 ssh localhost 命令

如果是 Windows 域用户，这步操作可能会遇到问题，错误信息如图 6.30 所示。这个错误的解决办法，可关注百度的最新信息。

图 6.30　Windows 域用户错误信息

④ 执行 who 命令时，可以看到用户信息，如图 6.31 所示。至此表示配置和登录 ssh 成功了，接下来就可以开始安装 Hadoop 了。

图 6.31　执行 who 命令

任务 3：Hadoop 的安装与配置

当安装好 JDK 和 Cygwin 后，就可以安装 Hadoop 了。

首先到官网下载 Hadoop，安装包的下载地址：http://Hadoop.apache.org/common/releases.html#Download。采用 Hadoop-1.0.1 版本。

其次，解压安装包 adoop-0.21.0.tar.gz，将其解压到 D:\Hadoop 目录（可以修改成其他目录）下。解压 Hadoop 安装包后的目录结果如图 6.32 所示。

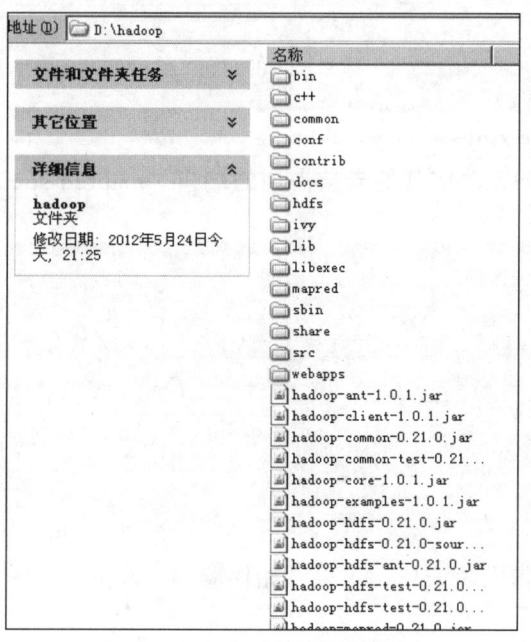

图 6.32　解压 Hadoop 安装包

最后,解压 Hadoop 后,接下来需要修改 Hadoop 配置文件。它们位于 conf 子目录下,共 4 个文件,分别是 hadoop-env.sh、core-site.xml、hdfs-site.xml 和 mapred-site.xml。在 Cygwin 环境下,masters 和 slaves 两个文件不需要修改。配置文件修改如下:

(1) 修改 hadoop-env.sh 文件。

修改 hadoop-env.sh 文件,修改的内容是将 JAVA_HOME 修改成 JDK 的安装目录。需要注意的是 JDK 必须是 1.6 或以上版本。

将 "#export JAVA_HOME=/usr/lib/j2sdk1.5-sun;" 修改为 jdk 的安装路径。

#export   JAVA_HOME=D:/Java/jdk1.6.0_16

(2) 修改 core-site.xml 文件。

core-site.xml 配置文件的内容修改如下:

```
<configuration>
<property>
<name>fs.default.name</name>
<value>hdfs://localhost:9000</value>
</property>
</configuration>
```

(3) 修改 hdfs-site.xml 文件。

hdfs-site.xml 配置文件的内容修改如下:

```
<configuration>
<property>
<name>dfs.replication</name>
<value>1</value>
</property>
</configuration>
```

(4) 修改 mapred-site.xml。

主要修改端口号 9999,改成其他未被占用的端口。mapred-site.xml 配置文件的内容修改如下:

```
//端口号 9999
<configuration>
<property>
<name>mapred.job.tracker</name>
<value>localhost:9000</value>
</property>
</configuration>
```

到这里,Hadoop 宣告安装完毕,可以开始体验 Hadoop 了!

(5) 启动 Hadoop。

在 Cygwin 环境中,先进到 Hadoop 的 bin 目录,接着运行 ./start-all.sh,就可以启动 Hadoop 了。

项目 2：在 Linux 上安装与配置 Hadoop

在 Linux 环境中搭建 Hadoop 集群，首先要熟悉 Linux 的基本概念和常用命令操作，如 cd、ssh、tar、ls、sudo、cat、scp 等。

Ubuntu、Redhat 等版本的 Linux 在操作命令上有不同点，但安装 Hadoop 的流程是一样的。初学者可以采用三台做实验，一台做 NameNode、Master 和 JobTracker，另外两台做 DataNode、Slave、TaskTracker。关于这几个概念，可以参考 Hadoop 的官方文档 http://Hadoop.apache.org/。在 Ubuntu 操作系统下，安装 DataNode 的机器内存最好满足 512M，安装 NameNode 的机器内存满足 1G，2G 更好。Ubuntu 安装后，可以不启动图形界面，节约内存。

在 Linux 上安装和配置 Hadoop 实践环境如表 6.4 所示。

表 6.4 实践环境

计算机名	IP	作用
Ccwan	192.166.0.4	NameNode、Master、JobTracker
Ccwan11	192.166.0.3	DataNode、Slave、TaskTracker
Ccwan22	192.166.0.5	DataNode、Slave、TaskTracker

任务 1：Ubuntu 的安装

Ubuntu 是以桌面应用为主的 Linux 操作系统。

1. Ubuntu 简介

Ubuntu 基于 Debian 发行版和 GNOME 桌面环境，是一个以桌面应用为主的 Linux 操作系统。Ubuntu 每 6 个月会发布一个新版本，这点与 Debian 不同。其目标是为一般用户提供一个最新的、稳定的、主要由自由软件构建而成的操作系统。

Ubuntu 是一个全球化的由专业开发团队开发的并且基于 DebianGNU/Linux 的一种操作系统，比较适合笔记本、桌面计算机和服务器使用。它的功能很强大，包含了用户需要的常用软件，如网页浏览器、幻灯片演示、文档编辑、电子表格软件和即时通讯软件等。

2. 获得 Ubuntu 发行版

给大家推荐几个关于 Ubuntu 的网站，大家可以根据自己的喜好进行下载。网址如下：
中文官方：http://www.ubuntu.org.cn
英文官方：http://www.ubuntu.com
Ubuntu 官方下载地址：
http://releases.ubuntu.com/11.10/
http://cdimage.ubuntu.com/releases/11.04/release/。Ubuntu 的下载如图 6.33 所示。

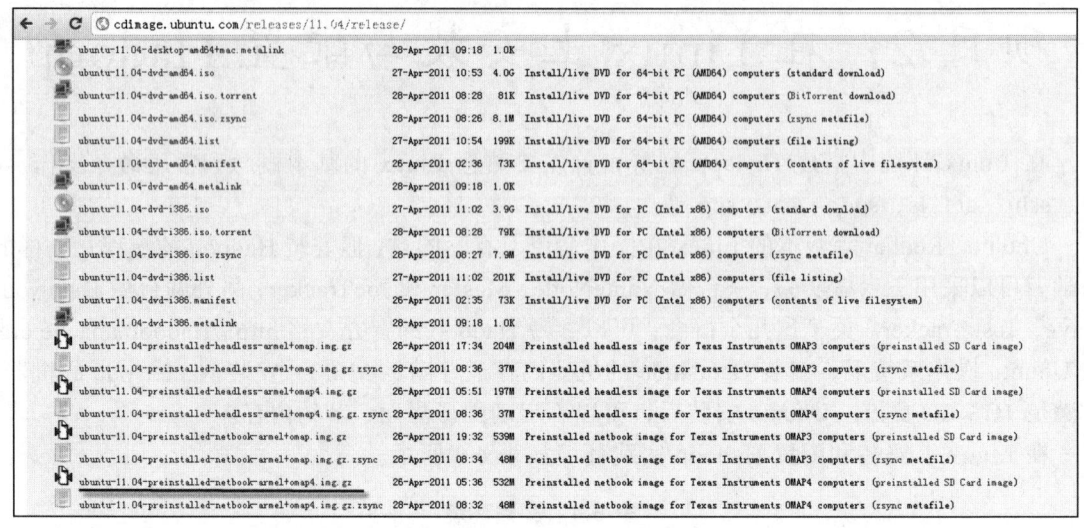

图 6.33　Ubuntu 下载

3. 硬盘分区方案

安装 Linux 操作系统时，需要对硬盘进行分区，这是一个非常重要的步骤，常采用下列几种分区方案。

（1）方案一，适用于初学者。

分区大小建议在 5GB 以上。home 目录，大小为剩下的空间，它存放着普通用户的数据，也是普通用户的宿主目录；swap 目录，建议大小是物理内存的 1~2 倍，它代表的是交换分区。

（2）方案二，适用于开发者。

boot 目录，建议大小为 5G 以上，它用于存放与 Linux 系统启动相关的程序，如引导装载程序等，它也是 Linux 系统的根目录，Linux 系统中的其他所有目录都是挂在 boot 目录下的；home 目录，大小为剩下的空间，它存放着普通用户的数据，也是普通用户的宿主目录；swap 目录，建议大小为物理内存的 1～2 倍，它实现了虚拟内存；usr 目录，建议大小在 3GB 以上，它用来存放 Linux 系统中的应用程序，数据较多。

4. 用户创建以及修改

（1）创建用户。

创建用户的目的是为了操作简便，在所有机器上都创建具有相同用户名和相同密码的用户。下面创建了相同的用户 ccwan。可以通过图形界面操作和命令两种方法来创建用户。

① 图形界面操作增加用户。点击"系统（System）"菜单中的"用户"，选择"打开"选项，就可以根据提示操作来创建用户了。

② Linux 命令增加用户。

创建用户：打开终端，输入"sudo-ruseradd 用户名，-r 参数"命令来创建系统用户。设置用户权限：通过输入"sudouseradd-groot 用户名"这个命令来把刚建立的用户划分到 root 权限组下。设置用户密码：通过"udopasswd 用户名"来设置刚刚建立的用户的密码。

（2）修改机器名。

修改机器名：采用"$hostname 机器名"命令来修改机器名。

（3）在/etc/hosts 中添加机器名和相应的 IP，操作如下：

ccwan@hotmail：~$cat/etc/hosts
127.0.0.1localhost
192.166.0.4ccwan
192.166.0.5ccwan22
192.166.0.3ccwan11

5. 开启 ssh 服务

（1）安装 openssh-server，采用"$sudoapt-getinstallopenssh-server"命令。

在自动安装 openssh-server 时，首先要进行 sudoapt-getupdate 操作。可以在 Windows 下用 SSHSecureShellClient 来测试一下。

（2）建立 ssh 无密码登录。

① 在 NameNode 上实现无密码登录本机，操作如下：

$ssh-keygen-td sa-P''-f~/.ssh/id_dsa

该命令执行后，会在用户目录~/.ssh/下形成两个文件：id_dsa 和 id_dsa.pub。这两个文件是成对出现的，它们的作用类似钥匙和锁。接下来把 id_dsa.pub 文件追加到授权 key（authorized_keys）里面。操作如下：

$ cat ~/.ssh/id_dsa.pub >> ~/.ssh/authorized_keys

上述操作完成后就可以实现无密码登录本机，通过"ssh localhost"命令登录本机，操作如下：

$ ssh localhost

② 实现 NameNode 无密码登录其他 DataNode。

NameNode 无密码登录其他的 DataNode 的实现方法：把 NameNode 中的 id_dsa.pub 文件通过 scp 命令追加到其他的 DataNode 的 authorized_keys 文件内。以 192.166.0.3 节点为例，操作如下：

- 拷贝 NameNode 的 id_dsa.pub 文件。

$ scp id_dsa.pub   ccwan@192.166.0.3:/home/ccwan/

- 登录 192.166.0.3，把 id_dsa.pub 文件追加到授权 key。操作如下：

$ cat id_dsa.pub >> .ssh/authorized_keys

其他的 DataNode 执行上述同样的操作。把 id_dsa.pub 文件追加到授权 key。

注意：配置完毕后，如果 NameNode 存在不能访问 DataNode 问题，可以通过修改 DataNode 中的 authorized_keys 来解决这个问题。操作如下：

$chmod600 authorized_keys

6. 关闭防火墙

通过 chmod 600 authorized_keys 命令来关闭防火墙。操作如下：

$ chmod 600 authorized_keys

注意：Hadoop 每次重新启动前，首先要关闭 NameNode 和 DataNode 的防火墙，这点非常重要。如果不关闭防火墙，可能会出现找不到 DataNode 的问题。

任务 2：JDK 的安装

下载 JDK1.6（jdk-6u16-windows-i586.exe）文件后，安装 JDK。JDK 安装后，添加如下语句到/etc/profile 中。

```
export    JAVA_HOME=/home/ccwan/jdk1.6.0_14
export    JRE_HOME=/home/ccwan/jdk1.6.0_14/jre
export    CLASSPATH=.:$JAVA_HOME/lib:$JRE_HOME/lib:$CLASSPATH
export    PATH=$JAVA_HOME/bin:$JRE_HOME/bin:$PATH
```

注意：每台机器的 Java 环境最好一致。在安装过程中如有中断突发事件，则需要切换为 root 权限来安装。

任务 3：Hadoop 的安装

1．安装 Hadoop

首先下载 Hadoop，采用 Hadoop 的版本为 Hadoop-0.20.1.tar.gz。

下载网址：http://labs.xiaonei.com/apache-mirror/Hadoop/core/Hadoop-0.20.1/Hadoop-0.20.1.tar.gz，Hadoop 的下载如图 6.34 所示。

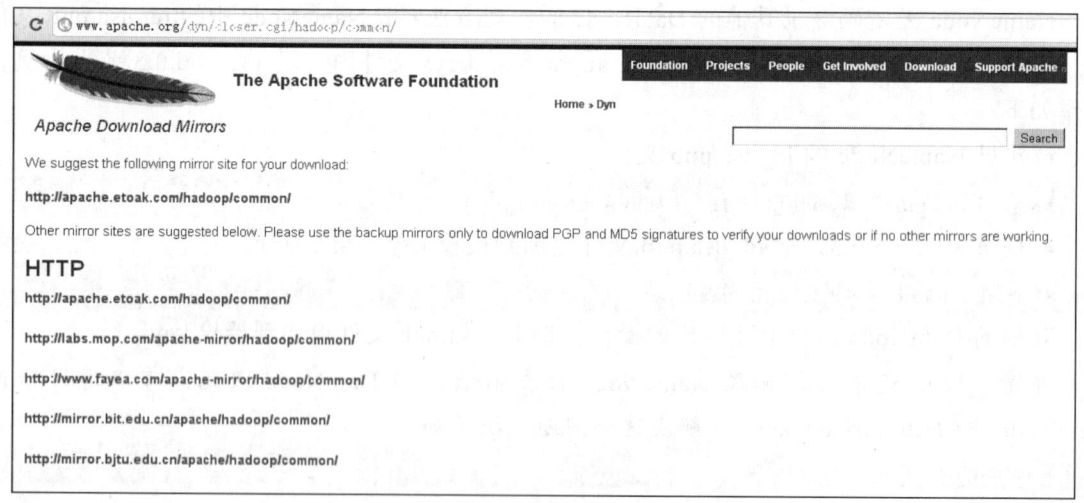

图 6.34　Hadoop 下载

解压 Hadoop 安装包：通过"$tar–zvxfHadoop-0.20.1.tar.gz"命令解压 Hadoop 安装包，再把 Hadoop 的安装路径添加到/etc/profile 中。操作如下：

```
export   HADOOP_HOME=/home/ccwan/hadoop-0.20.1
export   PATH=$HADOOP_HOME/bin:$PATH
```

2. Hadoop 的配置

Hadoop 安装后，需要对 Hadoop 进行配置。Hadoop 的主要配置文件都存放在 Hadoop-0.20.1/conf 目录下，如图 6.35 所示。

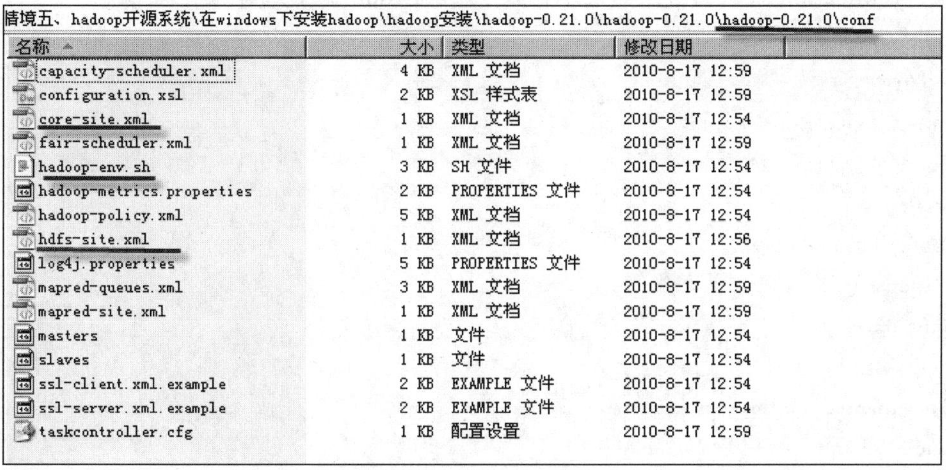

情境五、hadoop开源系统\在windows下安装hadoop\hadoop安装\hadoop-0.21.0\hadoop-0.21.0\hadoop-0.21.0\conf

名称	大小	类型	修改日期
capacity-scheduler.xml	4 KB	XML 文档	2010-8-17 12:59
configuration.xsl	2 KB	XSL 样式表	2010-8-17 12:59
core-site.xml	1 KB	XML 文档	2010-8-17 12:54
fair-scheduler.xml	1 KB	XML 文档	2010-8-17 12:59
hadoop-env.sh	3 KB	SH 文件	2010-8-17 12:54
hadoop-metrics.properties	2 KB	PROPERTIES 文件	2010-8-17 12:54
hadoop-policy.xml	5 KB	XML 文档	2010-8-17 12:54
hdfs-site.xml	1 KB	XML 文档	2010-8-17 12:56
log4j.properties	5 KB	PROPERTIES 文件	2010-8-17 12:54
mapred-queues.xml	3 KB	XML 文档	2010-8-17 12:59
mapred-site.xml	1 KB	XML 文档	2010-8-17 12:59
masters	1 KB	文件	2010-8-17 12:54
slaves	1 KB	文件	2010-8-17 12:54
ssl-client.xml.example	2 KB	EXAMPLE 文件	2010-8-17 12:54
ssl-server.xml.example	2 KB	EXAMPLE 文件	2010-8-17 12:54
taskcontroller.cfg	1 KB	配置设置	2010-8-17 12:59

图 6.35　Hadoop 下的 conf 目录

（1）hadoop-env.sh 配置文件。

在该文件中需要配置 Java 环境，要求 NameNode 与 DataNode 的配置相同。配置文件如下：

```
$ gedit hadoop-env.sh
$ export JAVA_HOME=/home/ccwan/jdk1.6.0_14
```

（2）配置 conf/masters 和 conf/slaves 文件，这两个文件只在 NameNode 节点上进行配置，配置文件如下：

```
masters:192.166.0.4slaves:
192.166.0.3
192.166.0.5
```

（3）配置 conf/core-site.xml，conf/hdfs-site.xml 及 conf/mapred-site.xml 三个文件。

它们的配置比较简单，要求在 DataNode 节点的配置相同，配置文件如下：

```
//--core-site.xml 配置文件--//
<configuration>
<!---globaproperties-->
<property>
<nameHadoop.tmp.dir</name>
<value>/home/hexianghui/tmp</value>
<description>baseforothertemporarydirectories.</description>
</property>
<!-filesystemproperties-->
```

```
<property>
<namefs.default.name</name>
<value>hdfs://192.166.0.4:9000</value>
</property>
</configuration>
//--hdfs-site.xml 配置文件--//
```

注意：replication 默认为 3，如果不修改，DataNode 少于三台就会报错。

```
<configuration>
<property>
<namedfs.replication</name>
<value>1</value>
</property>
</configuration>
//--mapred-site.xml 配置文件--//
<configuration>
<property>
<name>mapred.job.tracker</name>
<value>192.166.0.4:9001</value>
</propcrty>
</configuration>
```

项目 3：编写 MapReduce 程序

Hadoop MapReduce 是一个使用简易的软件框架，基于它写出来的应用程序能够运行在由上千个商用机器组成的大型集群上，并能以一种可靠容错的方式并行处理上 T 级别的数据集。

一个 MapReduce 作业（job）通常会把输入的数据集切分为若干独立的数据块，由 Map() 函数以完全并行的方式处理它们。框架会对 Map 的输出先进行排序，然后把结果输入给 Reduce() 函数。通常作业的输入和输出都会被存储在文件系统中。整个框架负责任务的调度和监控，以及重新执行已经失败的任务。

通常，MapReduce 框架和分布式文件系统是运行在一组相同的节点上的，也就是说，计算节点和存储节点通常在一起。这种配置允许框架在那些已经存好数据的节点上高效地调度任务，这可以使整个集群的网络带宽被非常高效地利用。

任务 1：运行 Hadoop

当安装好 Hadoop 后，接下来就可以运行它了，具体步骤如下：

第6章 云计算分布式框架 Hadoop

（1）进入 Hadoop-0.20.1/bin 目录，采用 "-format" 命令格式化文件系统。

$Hadoop   NameNode   –format

注意：在执行格式化 "-format" 命令时，要避免 NameNode 的 namespace ID 与 DataNode 的 namespace ID 的不一致，这是因为每格式化一次就会产生 Name、Data、temp 等临时文件记录信息，多次格式化会产生很多的 Name、Data、temp，这样容易导致 ID 的不同，使 Hadoop 不能正常运行。每执行格式化 "-format" 命令时，就需要将 DataNode 和 NameNode 上原来的 Data、temp 文件删除。

（2）启动 Hadoop，采用 start-all.sh。

$start–all.sh

（3）查看进程，采用 "jps" 命令。

$jps

NameNode 节点上的结果，如图 6.36 所示。

DataNode 节点上的结果，如图 6.37 所示。

```
ccwan@ccwan:~$jps
5946 Secondary NameNode
6120 Jps
6026 JobTracker
5838 NameNode
ccwan@ccwan:~$
```

```
ccwan@ccwan11:~$ jps
5660 Jps
5580 TaskTracker
5516 DataNode
ccwan@ccwan11:~$
```

图 6.36 查看 NameNode 进程   图 6.37 查看 DataNode 进程

（4）查看集群状态命令 "hadoop df admin-report"。

$ hadoop dfsadmin –report

（5）Hadoop 的 web 方式查看。

http://192.166.0.4:50070

任务 2：计数实例

在深入细节之前，先看一个 MapReduce 的应用示例，以便对 MapReduce 的工作方式有一个初步的认识。Hadoop 自带的示例程序 WordCount，这个程序用于统计一批文本文件中单词出现的频率，完整的代码可在下载的 Hadoop 安装包中得到（在 src/examples 目录中）。这个应用适用于单机模式，伪分布式模式或完全分布式模式三种 Hadoop 安装方式。

以 WordCount 字频统计工具实例，我们能更清晰地看到到底在 Hadoop 中是如何进行工作的。首先看 WordCount.java 的执行过程。

```
//--WordCount.java 程序源码--//
package org.myorg;
import java.io.IOException;
import java.util.*;
```

```java
mport org.apache.hadoop.fs.Path;
import org.apache.hadoop.conf.*;
import org.apache.hadoop.io.*;
import org.apache.hadoop.mapred.*;
import org.apache.hadoop.util.*;
public class WordCount {
    /*
    这个类实现 Mapper 接口中的 map 方法,
    输入参数中的 value 是文本文件中的一行,
    利用 StringTokenizer 将这个字符串拆成单词,
    然后将输出结果<单词,1>
    写入到 org.apache.hadoop.mapred.OutputCollector 中.
    */
    public static class MapClass extends MapReduceBase implements Mapper<LongWritable, Text, Text, IntWritable>{
        private final static IntWritable one = new IntWritable(1);
        private Text word = new Text();

        /*代码中 LongWritable, IntWritable, Text
        均是 Hadoop 中实现的用于封装 Java 数据类型的类,
            这些类都能够被串行化从而便于在分布式环境中进行数据交换,
            你可以将它们分别视为 long, int, String 的替代品
            */

        public void map(LongWritable key, Text value,
            OutputCollector<Text, IntWritable> output,
            Reporter reporter) throws IOException {
            String line = value.toString();
            StringTokenizer itr = new StringTokenizer(line);
            while (itr.hasMoreTokens())
            {
                word.set(itr.nextToken());
                output.collect(word, one);
            }
        }
    }
    //这个类实现 Reducer 接口中的 reduce 方法, 输入参数中的 key, values 是由 Map 任
    //务输出的中间结果, values 是一个 Iterator。
    public static class Reduce extends MapReduceBase
```

```java
implements Reducer<Text, IntWritable, Text, IntWritable> {
public void reduce(Text key, Iterator<IntWritable> values,
    OutputCollector<Text, IntWritable> output,
    Reporter reporter) throws IOException {
    int sum = 0;

    //遍历这个 Iterator, 就可以得到属于同一个 key 的所有 value. 此处, key 是
    //一个单词, value 是词频。
    while (values.hasNext()) {
        sum += values.next().get();
    }
    output.collect(key, new IntWritable(sum));
    }
}
//在 Hadoop 中一次计算任务称之为一个 job, 可以通过一个 JobConf 对象设置
//如何运行这个 job。此处定义了输出的 key 的类型是 Text, value 的类型是
//IntWritable。
public int run(String[] args) throws Exception {
    JobConf conf = new JobConf(getConf(), WordCount.class);
    conf.setJobName("wordcount");
    conf.setOutputValueClass(IntWritable.class);
    conf.setMapperClass(MapClass.class);
    conf.setCombinerClass(Reduce.class);
    conf.setReducerClass(Reduce.class);
    conf.setInputPath(new Path(args[0]));
    conf.setOutputPath(new Path(args[1]));
    JobClient.runJob(conf);
    return 0;
}
//主函数 main
public static void main(String[] args) throws Exception {
    if(args.length != 2)
    {
        System.err.println("Usage: WordCount <input path> <output path>");
        System.exit(-1);
    }
//ToolRunner 的 run 方法开始, run 方法需要三个参数, 第一个是一个
    Configuration 类的实例。
    第二个是 WorCount 类的实例, args 就是从控制台接收到的命令行数组。
```

```
                    int res = ToolRunner.run(new Configuration(), new WordCount(), args);
                    System.exit(res);
            }
    }
```

上面就是 WordCount 实例代码,接下来看它的执行过程:

(1)编译 WordCount.java 来创建 jar 包。

HADOOP_HOME 环境变量对应安装时的根目录,HADOOP_VERSION 对应 Hadoop 的当前安装版本,编译 WordCount.java 来创建 jar 包。操作如下:

```
$ mkdir  wordcount_classes
$javac-classpath${HADOOP_HOME}/hadoop-${HADOOP_VERSION}-core.jar-dwordcount_classesWord
Count.java
$ jar -cvf /usr/joe/wordcount.jar -C wordcount_classes/
```

(2)用实例文本文件作为输入。

/usr/ccwan/wordcount/input - 是 HDFS 中的输入路径

/usr/ccwan/wordcount/output - 是 HDFS 中的输出路径

用示例文本文件作为输入。

```
$ bin/hadoop dfs -ls /usr/ccwan/wordcount/input/
/usr/ccwan/wordcount/input/file01
/usr/ccwan/wordcount/input/file02
$ bin/hadoop dfs -cat /usr/ccwan/wordcount/input/file01    Hello World Bye World
$ bin/hadoop dfs -cat /usr/ccwan/wordcount/input/file02    Hello Hadoop Goodbye Hadoop
```

应用程序能够使用-files 选项来指定一个由逗号分隔的路径列表,这些路径是 task 的当前工作目录。使用选项-libjars 可以向 map 和 reduce 的 classpath 中添加 jar 包。使用-archives 选项程序可以传递档案文件作为参数,这些档案文件会被解压并且在 task 的当前工作目录下会创建一个指向解压生成目录的符号链接(以压缩包的名字命名)。

(3)运行应用程序。

```
$bin/hadoop jar /usr/ccwan/wordcount.jar org.myorg.WordCount /usr/ccwan/wordcount/input
 /usr/joe/wordcount/output
```

(4)输出的结果。

```
$ bin/hadoop dfs -cat /usr/ccwan/wordcount/output/part-00000
Bye 1
Goodbye 1
Hadoop 2
Hello 2
World 2
```

(5)使用-libjars 和-files 运行 WordCount 例子。

```
hadoop jar hadoop-examples.jar    wordcount -files    cachefile.txt -libjars mylib.jar input output
```

任务 3：排序实例

前面讲解了 MapReduce 程序的运行过程，接下来讲解具体程序以及执行流程。

1. 实现 Map 类

这个类实现 Mapper 接口中的 map 方法，输入参数中的 value 是文本文件中的一行，利用 StringTokenizer 将这个字符串拆成单词，然后将输出结果<单词,1>写入到 org.apache.hadoop.mapred.OutputCollector 中。OutputCollector 由 Hadoop 框架提供，负责收集 Mapper 和 Reducer 的输出数据。实现 map（）函数和 reduce（）函数时，只需要简单地将其输出的<key,value>对往 OutputCollector 中一丢即可，剩余的事由框架处理。

代码中 LongWritable、IntWritable、Text 均是 Hadoop 中实现的用于封装 Java 数据类型的类，这些类都能够被串行化从而便于在分布式环境中进行数据交换，用户可以将它们分别视为 long、int、String 的替代品。Reporter 则可用于报告整个应用的运行进度，本例中未使用。

```java
//定义 map 方法继承 Mapper 接口
public static class Map extends MapReduceBase implements Mapper<LongWritable, Text, Text, IntWritable> {
    private final static IntWritable one = new IntWritable(1);
    private Text word = new Text();
    /*实现 Mapper 接口中的 map 方法，输入参数中的 value 是文本文件中的一行，
    利用 StringTokenizer 将这个字符串拆成单词
    */
    public void map(LongWritable key, Text value, OutputCollector<Text, IntWritable> output,
      Reporter reporter) throws IOException {
        String line = value.toString();
        StringTokenizer tokenizer = new StringTokenizer(line);
        while (tokenizer.hasMoreTokens()) {
            word.set(tokenizer.nextToken());
            //输出结果<单词,1>
            output.collect(word, one);
        }
    }
}
```

2. 实现 Reduce 类

这个类实现 Reducer 接口中的 reduce 方法，输入参数中的 key、values 是由 Map 任务输出的中间结果。values 是一个 Iterator，遍历这个 Iterator，就可以得到属于同一个 key 的所有 value。此处，key 是一个单词，value 是词频。只需要将所有的 value 相加，就可以得到这个单词总的出现次数。

```
//定义 Reduce 类输入参数中的 key，values 是由 Map 任务输出的中间结果，values 是一个 Iterator
public static class Reduce extends MapReduceBase implements Reducer<Text, IntWritable, Text,
IntWritable>
{
    //reduce 是方法，key 是文本，values 是一个 Iterator
    public void reduce(Text key, Iterator<IntWritable> values, OutputCollector<Text,
IntWritable> output, Reporter reporter) throws IOException {
        int sum = 0;
        while (values.hasNext()) {
            sum += values.next().get();
        }
        //得到这个单词总的出现次数
        output.collect(key, new IntWritable(sum));
    }
}
```

3. 运行 job

在 Hadoop 中一次运算任务就称为一个 job。如何运行一个 job，在 Hadoop 中通过 JobConf 对象来设置如何运行一个 job。此处代码中，定义了输出的 key 类型为 Text 类型，value 类型为 IntWritable，见上例的 Map 类和 Reduce 类。在上例 Map 类中的 MapClass 作为 Mapper 类，Reduce 类中的 reduce 作为 Reducer 类和 Combiner 类，任务的输入路径和输出路径由命令行的参数指定，这样 job 运行时会处理输入路径下的所有文件，并将计算结果写到输出路径下。将 JobConf 对象作为参数，调用 JobClient 中的 runJob，就可以执行这个计算任务了。

```
//定义一个 run 函数
public int run(String[] args) throws Exception {
    //一次计算任务称为一个 job，可以通过一个 JobConf 对象设置如何运行这个 job
    //可以通过一个 JobConf 对象设置如何运行这个 job
    JobConf conf = new JobConf(getConf(), WordCount.class);
    conf.setJobName("wordcount");
    conf.setOutputKeyClass(Text.class);
    conf.setOutputValueClass(IntWritable.class);
    conf.setMapperClass(MapClass.class);
    conf.setCombinerClass(Reduce.class);
    conf.setReducerClass(Reduce.class);
    //设置输入路径
    conf.setInputPath(new Path(args[0]));
    //设置输出路径
    conf.setOutputPath(new Path(args[1]));
    //调用 JobClient 的 runJob
```

```
        JobClient.runJob(conf);
        return 0;
    }
```

4. 分析 main（ ）函数

main 方法中使用的 ToolRunner 类是一个运行 MapReduce 任务的辅助工具类。

```
//主函数 main
public static void main(String[] args) throws Exception {
    if(args.length != 2){
        //输入路径，输出路径
        System.err.println("Usage: WordCount <input path> <output path>");
        System.exit(-1);
    }
    //运用 WordCount()
    int res = ToolRunner.run(new Configuration(), new WordCount(), args);
    System.exit(res);
}
```

上述的 JobConf 对象，程序员可以设定各种参数，定制如何完成一个计算任务。这些参数在很多情况下就是一个 Java 接口，通过注入这些接口的特定实现，可以定义一个计算任务（job）的全部细节。了解这些参数及其缺省设置，用户才能在编写自己的并行计算程序时做到轻车熟路，游刃有余，明白哪些类是需要自己实现的，哪些类用 Hadoop 的缺省实现即可。表 6.5 是对 JobConf 对象中可以设置的一些重要参数的总结和说明，表中第一列中的参数在 JobConf 中均会有相应的 get/set 方法，对程序员来说，只有在表中第三列中的缺省值无法满足其需求时，才需要调用这些 set 方法，设定合适的参数值，实现自己的计算目的。针对表格中第一列中的接口，除了第三列的缺省实现之外，Hadoop 通常还会有一些其他的实现，在表格第四列中列出了部分，也可以查阅 Hadoop 的 API 文档或源代码获得更详细的信息，在很多的情况下，用户都不用实现自己的 Mapper 和 Reducer，直接使用 Hadoop 自带的一些实现即可。

表 6.5 JobConf 对象重要参数

参　数	作　用	缺省值	其它实现
inputFormat	将输入的数据集切割成小数据集 inputSplits，每一个 InputSplit 将由一个 Mapper 负责处理。此外 inputFormat 中还提供一个 Record Reader 的实现，将一个 InputSplit 解析成《key,value》对提供给 map()函数。	TextInputFormat（针对文本文件，按行将文本文件切割成 InputSplits，并用 LineRecordReader 将 InputSplit 解析成《key,value》对，key 是行在文件中的位置，value 是文件中的一行）	SequenceFileInputFormat
OutputFormat	提供一个 RecordWriter 的实现，负责输出最终结果	TextOutputFormat（用 LineRecordWriter 将最终结果写成纯文件文件，每个《key,value》对一行，key 和 value 之间用 tab 分隔）	SequenceFileOutputFormat

续表 6.5

参　数	作　用	缺省值	其它实现
OutputKeyClass	输出的最终结果中 key 的类型	LongWritable	
OutputValueClass	输出的最终结果中 value 的类型	Text	
MapperClass	Mapper 类，实现 map()函数，完成输入的《key,value》到中间结果的映射	IdentityMapper（将输入的《key,value》原封不动的输出为中间结果）	LongSumReducer, LogRegexMapper, InverseMapper
ReducerClass	Reducer 类，实现 reduce 函数，对中间结果做合并，形成最终结果	IdentityReducer（将中间结果直接输出为最终结果）	AccumulatingReducer, LongSumReducer
InputPath	设定 job 的输入目录，job 运行时会处理输入目录下的所有文件	null	
OutputPath	设定 job 的输出目录，job 的最终结果会写入输出目录下	null	
MapOutputKeyClass	设定 map()函数输出的中间结果中 key 的类型	如果用户没有设定的话，使用 OutputKeyClass	
MapOutputValueClass	设定 map 函数输出的中间结果中 value 的类型	如果用户没有设定的话，使用 OutputValuesClass	
OutputKeyComparator	对结果中的 key 进行排序时的使用的比较器	WritableComparable	
PartitionerClass	对中间结果的 key 排序后，用此 Partition 函数将其划分为 R 份，每份由一个 Reducer 负责处理。	HashPartitioner（使用 Hash 函数做 partition）	KeyFieldBasedPartitioner PipesPartitioner

任务 4：去重实例

1. 程序代码

倒排索引的程序代码如下所示。

```
//--InvertedIndex.java 部分源码--//
public class InvertedIndex {
    public static class Map extends Mapper<Object, Text, Text, Text> {

        private Text keyInfo = new Text();
        // 存储单词和 URL 组合
        private Text valueInfo = new Text();
        // 存储词频
        private FileSplit split;
        // 存储 Split 对象
        // 实现 map 函数
        public void map(Object key, Text value, Context context)
                throws IOException, InterruptedException {
            // 获得<key,value>对所属的 FileSplit 对象
            split = (FileSplit) context.getInputSplit();
```

```java
            StringTokenizer itr = new StringTokenizer(value.toString());
            while (itr.hasMoreTokens())
                {
                    // key 值由单词和 URL 组成,如"MapReduce:file1.txt"
                    // 获取文件的完整路径
                    // keyInfo.set(itr.nextToken()+":"+split.getPath().toString());
                    // 这里为了好看,只获取文件的名称。
                    int splitIndex = split.getPath().toString().indexOf("file");
                    keyInfo.set(itr.nextToken() + ":"
                        + split.getPath().toString().substring(splitIndex));
                    // 词频初始化为 1
                    valueInfo.set("1");
                    context.write(keyInfo, valueInfo);
                }
        }
    }
    public static class Combine extends Reducer<Text, Text, Text, Text> {
        private Text info = new Text();
        // 实现 reduce 函数
        public void reduce(Text key, Iterable<Text> values, Context context)
                throws IOException, InterruptedException {
            // 统计词频
            int sum = 0;
            for (Text value : values)
                {
                    sum += Integer.parseInt(value.toString());
                }
            int splitIndex = key.toString().indexOf(":");
            // 重新设置 value 值由 URL 和词频组成
            info.set(key.toString().substring(splitIndex + 1) + ":" + sum);
            // 重新设置 key 值为单词
            key.set(key.toString().substring(0, splitIndex));
            context.write(key, info);
        }
    }
    public static class Reduce extends Reducer<Text, Text, Text, Text> {
        private Text result = new Text();
        // 实现 reduce 函数
        public void reduce(Text key, Iterable<Text> values, Context context)
```

```java
            throws IOException, InterruptedException {
        // 生成文档列表
        String fileList = new String();
        for (Text value : values)
        {
            fileList += value.toString() + ";";
        }
        result.set(fileList);
        context.write(key, result);
    }
}

public static void main(String[] args) throws Exception {
    Configuration conf = new Configuration();
    // 这句话很关键
    conf.set("mapred.job.tracker", "192.168.1.2:9001");
    String[] ioArgs = new String[] { "index_in", "index_out" };
    String[] otherArgs = new GenericOptionsParser(conf, ioArgs)
            .getRemainingArgs();
    if (otherArgs.length != 2) {
        System.err.println("Usage: Inverted Index <in> <out>");
        System.exit(2);
    }
    Job job = new Job(conf, "Inverted Index");
    job.setJarByClass(InvertedIndex.class);

    // 设置Map、Combine和Reduce处理类
    job.setMapperClass(Map.class);
    job.setCombinerClass(Combine.class);
    job.setReducerClass(Reduce.class);

    // 设置Map输出类型
    job.setMapOutputKeyClass(Text.class);
    job.setMapOutputValueClass(Text.class);

    // 设置Reduce输出类型
    job.setOutputKeyClass(Text.class);
    job.setOutputValueClass(Text.class);

    // 设置输入和输出目录
```

```
        FileInputFormat.addInputPath(job, new Path(otherArgs[0]));
        FileOutputFormat.setOutputPath(job, new Path(otherArgs[1]));
        System.exit(job.waitForCompletion(true) ? 0 : 1);
    }
}
```

代码分析如下:

首先设置 map 类。使用默认的 TextInputFormat 类对输入文件进行处理，得到文本中每行的偏移量及其内容。Map 过程首先必须分析输入的<key,value>对，在倒排索引中需要三个信息：单词、文档 URL 和词频。实现代码如下：

```
//定义 map 类
public static class Map extends Mapper<Object, Text, Text, Text> {
    private Text keyInfo = new Text();
    // 存储单词和 URL 组合
    private Text valueInfo = new Text();
    // 存储词频
    private FileSplit split;
    // 存储 Split 对象
    // 实现 map 函数
    public void map(Object key, Text value, Context context)
            throws IOException, InterruptedException {

        // 获得<key,value>对所属的 FileSplit 对象
        split = (FileSplit) context.getInputSplit();
        StringTokenizer itr = new StringTokenizer(value.toString());
        while (itr.hasMoreTokens()) {
            /*
                key 值由单词和 URL 组成, 如"MapReduce：file1.txt"获取文件的完整路径
                keyInfo.set(itr.nextToken()+":"+split.getPath().toString());
                这里为了好看，只获取文件的名称。
            */
            int splitIndex = split.getPath().toString().indexOf("file");
            keyInfo.set(itr.nextToken() + ":"+ split.getPath().toString().substring(splitIndex));
            // 词频初始化为 1
            valueInfo.set("1");
            context.write(keyInfo, valueInfo);
        }
    }
}
```

其次是 Combine 过程。经过 map 方法处理后，Combine 过程将 key 值相同的 value 值累

加,得到一个单词在文档中的词频。修改 key 值和 value 值。这次将单词作为 key 值,URL 和词频组成 value 值(如"file1.txt:1"),以利用 MapReduce 框架默认的 HashPartitioner 类完成 Shuffle 过程,将相同单词的所有记录发送给同一个 Reduce( )函数进行处理。实现代码如下:

```java
public static class Combine extends Reducer<Text, Text, Text, Text> {
    private Text info = new Text();
    // 实现 reduce 函数
    public void reduce(Text key, Iterable<Text> values, Context context)
            throws IOException, InterruptedException {
        // 统计词频
        int sum = 0;
        for (Text value : values) {
            sum += Integer.parseInt(value.toString());
        }

        int splitIndex = key.toString().indexOf(":");
        // 重新设置 value 值由 URL 和词频组成
        info.set(key.toString().substring(splitIndex + 1) + ":" + sum);
        // 重新设置 key 值为单词
        key.set(key.toString().substring(0, splitIndex));
        context.write(key, info);
    }
}
```

最后是 Reduce 过程。Reduce 过程只需将相同 key 值的 value 值组合成倒排索引文件所需的格式即可,剩下的事情就可以直接交给 MapReduce 框架进行处理了。实现代码如下:

```java
public static class Reduce extends Reducer<Text, Text, Text, Text> {
    private Text result = new Text();
    // 实现 reduce 函数
    public void reduce(Text key, Iterable<Text> values, Context context)
            throws IOException, InterruptedException {
        // 生成文档列表
        String fileList = new String();
        for (Text value : values) {
            fileList += value.toString() + ";";
        }
        result.set(fileList);

        context.write(key, result);
    }
}
```

2. 代码运行结果

（1）准备测试数据。

通过 Eclipse，新建一个项目。在项目名称中输入 InvertedIndex。新建类 InvertedIndex，将上列代码输入进去，注意类名一致保存。在参数选项卡中设置输入文件目录 user/hadoop/index_in 和输出文件的目录 user/hadoop/index_out，并制定虚拟内存为 1024M。

（2）在本地上传三个 txt 文件。

然后在本地建立三个 txt 文件：file1、file2、file3。文件的内容"实例描述"那三个文件一样，通过 Eclipse 上传到"user/hadoop/index_in"，成功上传之后，用命令查看三个文件的内容。

```
[ccwan@Master ~]$hadoop fs –is deput_in
–rw–r––r—3 hadoop supergroup          96 2012–06–12 23:45 /user/hadoop/dedup_in/file1.txt
–rw–r––r—3 hadoop supergroup          96 2012–06–12 23:45 /user/hadoop/dedup_in/file2.txt
–rw–r––r—3 hadoop supergroup          96 2012–06–12 23:45 /user/hadoop/dedup_in/file3.txt
[ccwan@Master ~]$hadoop fs –cat    index_in/file1.txt
MapReduce  is  sample
[ccwan@Master ~]$hadoop fs –cat    index_in/file1.txt
MapReduce  is  powerful  is  sample
[ccwan@Master ~]$hadoop fs –cat    index_in/file1.txt
Hello MapReduce   bye MapReduce
```

（3）查看运行结果。

点击"右键"/"SimpleIndex"类，选择"Run as"/"Open Run Dialog"。查看运行结果，右击 Eclipse 的"DFS Locations"中"/user/hadoop"文件夹进行刷新，这时会发现多出一个"index_out"文件夹，且里面有 3 个文件，然后打开"part-r-00000"文件，会在 Eclipse 中间把内容显示出来，如图 6.38 所示。

```
Hello          file3.txt:1;
MapReduce      file3.txt:2;file2.txt:1;file1.txt:1;
bye            file3.txt:1;
is             file2.txt:2;file1.txt:1;
powerful       file2.txt:1;
simple         file2.txt:1;file1.txt:1;
```

图 6.38 运行结果

项目 4：部署 Hadoop Eclipse 框架

Hadoop Eclipse 是 Hadoop 开发环境的插件。在安装插件前，要先配置 Hadoop 的相关信息。用户在创建 Hadoop 程序时，Eclipse 插件会自动导入 Hadoop 编程接口的 JAR 文件，这样用户就可以在 Eclipse 插件的图形界面中进行编码、调试、运行 Hadoop 的单机或者分布式程序，用户也能通过 Eclipse 插件查看程序的实时状态、错误信息以及运行结果了。除此之外，用户还可以通过 Eclipse 插件对 HDFS 文件系统进行管理和查看。总而言之，Hadoop Eclipse 插件不仅安装简单，使用起来也很方便。它的功能是强大的，特别在 Hadoop 编程方面为开发者减少了很大的难度，是 Hadoop 入门和开发的好帮手。

任务 1：Eclipse 插件的安装及配置

Hadoop 安装包 contrib/目录下有一个插件"Hadoop-*-elipse-plugin.jar"，如 hadoop-0.20.1-eclipse-plugin.jar，使用这个插件，用户可以配置嵌入到 Eclipse 插件的 Hadoop 开发环境，并在 Elipse 中创建 MapReduce 应用程序。下面为读者介绍如何在 Eclipse 环境下进行 Hadoop 的应用开发。

（1）把"hadoop-eclipse-plugin-1.0.0.jar"文件放置到 Eclipse 的"plugins"目录中，然后重新启动 Eclipse，如图 6.39 所示，Eclipse 即可生效。

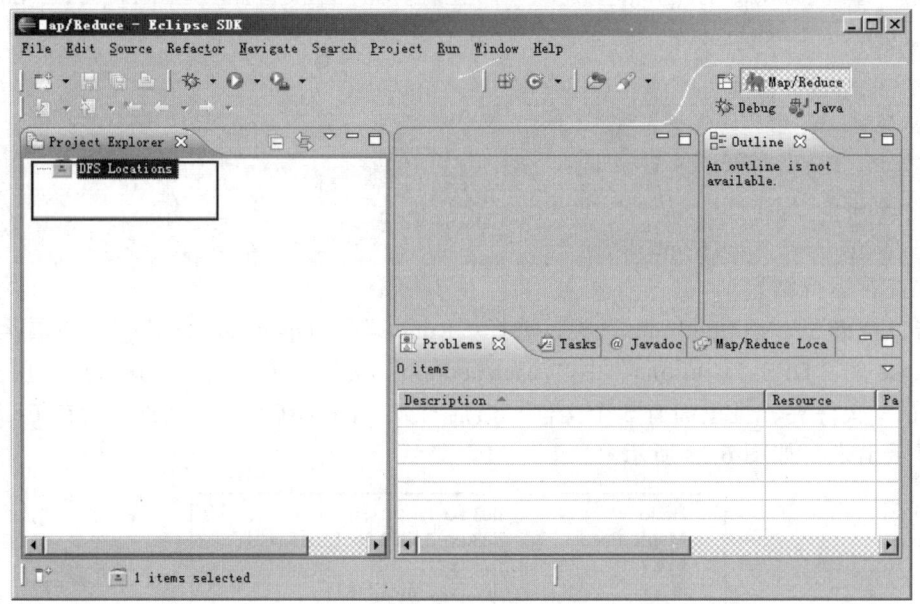

图 6.39　Eclipse 的启动

在上图 6.39 中左侧"Project Explorer"下面发现"DFS Locations"，说明 Eclipse 已经识别刚才放入的 HadoopEclipse 插件了。

（2）设置 Hadoop 的安装目录。

选择"Window"菜单下的"Preference"选项，弹出一个窗口，在该窗体的左侧中就会多出"Hadoop Map/Reduce"选项，然后，点击此选项，在右侧设置"Hadoop 的安装目录"。结果如图 6.40 所示。

（3）切换"Map/Reduce"工作目录

切换到 Map/Reduce 工作目录，有两种方法：

① 方法一：选择"Window"菜单下的"Open Perspective"，弹出一个窗体，从中选择"Map/Reduce"选项即可进行切换，如图 6.41 所示。

第 6 章 云计算分布式框架 Hadoop

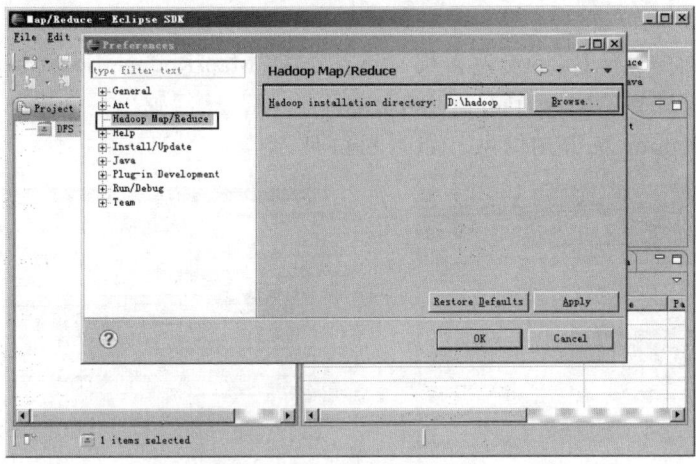

图 6.40 Hadoop Map/Reduce

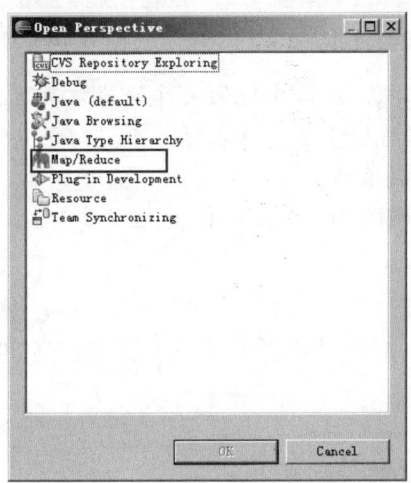

图 6.41 方法一：切换 Map/Reduce 工作目录

② 方法二：在 Eclipse 界面的右上角，点击"▣"图标，然后点击"Other"选项，也可以弹出如图 6.41 所示界面，从中选择"Map/Reduce"选项，然后点击"OK"即可，这样 Eclipse 就可以切换到"Map/Reduce"工作目录下的界面，如图 6.42 所示。

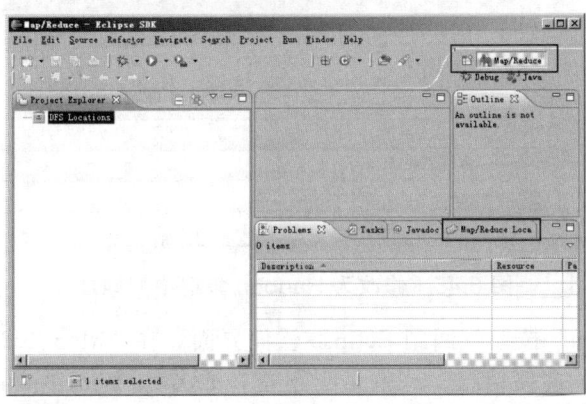

图 6.42 方法二：切换 Map/Reduce 工作目录

（4）与 Hadoop 集群建立连接。

在 Eclipse 界面中，与 Hadoop 集群建立连接。在"Map/Reduce Locations"界面中点击"右键"，弹出选项条，选择"New Hadoop Location"选项，然后弹出一个窗体，如图 6.43 所示。接下来填写连接 Hadoop 集群的信息，如图 6.44 所示。

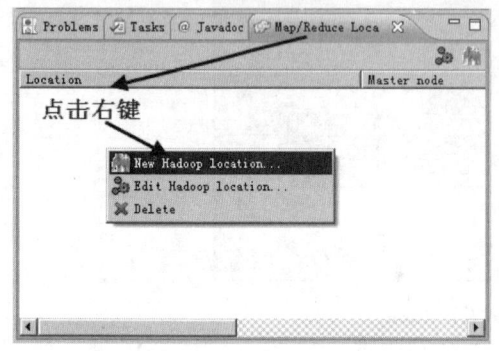

图 6.43 新建 Hadoop 集群连接

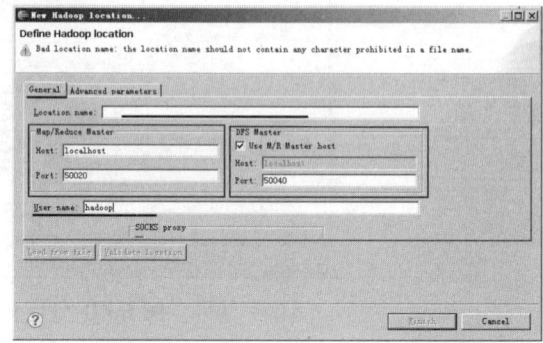

图 6.44 填写连接 Hadoop 集群信息

注意：上图中的标注的地方，是需要我们关注的地方。

➢ Locationname：可以填写任意值，它表示一个"Map/Reduce Location"标识。
➢ Map/Reduce Master 选项填写：
  Host：192.166.1.2（Master.Hadoop 的 IP 地址）。
  Port：9001。
➢ DFS Master 选题填写：
  Use M/R Master host：前面勾上（因为我们的 NameNode 和 jobTracker 都在一个机器上）。
  Port：9000。
➢ User name：hadoop（系统管理员）

注意：上面的 Host、Port 分别为在 mapred-site.xml、core-site.xml 中配置的地址及端口。

接下来，在选项卡中点击"Advanced parameters"选项中的"hadoop.tmp.dir"选项，将其修改成 Hadoop 集群中设置的地址，即"/usr/hadoop/tmp"，这个参数在"core-site.xml"进行了配置，如图 6.45 所示。

图 6.45 修改为 Hadoop 集群中的地址

接下来点击"finish"按钮，回到 Eclipse 软件界面。在"Map/Reduce Locations"下面就多出来 Win7ToHadoop 连接信息，这就是刚刚建立的名为 Win7ToHadoop 的"Map/Reduce Location"连接，如图 6.46 所示。

第6章 云计算分布式框架 Hadoop

（5）查看 HDFS 文件系统，并尝试建立文件夹并上传文件。

通过点击 Eclipse 软件左侧的"DFS Locations"下面的"Win7ToHadoop"，就会展示出 HDFS 上的文件结构，如图 6.47 所示。

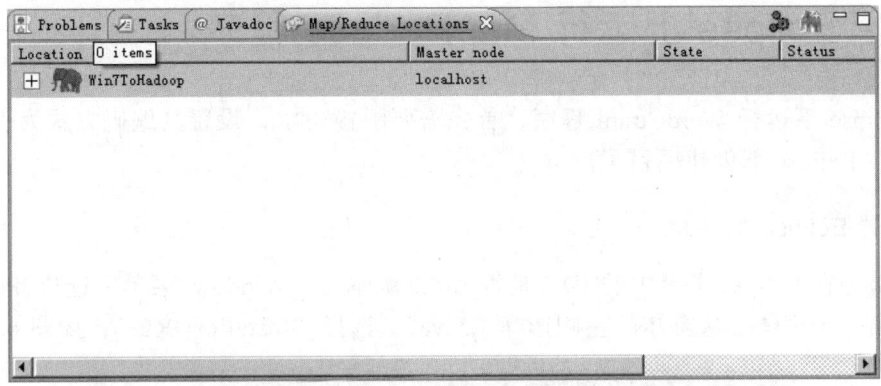

图 6.46　创建好了 Map/Reduce location

右击"Win7ToHadoop"下的"user"的"Hadoop"，可以尝试建立一个文件夹"xiapi"，然后右击刷新就能查看刚才建立的文件夹了，如图 6.48 所示。

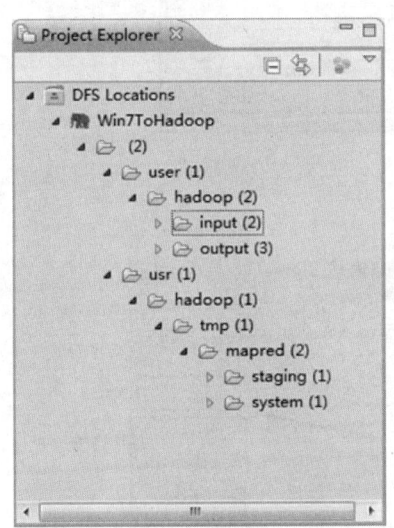

图 6.47　展示 HDFS 文件结构

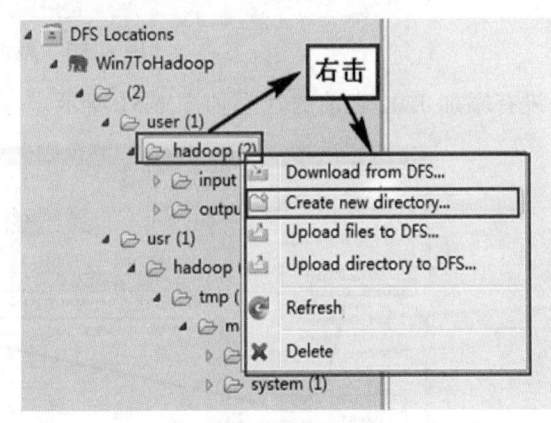

图 6.48　创建文件夹

用 SecureCRT 远程登录"Master.Hadoop"服务器，用"hadoop fs-ls"命令查看文件夹"xiapi"是否创建成功。

（6）采用 Hadoopfs-ls 命令，查看是否建立"xiapi"，如图 6.49 所示。

```
[hadoop@Master~]$ hadoop fs –ls
Found 3 items
drwxr-xr-x   -hadoop supergrounp          0 2012-05-03 05:30 /user/hadoop/input
drwxr-xr-x   -hadoop supergrounp          0 2012-05-01 07:30 /user/hadoop/output
drwxr-xr-x   -hadoop supergrounp          0 2012-05-15 14:13 /user/hadoop/xiapi
```

图 6.49　查看文件

到此为止，Hadoop Eclipse 开发环境已经配置完毕。可以练习上传本地文件到 HDFS 分布式文件上，并检查文件是否上传成功。

任务2：Eclipse 上运行 MapReduce 程序

在 Eclipse 下运行 WordCount 程序，首先需要配置 JDK，设置其编码方式为 UTF-8，然后就可以在 Eclipse 下创建项目了。

1. 配置 Eclipse 的 JDK

首先检查在 Eclipse 平台中的 JDK 是否为 6.0 版本。从"Window"菜单中选择"Preferences"选项，弹出一个窗体，从窗体的左侧选择"Java"，选择"Installed JREs"，如图 6.50 所示。

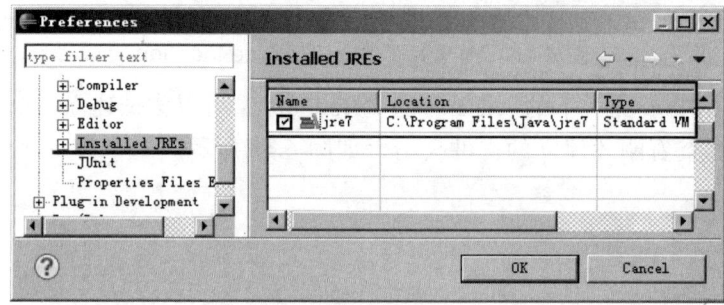

图 6.50　添加 JDK

没有添加 JDK 之前的状态如图 6.51 所示。

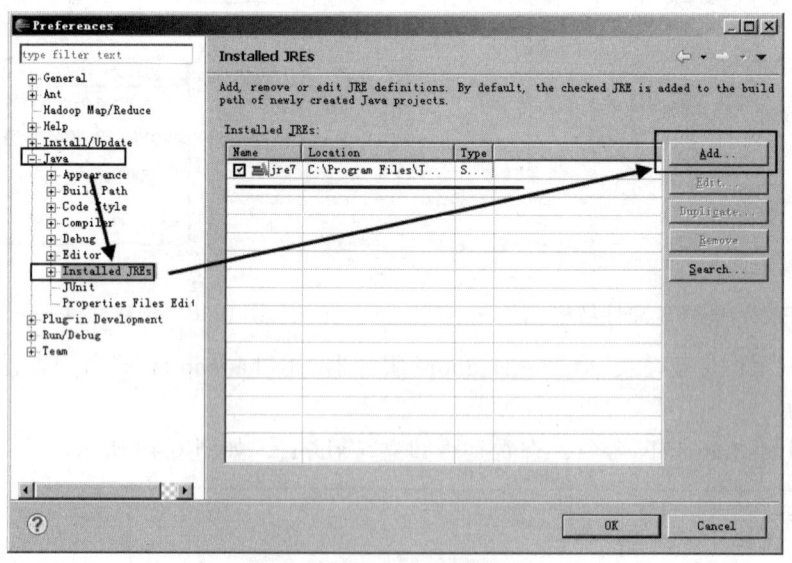

图 6.51　添加 JDK 前的状态

添加完 JDK6.0 之后状态如图 6.52 所示。

接下来设置"Complier"，如图 6.53 所示。

2. 设置 Eclipse 的编码为 UTF-8

选择"General"下的"Workspace",再选择"Other"设置 Eclipse 编码为 UTF-8,如图 6.54 所示。

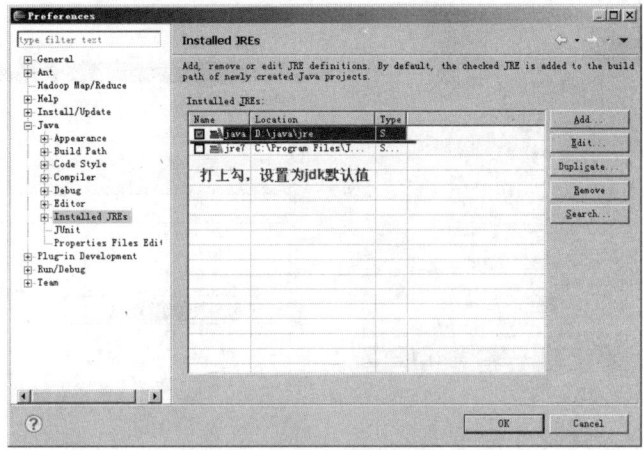

图 6.52 添加 JDK 后的状态

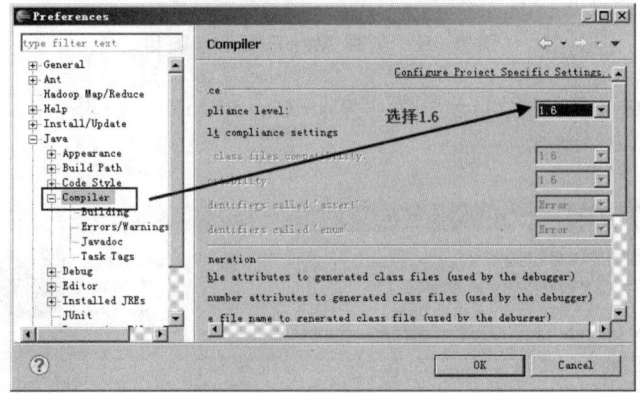

图 6.53 设置 Complier

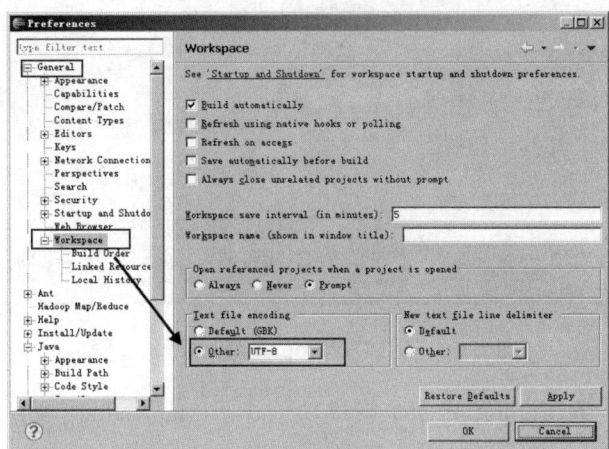

图 6.54 设置编码 UTF-8

3. 创建 MapReduce 项目

创建 MapReduce 项目。在"File"菜单中选择"Other",找到并选择"Map/Reduce Project",如图 6.55 所示。

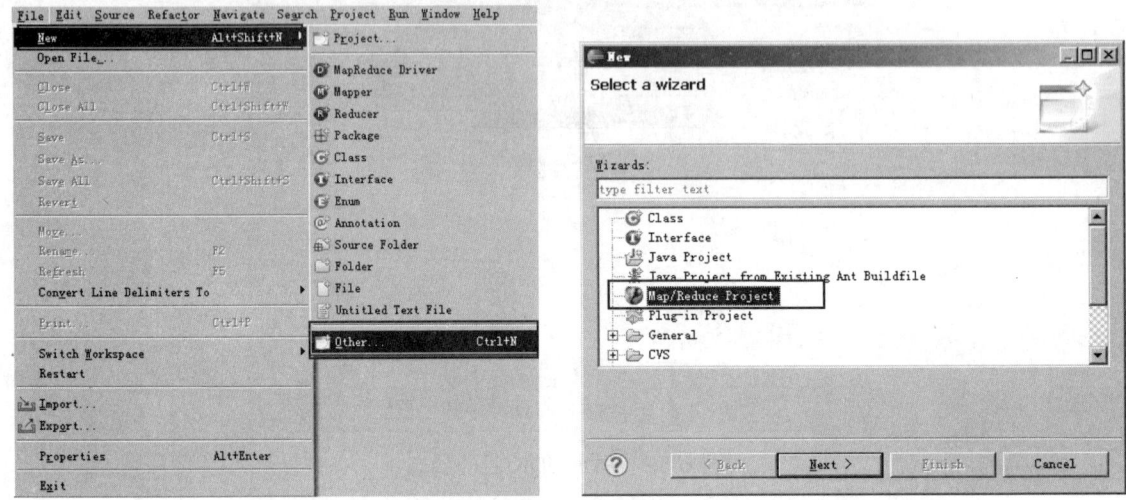

图 6.55 创建 MapReduce 项目

然后填写 MapReduce 工程的名字为"WordCountProject",再点击"finish"按钮,如图 6.56 所示。

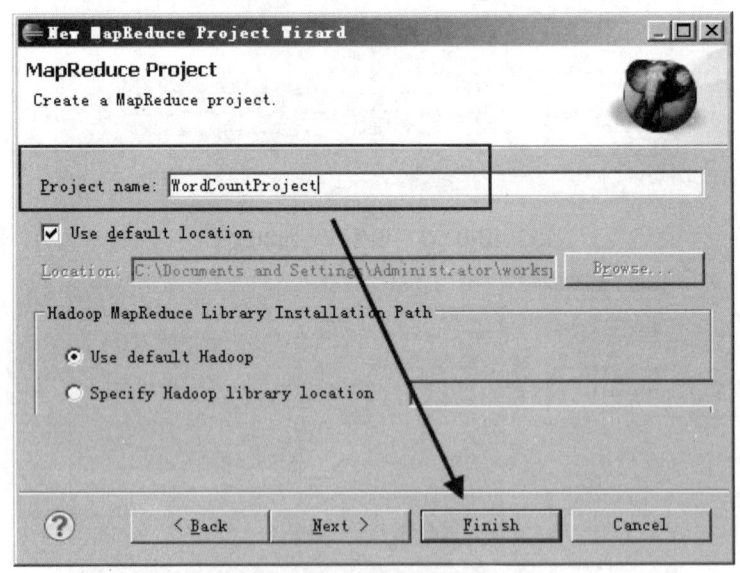

图 6.56 创建 WordCountProject 工程

完成上述操作后,在 Eclipse 界面中就成功创建了 MapReduce 项目,这时在 Eclipse 界面的左侧就多了刚才建立的项目,如图 6.57 所示。

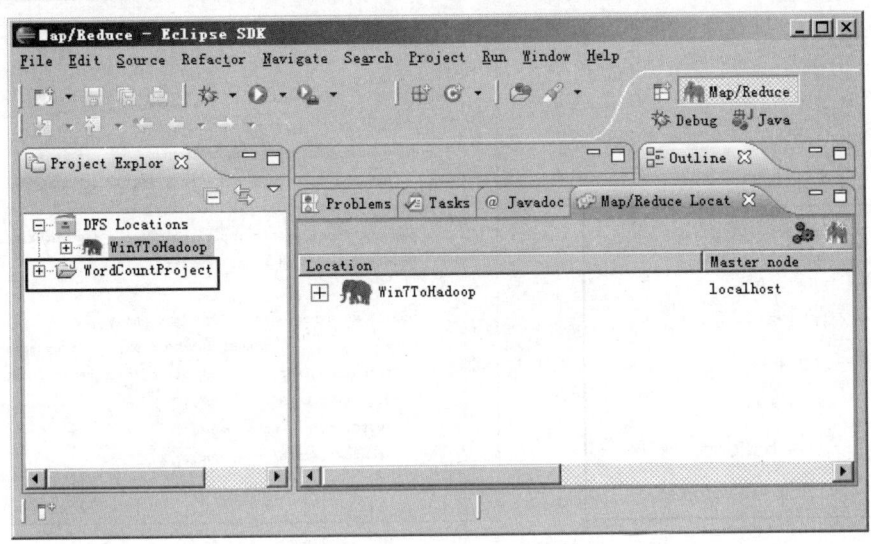

图 6.57 成功创建了 MapReduce 项目

4. 创建 WordCount 类

选择"WordCountProject",右击弹出菜单,选择"New",接着选择"Class",然后填写如下信息,如图 6.58 所示。

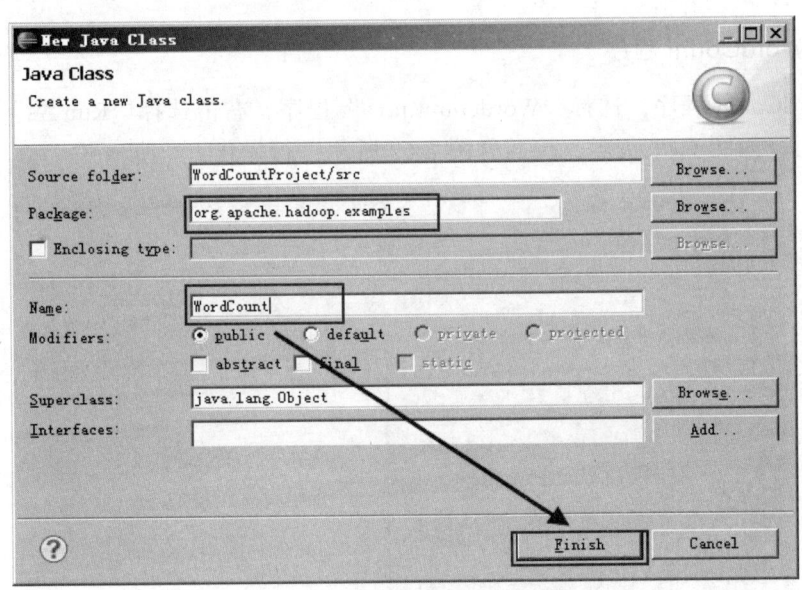

图 6.58 创建 WordCount 类

WordCount 程序采用的是 Hadoop1.0.0 中自带的 WordCount 程序,需要将包名设置为"org.apache.Hadoop.examples",类名设置需与程序的类名一致,即"WordCount"。这个代码放在如下的结构中,如图 6.59 所示。在 \org\apache\hadoop\examples 目录结构中找到"WordCount.java"文件,用记事本打开,把代码复制到刚才建立的 java 文件中,如图 6.60 所示。

```
hadoop-1.0.0
    |---src
        |---examples
            |---org
                |---apache
                    |---hadoop
                        |---examples
```

图 6.59　代码放在如下的结构中

```
15  import org.apache.hadoop.util.GenericOptionsParser;
16
17  public class WordCount {
18
19    public static class TokenizerMapper
20        extends Mapper<Object, Text, Text, IntWritable>{
21
22      private final static IntWritable one = new IntWritable(1);
23      private Text word = new Text();
24
25      public void map(Object key, Text value, Context context
26                      ) throws IOException, InterruptedException {
27        StringTokenizer itr = new StringTokenizer(value.toString());
28        while (itr.hasMoreTokens()) {
29          word.set(itr.nextToken());
30          context.write(word, one);      }
31      }
32    }
```

图 6.60　部分代码

说明：如果不加 "conf.set("mapred.job.tracker", "192.166.1.2:9001");"，将提示你的权限不够，其实导致这样的错误，原因在于 "Map/Reduce Location" 的配置不完全起作用，在本地磁盘上建立了文件并运行，显然是不行的。解决方法：让 Eclipse 提交作业到 Hadoop 集群上，同时需要手动配置 job 运行地址。

5. 运行 WordCount 程序

运行 WordCount 程序，选择"Wordcount.java"程序，右击选择"Run As"下的"Run on Hadoop"运行，如图 6.61 所示，按照如图 6.62 所示进行操作。

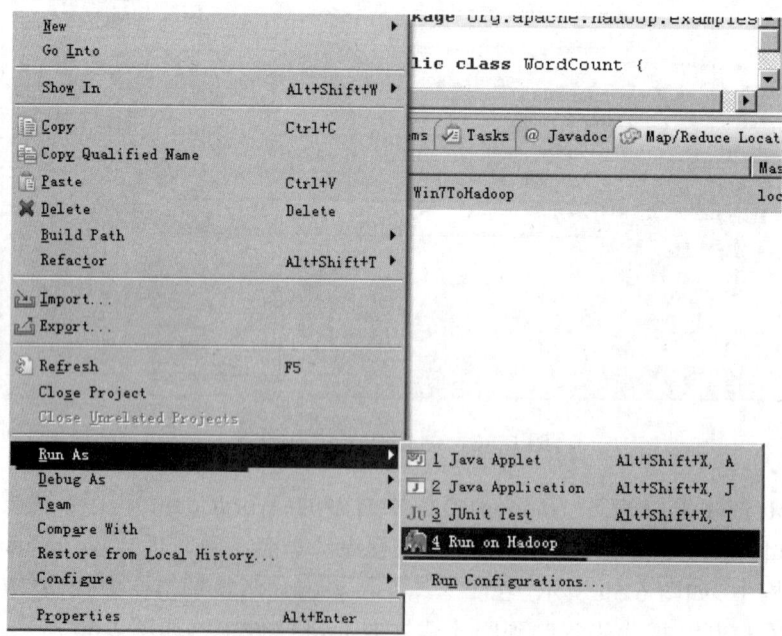

图 6.61　运行 WordCount 程序

第 6 章 云计算分布式框架 Hadoop

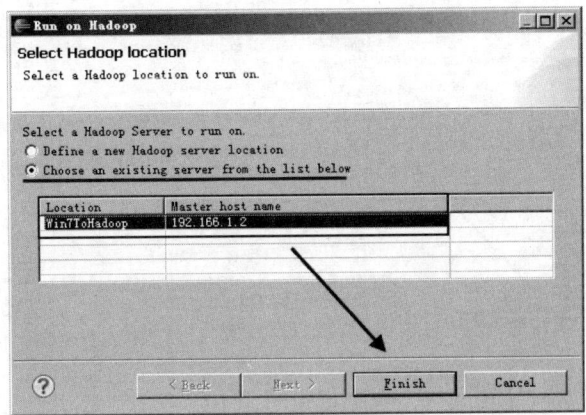

图 6.62 弹出对话框

其运行结果如图 6.63 所示。

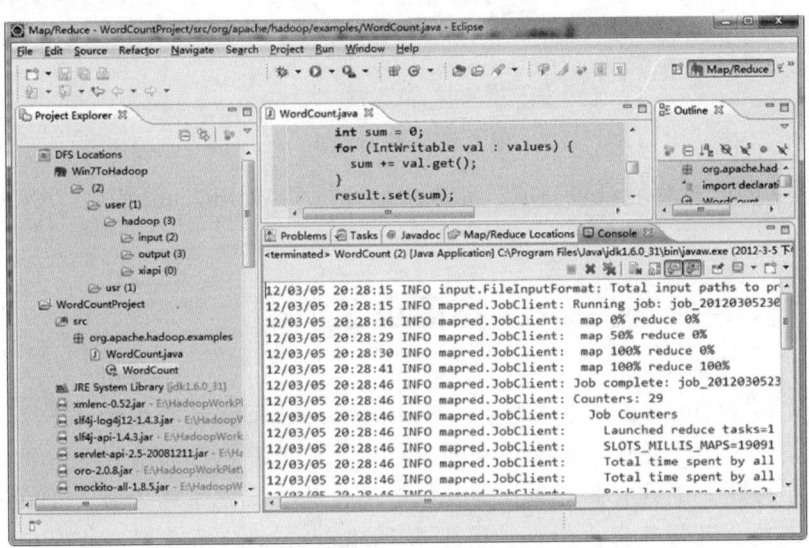

图 6.63 运行结果

由图 6.63 得知程序已经运行成功了。

6. 查看 WordCount 运行结果

查看 Eclipse 界面左侧，右击 "DFS Locations" / "Win7ToHadoop" / "user" / "Hadoop"，点击刷新按钮 "Refresh"，文件夹 "newoutput" 就会出现。"newoutput" 文件夹是运行程序时自动创建的，如果已经存在相同的的文件夹，要么需要换个新的输出文件夹，或者删除 HDFS 上的重名文件夹，否则会出错，如图 6.64 所示。

查看 WordCount 运行结果，首先打开输出文件夹 "newoutput" 下的 "part-r-00000" 文件，就是 WordCount 文件的执行结果。如图 6.65 所示。

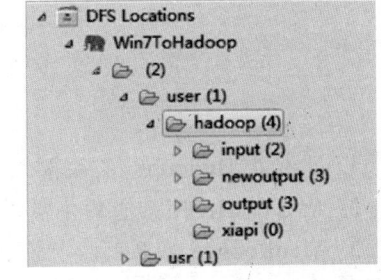

图 6.64 查看 WordCount 运行结果

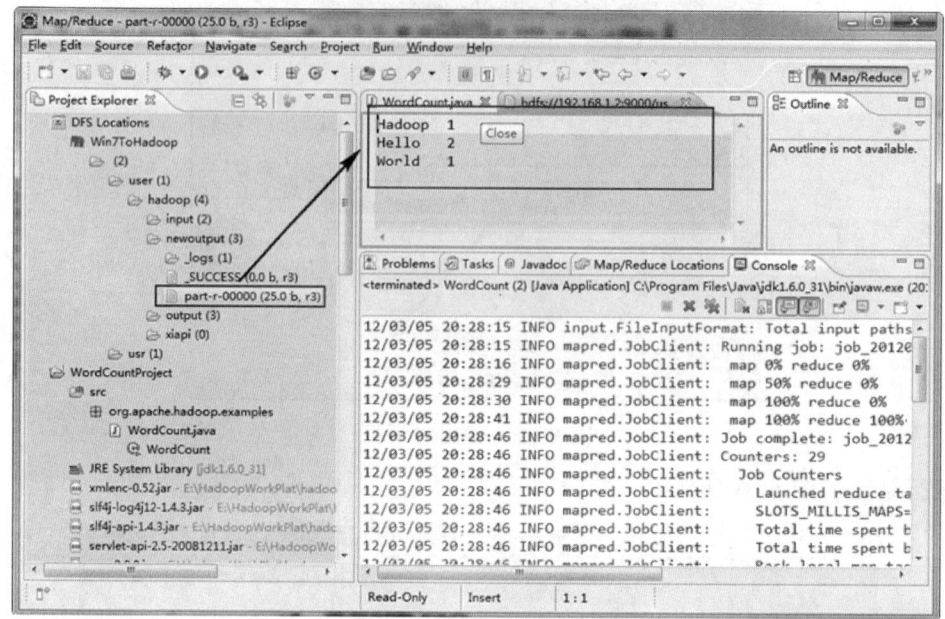

图 6.65　执行结果

至此 Eclipse 的开发环境设置完成，并成功地运行了 WordCount 程序。

本章小结

本章首先介绍了 Hadoop 分布式平台。Hadoop 是 Apache 开源组织的一个分布式计算框架，可以在大量廉价的硬件设备组成的集群上运行应用程序，为应用程序提供了一组稳定可靠的接口，旨在构建一个具有高可靠性和良好扩展性的分布式系统。由于 Hadoop 拥有可计量、成本低、高效、可信等突出特点，因此基于 Hadoop 的应用已经遍地开花，尤其是在互联网领域；其次介绍了 Hadoop 体系架构。Hadoop 是 Apache 下的一个项目，由 HDFS、MapReduce、HBase、Hive 和 ZooKeeper 等成员组成，被用于分布式计算。着重介绍了 Hadoop 的核心 HDFS 和 MapReduce；最后介绍了 Hadoop 是一种分布式开发系统，即支持分布式处理的软件系统，它是在通信网络互联的多处理机体系结构上执行任务的，包括分布式操作系统、分布式程序设计语言及其编译（解释）系统、分布式文件系统和分布式数据库系统等。

本章习题

1. 什么是 Hadoop？它主要用于处理什么问题？
2. 什么是 HDFS？它的主要功能是什么？
3. MapReduce 主要解决什么问题？MapReduce 中的 Map 函数的作用是什么？Reduce 函数的作用是什么？

4. Hadoop 中的 HDFS 由什么组成？
5. 在 Hadoop 框架中，哪些可以实现数据的管理，它们各自的特点是什么？
6．JDK 的环境变量有哪些？
7. 在 Windows 下安装 Hadoop，采用哪个软件模拟 Linux 环境？
8. Linux 命令中，显示当前目录下所有文件和文件夹的命令是？
9. Eclipse 插件在 Hadoop 文件结构中哪个文件夹中？
10. 简述 Map/Reduce 框架。
11. 简述 MapReduce 集群行为包含哪些？
12. 自己手动编写程序，Mapper 只输出它所处理的数据中的最大值。

第 7 章　分布式数据库 HBase

HBase 是 Apache Hadoop 中的一个子项目，它以 Google 的 BigTable 为原型，设计并实现了具有高可靠性、高性能、列存储、可伸缩、实时读写的数据库系统。HBase 依托 Hadoop 的 HDFS 作为最基本存储基础单元，可以通过使用 Hadoop 的 DFS 工具查看这些数据存储文件夹的结构，还可以通过 Map/Reduce 的框架对 HBase 进行操作。

本章主要内容包括 HBase 简介、HBase 的安装、HBase 创建数据库等。

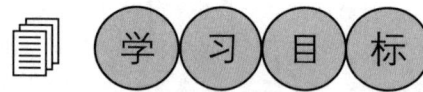

学习目标

- 了解 HBase 的逻辑结构
- 了解 HBase 的物理存储
- 了解 HMaster 主服务器
- 掌握 HBase 的安装
- 掌握 HBase 的各种模式
- 掌握 HBase 的数据库的创建
- 掌握 HBase shell 的常用操作命令

引导案例

HBase 是一个开源的非关系（NoSQL）的可伸缩性分布式数据库，用于在廉价 PC Server 上搭建起大规模结构化存储集群。它是 Google BigTable 的开源实现，类似 Google BigTable 利用 GFS 作为其文件存储系统，HBase 利用 Hadoop HDFS 作为其文件存储系统；Google 运行 MapReduce 来处理 BigTable 中的海量数据，HBase 同样利用 Hadoop MapReduce 来处理 HBase 中的海量数据；Google BigTable 利用 Chubby 作为协同服务，HBase 利用 ZooKeeper 作为对应。Hadoop HDFS 为 HBase 提供了高可靠性的底层存储支持，Hadoop MapReduce 为 HBase 提供了高性能的计算能力，ZooKeeper 为 HBase 提供了稳定服务和 Failover 机制。

第7章 分布式数据库 HBase

相关知识

7.1 HBase 简介

分布式数据库 HBase 是 Google BigTable 的开源实现,它是一个高可靠性、高性能、面向列、可伸缩的分布式存储系统,主要用于搭建起大规模结构化存储集群。HBase 采用 Hadoop 框架中 HDFS 作为其文件存储系统,运用 Hadoop MapReduce 来处理 HBase 中的海量数据。

7.1.1 HBase 逻辑视图

HBase 介于 NoSQL 和 RDBMS 之间,仅能通过主键(Row Key)和主键的 range 来检索数据,仅支持单行事务(可通过 Hive 支持来实现多表 join 等复杂操作),主要用于存储非结构化和半结构化的松散数据。与 Hadoop 一样,HBase 主要依靠横向扩展,通过不断增加廉价的商用服务器,来增加计算和存储能力。HBase 在 Hadoop 体系结构中的位置如图 7.1 所示。

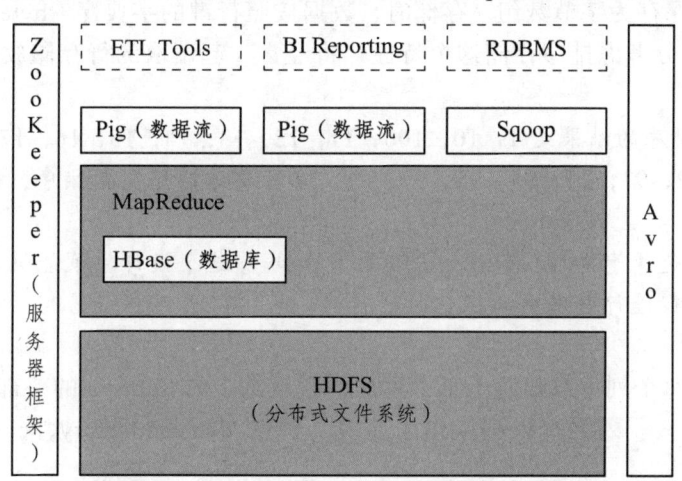

图 7.1 HBase 在 Hadoop 体系中的位置

1. HBase 中的表的特点

- 大:一个表可以有上亿行,上百万列。
- 面向列:面向列(族)的存储和权限控制,列(族)独立检索。
- 稀疏:对于为空(null)的列,并不占用存储空间,因此,表可以设计得非常稀疏。

2. 逻辑视图

HBase 以表的形式存储数据。表由行和列组成。列划分为若干个列族(row family)。HBase 的数据存储逻辑视图如表 7.1 所示。

表 7.1   HBase 数据存储逻辑视图

Row Key（行键）	时间戳	列族 content	列族 anchor		列族 mime
com.cnn.www	t9		anchor:cnnsi.com	CNN	
	t8		anchor:my.look.ca	CNN.com	
	t6	Contents.html="<html>…"			"text/html"
	t5	Contents.html="<html>…"			
	t3	Contents.html="<html>…"			

表 7.1 中参数说明：

（1）Row Key。

Row Key（行键）是数据行在表中的唯一标识，并作为检索记录的主键。访问 HBase table 中的行，只有三种方式：

➢ 通过单个行键访问。

➢ 通过行键的范围访问。

➢ 通过全表扫描访问。

行键可以是任意字符串（最大长度是 64KB，实际应用中长度一般为 10-100bytes）。在 HBase 内部，行键保存为字节数组。存储时，数据按照行键的字典序（byte order）排序存储。设计 Key 时，要充分考虑排序存储这个特性，将经常一起读取的行存储放到一起。

注意：

字典序对 int 排序的结果是 1，10，100，11，12，13，14，15，16，17，18，19，2，20，21，…，9，91，92，93，94，95，96，97，98，99。要保持整型自然序，行键必须用 0 作左填充。

行的一次读写是原子操作（不论一次读写多少列）。这个设计决策能够使用户很容易地理解程序在对同一个行进行并发更新操作时的行为。

（2）列族。

HBase 表中的每个列，都归属于某个列族。列族是表的 Schema 的一部分(而列不是)，必须在使用表之前定义。列名都以列族作为前缀。例如 courses:history，courses:math 都属于 courses 这个列族。

列族定义为：<family>:<qualifier>(<列族>:<限定符>)

通过列族和限定符这两部分可以唯一地指定一个数据的存储列。HBase 在磁盘上按照列族储存数据，因此一个列族里所有的项最好具备相同的读/写方式，以提高性能。

访问控制磁盘和内存的使用统计都是在列族层面进行的。在实际应用中，列族上的控制权限能帮助用户管理不同类型的应用。用户允许一些应用可以添加新的基本数据，一些应用可以读取基本数据并创建继承的列族，而一些应用则只允许浏览数据（甚至可能因为隐私的原因不能浏览所有数据）。

（3）时间戳。

在 HBase 中，通过行和列确定的一个存贮单元称为 cell（元素）。每个 cell 都保存着同一份数据的多个版本。版本通过时间戳来索引。时间戳的类型是 64 位整型。时间戳可以由

第 7 章 分布式数据库 HBase

HBase 在数据写入时自动赋值,此时时间戳是精确到毫秒的当前系统时间。时间戳也可以由客户显式赋值。如果应用程序要避免数据版本冲突,就必须自己生成具有唯一性的时间戳。每个 cell 中,不同版本的数据按照时间倒序排列,即最新的数据排在最前面。

为了避免数据存在过多版本造成的管理(包括存贮和索引)负担,HBase 提供了两种数据版本回收方式:一是保存数据的最后 n 个版本;二是保存最近一段时间内的版本(比如最近七天)。用户可以针对每个列族进行设置。

(4) cell 元素。

HBase 中的元素由行键、列(<列族>:<限定符>)和时间戳唯一确定,元素中的数据以字节码的形式存储,没有类型之分。

7.1.2　HBase 物理存储

前面已经提到过,HBase 表中的所有行都按照行键的字典序排列。物理存储就是把逻辑模型中一个行进行分割,并按列族存储。HBase 的物理存储方式如表 7.2 所示。

表 7.2　HBase 物理存储方式

Row Key(行键)	时间戳	列族 contents
com.zdsoft.www	t6	Contents.html="<html>…"
	t5	Contents.html="<html>…"
	t3	Contents.html="<html>…"
Row Key(行键)	时间戳	列族 contents
com.zdsoft.www	t9	anchor:zdsoft.com="zdsoft"
	t8	anchor:zdsoft.com="zdsoft.com"
Row Key(行键)	时间戳	列族 contents
com.zdsoft.www	t6	Mime:type="text/html"

从表 7.2 分析来看,表中空值是不会被存储的,时间戳 t8 的"contents:html"将返回 null,时间戳 t9 的"contents:html"将返回 null,时间戳 t3 的"anchor:zdsoft.com"将返回 null。如果没有指明时间戳,那么返回指定列的最新数据值,并且最新的数据值在表格中也是最先找到的,它们按照时间的降序排列,如果查询"contents:"而不指明时间戳,将返回 t6 的时刻表;查询"anchor:"而不指明时间戳将返回的是 t8 时刻的数据。这种存储方式还有一个优势,就是可以随时向表中的任何一个列族添加新列,而事先可以不申明。

7.1.3　子表 Region 服务器

HBase 在逻辑上的最小存储单位是 Region,在物理上最小存储单位是 HFile。每个 Region 由多个 HFile 组成。那么,是否有一个推荐值,确定每台 Region Server 上运行多少个 Region,

每个Region大小多少是最合适的呢？

以目前主流服务器的能力计算，给出了以下推荐值：每台Region Server管理10到1 000个Region，每个region大小在1～2 GB。对应于HBase-site.xml中的一个配置项为HBase.hregion.max.filesize。按推荐值计算每台Region Server管理的数据量最少可以到10*1GB=10GB，最大可以到1000*2GB=2TB。考虑到3份备份的话，总数据量在6TB左右。通常这里磁盘的配置就有两种方案：3块2TB的硬盘；12块500GB的硬盘。两种方法容量一样，但后者硬盘块数增加，如果硬盘总线带宽够用，后一种能提供更大的吞吐率,更细粒度的磁盘冗余备份，更快的单盘故障恢复时间。那么HBase是如何划分Region的呢？

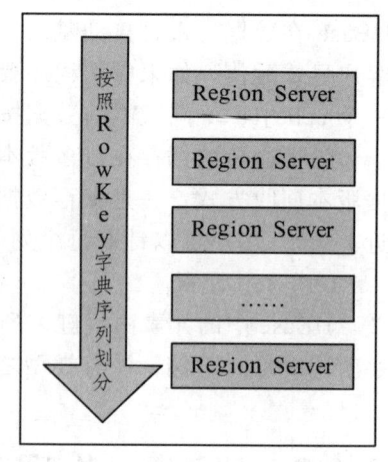

图7.2　HBase按行方向分成多个Region

Region是按大小分割的，每个表一开始只有一个Region，随着数据不断插入table，Region不断增大，当增大到一个阀值的时候，Region就会等分成两个新的Region。当table中的行不断增多，就会有越来越多的Region，如图7.3所示。

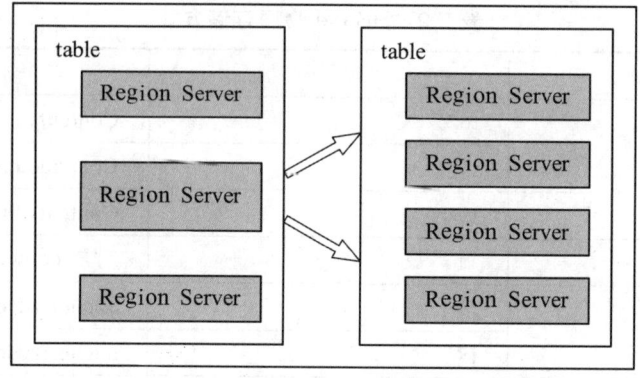

图7.3　table中的行不断增多，就会有越来越多的Region

Region是HBase中分布式存储和负载均衡的最小单元。最小单元就表示不同的Region可以分布在不同的Region Server上。但一个Region是不会拆分到多个Server上的，如图7.4所示。

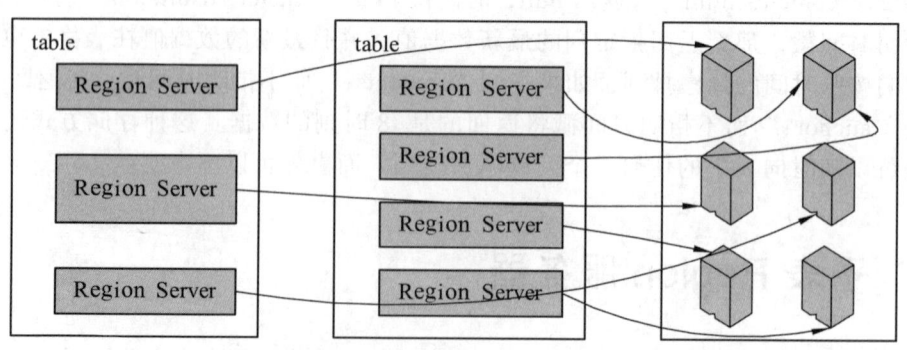

图7.4　一个Region是不会拆分到多个Server上

Region 虽然是分布式存储的最小单元,但并不是存储的最小单元。事实上,Region 由一个或者多个 Store 组成,每个 Store 保存一个列族的数据。每个 Strore 又由一个 MemStore 和 0 至多个 StoreFile 组成,如图 7.5 所示。

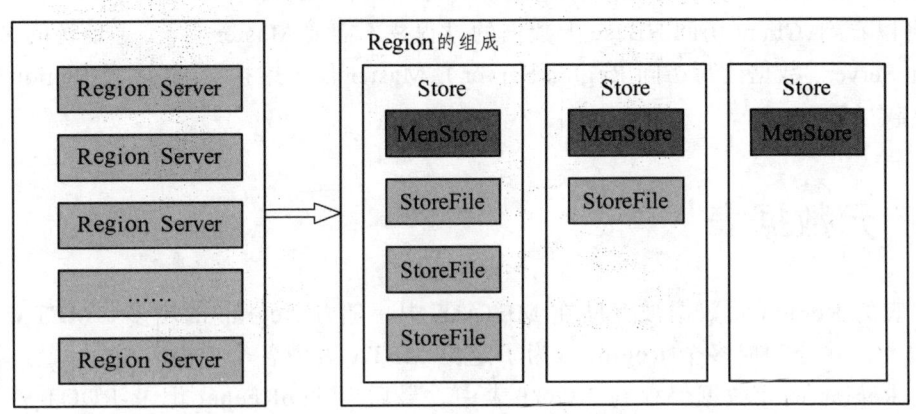

图 7.5 Region 由一个或者多个 Store 组成

当客户端进行更新操作时,先连接到相关的 Region Server,然后向 Region 提交变更。提交的数据首先要写入 WAL(预写式日志)和 MenStore 中,当 MemStore 中的数据累计到某个阈值时,Region Server 就会启动一个单独的线程将 MemStore 中的内容刷新到磁盘,形成了一个 StoreFile 文件。当 StoreFile 文件的数量增长到一定的阈值后,就会将多个 StoreFile 文件合并成一个 StoreFile,合并过程中将进行版本合并和数据删除,因此可以看出 HBase 其实只能增加数据,所有的更新和删除操作都是在后续的合并过程中进行的。StoreFile 在合并过程中组建形成更大的 StoreFile,当 StoreFile 大小超过一定阈值后,会把当前的 Region 分割(Split)成两个 Region,并由 HMaster 分配到相应的 Region 服务器上,从而实现负载均衡。

7.1.4 HMaster 主服务器

在 HBase 中,每时每刻只有一个 HMaster 主服务器程序在运行,HMaster 将 Region 分配给 Region Server,协调 Region Server 的负载并维护集群的状态。HMaster 不会对外提供数据服务,而是由 Region 服务器负责所有 Regions 的读写请求及操作。

由于 HMaster 只维护表和 Region 的元数据,而不参与数据的输入输出过程,因此 HMaster 失效仅仅会导致所有的元数据无法被修改,但表的数据读写还是可以正常进行的。

1. HMaster 的作用

- 为 Region Server 分配 Region。
- 负责 Region Server 的负载均衡。
- 发现失效的 Region Server 并重新分配其上的 Region。
- GFS 上的垃圾文件回收。
- 处理 Schema 更新请求。

2. Region Server 的作用

- Region Server 维护 HMaster 分配给它的 Region，处理对这些 Region 的 IO 请求。
- Region Server 负责切分在运行过程中变得过大的 Region。
- 可以看到，Client 访问 HBase 上数据的过程并不需要 Master 参与（寻址访问 ZooKeeper 和 Region Server，数据读写访问 Region Server），Master 仅仅维护着 table 和 Region 的元数据信息，负载很低。

7.1.5 元数据表

用户表的 Region 元数据被存储在 META 表中。随着 Region 的增多，META 表中的数据也会增大，并分割成多个 Region。为了定位 META 表中各个 Region 的位置，把 META 表中所有 Region 的元数据保存在-ROOT-表中，最后由 ZooKeeper 记录-ROOT-表的位置，然后访问-ROOT-表获得 META 的位置，最后根据 META 表中的信息确定用户数据存放的位置。

-ROOT-表永远不会被分割，它只有一个 Region，这样保证了最多需要三次跳转就可以定位任意一个 Region。为了加快访问速度，META 表的 Region 全部保存在内存中。客户端会将查询过的信息缓存起来，且缓存不会自动失效。如果客户端根据缓存信息还访问不到数据，则询问持有 META 表的 Region Server，试图获取数据的位置，如果还是失效，则询问-ROOT-表相关的 META 表在哪里。

📖 学习项目

项目 1：HBase 的安装与配置

与 Hadoop 一样，HBase 支持三种运行模式：单机模式、伪分布式模式和完全分布式模式。

任务 1：HBase 单机模式

安装 HBase 之前，要注意 HBase 与 Hadoop 版本匹配。hbase-0.90.4 据官网文档说吻合 hadoop-0.2x 版本。

1. 下载 HBase

HBase 官网下载地址：http://www.apache.org/dyn/closer.cgi/hbase/。HBase 的下载如图 7.6 所示。

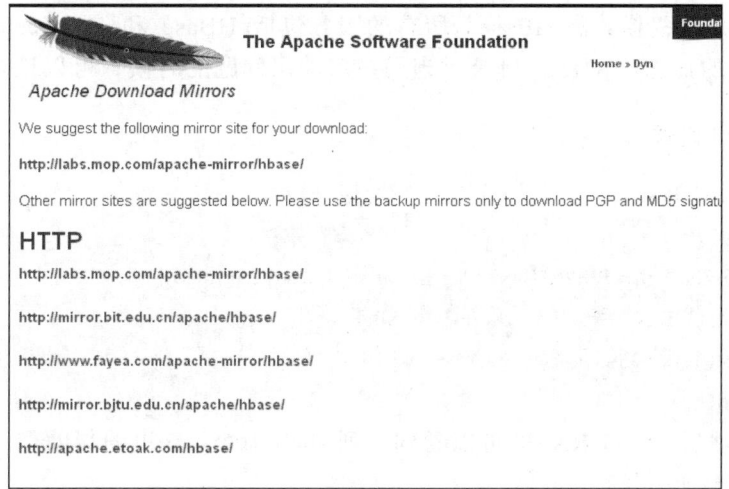

图 7.6　HBase 的下载网址

下载 hbase-0.90.4.tar.gz，经过再解压，进入到那个要解压的目录。

$ tar xfz hbase-0.90.45.tar.gz
$ cd hbase-0.90.4

2. 编辑配置文件

现在已经可以启动 HBase 了。但是需要先编辑 conf/hbase-site.xml 去配置 hbase.rootdir，以选择 HBase 将数据写到哪个目录。

```
//--hbase-site.xml 配置文件--//
<?xml version="1.0"?>
<?xml-stylesheet type="text/xsl" href="configuration.xsl"?>
<configuration>
  <property>
    <name>hbase.rootdir</name>
    <value>file:///DIRECTORY/hbase</value>
  </property>
</configuration>
```

将 DIRECTORY 替换成用户期望写文件的目录。hbase.rootdir 默认指向 "/tmp/hbase-${user.name}"，也就说用户会在重启后丢失数据（重启的时候操作系统会清理/tmp 目录）。

3. 编辑{HBASE_HOME}/conf/hbase-env.sh

把 JAVA_HOME 变量设置为 Java 的安装路径。

4. 启动 HBase

现在启动 HBase：

$ ./bin/start-hbase.sh
starting Master, logging to logs/hbase-user-master-example.org.out

现在运行的是单机模式的 HBase。所有的服务包括 HBase 和 ZooKeeper 都运行在一个 JVM 上。HBase 的日志放在 logs 目录，当用户启动出问题的时候，可以检查这个日志。

5. 进入 shell 模式

用 shell 连接 HBase。

```
$ ./bin/hbase shell
HBase Shell; enter 'help<RETURN>' for list of supported commands.
Type "exit<RETURN>" to leave the HBase Shell
Version: 0.90.4, r1001068, Fri Sep 20 13:55:42 PDT 2012
hbase(main):001:0>
```

输入 help，然后<RETURN>就可以看到一列 shell 命令。这里的帮助很详细，要注意的是表名，行和列需要加引号。

6. 实例：创建一个 test 表

创建一个名为 test 的表，这个表只有一个列族为 cf。可以列出所有的表来检查创建情况，然后插入值。

```
hbase(main):003:0> create 'test', 'cf'
0 row(s) in 1.2200 seconds
hbase(main):003:0> list 'table'
test
1 row(s) in 0.0550 seconds
```

下面分别插入了 3 行。第一个行 Key 为 row1，列为 cf:a，值是 value1。HBase 中的列是由列族前缀和列的名字组成的，以冒号间隔。

```
hbase(main):004:0> put 'test', 'row1', 'cf:a', 'value1'
0 row(s) in 0.0560 seconds
hbase(main):005:0> put 'test', 'row2', 'cf:b', 'value2'
0 row(s) in 0.0370 seconds
hbase(main):006:0> put 'test', 'row3', 'cf:c', 'value3'
0 row(s) in 0.0450 seconds
```

7. 关闭 shell

采用 exit 命令退出 shell，命令如下：

```
hbase(main):007:0> exit
```

8. 停止 HBase

运行 stop-habase.sh 来停止 Hbase。

```
$ ./bin/stop-hbase.sh
stopping hbase...............
```

任务 2：HBase 伪分布式模式

伪分布式模式是一个相对简单的分布式模式，这个模式是用来测试的，不能把这个模式用于生产环节，也不能用于测试性能。

1. 编辑{HBASE_HOME}/conf/hbase-env.sh

添加变量 HBASE——CLASSPATH，并将路径设置为{HADOOP_HOME}目录下的 conf 目录。

2. 编辑{HBASE_HOME}/conf/hbase-site.xml

在确认 HDFS 安装成功之后，就可以先编辑 conf/hbase-site.xml。在这个文件中，用户可以加入自己的配置，但会覆盖 Section 3.1.1 配置、HBase 默认配置、Section 1.3.2.2.2.3 配置、HDFS 客户端配置。运行 HBase 需要设置 hbase.rootdir 属性，该属性是指 HBase 在 HDFS 中使用的目录的位置。例如，期望目录是/hbase，让 namenode 监听 locahost 的 9000 端口。可以在 hbase-site.xml 写上如下内容。

```
//--hbase-site.xml 配置文件--//
<configuration>
  ...
#可以加入自己的配置
  <property>
    <name>hbase.rootdir</name>
    <value>hdfs://localhost:9000/hbase</value>
    <description>The directory shared by RegionServers.
    </description>
  </property>
#可以加入自己的配置
  <property>
    <name>dfs.replication</name>
    <value>true</value>

  </property>
  ...
</configuration>
```

3. 替换 Hadoop jar 包

此时启动 HBase，HMaster 启动异常。这是因为 Hadoop 和 HBase 的客户端协议不一致而导致 HMaster 启动异常，需要用 {HADOOP_HOME} 下的 hadoop-0.20.2-core.jar 替换掉 {HADOOP_HOME}/lib 目录下的 hadoop-core-0.20-append-r1056497.jar。

```
$ cd ~/hbase-0.90-3/
$ cp ../hadoop-0.20.2/hadoop-0.20.2-core.jar lib
$ rm lib/hadoop-core-0.20-append-r1056497.jar
```

完成上述操作后，需要把 Hadoop 重启，然后启动 HBase，就可以进行操作了。需要注意，如果 Hadoop 的版本是 0.20.203.0，可能会遇到找不到 Configuration 类的错误，导致 HMaster 无法启动，需要复制{HADOOP_HOME}/lib 下的 commons-configuration-1.6.jar 到 HBase 的 lib 目录下。

任务 3：HBase 完全分布式模式

要想运行完全分布式模式，用户要进行如下配置。

1. 配置 hbase-site.xml

先在 hbase-site.xml 文件中，添加一个属性 hbase.cluster.distributed，其值设置为 true。然后设置 hbase.rootdir 的值为 HDFS 的 NameNode 的位置。如你的 NameNode 运行在 namenode.example.org 位置，端口为 9000，且目录是/hbase，应使用如下的配置。

```
//--hbase-site.xml 配置文件--//
<configuration>
  ...
#hbase.rootdir 设置为 HDFS 的 NameNode 的位置
  <property>
    <name>hbase.rootdir</name>
    <value>hdfs://namenode.example.org:9000/hbase</value>
    <description>The directory shared by RegionServers.
    </description>
  </property>

#加一个属性 hbase.cluster.distributed 设置为 true
  <property>
    <name>hbase.cluster.distributed</name>
    <value>true</value>
    <description>The mode the cluster will be in. Possible values are
      false: standalone and pseudo-distributed setups with managed Zookeeper
      true: fully-distributed with unmanaged Zookeeper Quorum (see hbase-env.sh)
    </description>
  </property>
  ...
</configuration>
```

2. 配置 regionservers

完全分布式模式的还需要修改 conf/regionservers 配置。根据你的需要列出需要运行的全部 HRegionServer，一行写一个 host（就像 Hadoop 里面的 slaves 一样）。列在这里的 server 会随着集群的启动而启动，集群的停止而停止。

3. 配置 ZooKeeper

一个分布式运行的 HBase 依赖一个 ZooKeeper 集群。所有的节点和客户端都必须能够访问 ZooKeeper。在默认的情况下，HBase 会管理一个 ZooKeeper 集群。这个集群会随着 HBase 的启动而启动。当然，用户也可以自己管理一个 ZooKeeper 集群，但需要配置 HBase，即需要修改 conf/hbase-env.sh 里面的 HBASE_MANAGES_ZK 来切换。HBASE_MANAGES_ZK 的默认值为 true，作用是让 HBase 启动的时候同时也启动 ZooKeeper。

当 HBase 管理 ZooKeeper 的时候，你可以通过修改 zoo.cfg 来配置 ZooKeeper，一个更加简单的方法是在 conf/hbase-site.xml 里面修改 ZooKeeper 的配置。ZooKeeper 的配置是作为 property 写在 hbase-site.xml 里面的。option 的名字是 hbase.zookeeper.property。打个比方，clientPort 配置在 xml 里面的名字是 hbase.zookeeper.property.clientPort，所有的默认值都是 HBase 决定的，包括 ZooKeeper，可以查找 hbase.zookeeper.property 前缀，找到关于 ZooKeeper 的配置。

对于 ZooKeeper 的配置，用户至少要在 hbase-site.xml 中列出 ZooKeeper 的 ensembleservers，具体的字段是 hbase.zookeeper.quorum。该字段的默认值是 localhost，这个值对于分布式应用显然是不可以的（远程连接无法使用）。

需要运行几个 ZooKeeper？

运行一个 ZooKeeper 也是可以的，但在生产环境中，用户最好部署 3、5、7 个节点。部署得越多，可靠性就越高，当然只能部署奇数个。用户需要给每个 ZooKeeper 分配 1G 左右的内存，如果可能的话，最好有独立的磁盘（独立磁盘可以确保 ZooKeeper 是高性能的）。如果用户的集群负载很重，就不要把 ZooKeeper 和 RegionServer 运行在同一台机器上面。就像 DataNodes 和 TaskTrackers 一样。

打个比方，HBase 管理着的 ZooKeeper 集群在节点 rs{1, 2, 3, 4, 5}.example.com，监听 2222 端口（默认是 2181），并确保 conf/hbase-env.sh 文件中 HBASE_MANAGE_ZK 的值是 true，再编辑 conf/hbase-site.xml，设置 hbase.zookeeper.property.clientPort 和 hbase.zookeeper.quorum。用户还可以设置 hbase.zookeeper.property.dataDir 属性来把 ZooKeeper 保存数据的目录地址改掉。默认值是/tmp，这里在重启的时候会被操作系统删掉，可以把它修改到/user/local/zookeeper。

```
<configuration>
...
#监听 2222 端口(默认是 2181)
    <property>
        <name>hbase.zookeeper.property.clientPort</name>
        <value>2222</value>
        <description>Property from ZooKeeper's config zoo.cfg.
        The port at which the clients will connect.
```

```xml
            </description>
       </property>

#设置 hbase.zookeeper.quorum
       <property>
            <name>hbase.zookeeper.quorum</name>
            <value>rs1.example.com,rs2.example.com,rs3.example.com,rs4.example.com,rs5.example.com</value>
            <description>Comma separated list of servers in the ZooKeeper Quorum.
            For example, "host1.mydomain.com,host2.mydomain.com,host3.mydomain.com".
            By default this is set to localhost for local and pseudo-distributed modes
            of operation. For a fully-distributed setup, this should be set to a full
            list of ZooKeeper quorum servers. If HBASE_MANAGES_ZK is set in hbase-env.sh
            this is the list of servers which we will start/stop ZooKeeper on.
            </description>
       </property>

#设置 hbase.zookeeper.property.clientPort
       <property>
            <name>hbase.zookeeper.property.dataDir</name>
            <value>/usr/local/zookeeper</value>
            <description>Property from ZooKeeper's config zoo.cfg.
            The directory where the snapshot is stored.
            </description>
       </property>
       ...
</configuration>
```

4. 简单的分布式 HBase 安装

这里是一个 10 节点的 Hbase 的简单示例,这里的配置都是基本的,节点名为 example0、example1……一直到 example9。HBase HMaster 和 HDFS NameNode 运作在同一个节点 example0 上,RegionServers 运行在节点 example1-example9。1 到 3 节点 ZooKeeper 集群运行在 example1、example2 和 example3,端口设置为默认。ZooKeeper 的数据保存在目录/export/zookeeper。下面我们展示主要的配置文件--hbase-site.xml,regionservers 和 hbase-env.sh 这些文件可以在 conf 目录找到。

(1) hbase-site.xml。

```xml
<?xml version="1.0"?>
<?xml-stylesheet type="text/xsl" href="configuration.xsl"?>
<configuration>

#1 到 3 节点 ZooKeeper 集群运行在 example1,example2,和 example3
```

```xml
<property>
    <name>hbase.zookeeper.quorum</name>
    <value>example1,example2,example3</value>
    <description>The directory shared by RegionServers.
    </description>
</property>
```

#ZooKeeper 的数据保存在目录/export/zookeepe
```xml
<property>
    <name>hbase.zookeeper.property.dataDir</name>
    <value>/export/zookeeper</value>
    <description>Property from ZooKeeper's config zoo.cfg.
    The directory where the snapshot is stored.
    </description>
</property>
```

#端口保持默认
```xml
<property>
    <name>hbase.rootdir</name>
    <value>hdfs://example0:9000/hbase</value>
    <description>The directory shared by RegionServers.
    </description>
</property>
```

#设置 hbase.cluster.distributed
```xml
<property>
    <name>hbase.cluster.distributed</name>
    <value>true</value>
    <description>The mode the cluster will be in. Possible values are
        false: standalone and pseudo-distributed setups with managed Zookeeper
        true: fully-distributed with unmanaged Zookeeper Quorum (see hbase-env.sh)
    </description>
</property>
</configuration>
```

（2）Region Servers。

这个文件把 Region Server 的节点列了出来。在这个例子里面我们让所有的节点都运行 Region Server，除了第一个节点 example1 要运行 HBase Master 和 HDFS NameNode。节点如下：

example1
example2
example3
example4

```
example5
example6
example7
example8
example9
```

（3）hbase-env.sh。

下面我们用 diff 命令来展示 hbase-env.sh 文件相比默认变化的部分。我们把 HBase 的堆内存设置为 4G 而不是默认的 1G。

```
$ git diff hbase-env.sh
diff --git a/conf/hbase-env.sh b/conf/hbase-env.sh
index e70ebc6..96f8c27 100644
--- a/conf/hbase-env.sh
+++ b/conf/hbase-env.sh
export JAVA_HOME=/usr/lib//jvm/java-6-sun/
 # export HBASE_CLASSPATH=

 # The maximum amount of heap to use, in MB. Default is 1000.
 # export HBASE_HEAPSIZE=1000

#设置 Hbase 的堆内存设置为 4G
+export HBASE_HEAPSIZE=4096

 # Extra Java runtime options.
 # Below are what we set by default.   May only work with SUN JVM.
```

你可以使用 rsync 来同步 conf 文件夹到你的整个集群。通过地址 Http://example1:60010/master.jsp，就可以登录到 HBase 的界面了。

项目2：在 HBase 中创建学生成绩数据库

这里用一个学生成绩表作为例子来对 HBase 的基本操作和基本概念进行讲解。下面是学生成绩表的结构。

name	grade	course:math	course:art
Tom	1	87	97
Jerry	2	100	80

grade 对于表来说是一个列，course 对于表来说是一个列族，这个列族由两个列组成:math 和 art，当然可以根据需要在 course 中建立更多的列族，如 computer、physics 等相应的列添加入 course 列族。

有了上面的想法和需求，大家就可以在 HBase 中建立相应的数据表。

第 7 章　分布式数据库 HBase

任务 1：shell 的基本操作

HBase 提供了一个 shell 的终端与用户交互。使用命令 hbase shell 进入命令界面。对 shell 命令行基本功能的理解有助于编写更好的 shell 程序。在执行 shell 命令时，多个命令可以在一个命令行上运行，但此时要使用分号（;）分隔命令。

如：使用；分隔命令

[root@localhost　root]# ls a* -l;free;df

长 shell 命令行可以使用反斜线字符（\）在命令行上扩充。

如：用\在命令上扩充

[root@localhost　root]# echo "this is \
>long command"
This is long command

注意："＞"符号是自动产生的，而不是输入的。

下面以学生成绩表为实例，学习 shell 的基本操作。

1. 建立一个表格 scores

scores 具有两个列族 grade 和 course。用 create 命令创建表，其格式如下：

hbase(main):002:0> create 'scores', 'grade', 'course'

0 row(s) in 4.1610 seconds

2. 查看当前 HBase 中具有哪些表

查看当前 HBase 中有哪些表，用 list 命令，其格式如下：

hbase(main):003:0> list
scores
1 row(s) in 0.0210 seconds

3. 查看表的构造

要查看 scores 表的结构，采用 describe 命令，其格式如下：

hbase(main):004:0> describe 'scores'
{NAME => 'scores', IS_ROOT => 'false', IS_META => 'false', FAMILIES => [{NAME => 'course', BLOOMFILTER => 'false', IN_MEMORY => 'false', LENGTH => '2147483647', BLOCKCACHE => 'false', VERSIONS => '3', TTL => '-1', COMPRESSION => 'NONE'}, {NAME => 'grade', BLOOMFILTER => 'false', IN_MEMORY => 'false', LENGTH => '2147483647', BLOCKCACHE => 'false', VERSIONS => '3', TTL => '-1', COMPRESSION => 'NONE'}]}
1 row(s) in 0.0130 seconds

4. 加入一行数据，行名称为 Tom，列族名称为 grade，列名称为""，其值为 1

采用 put 命令，在行名为 Tom 列族为 grade 的列名上加入一行数据，其格式如下：

hbase(main):005:0> put 'scores', 'Tom', 'grade:', '1'
0 row(s) in 0.0070 seconds

5. 给 Tom 这一行数据的列族添加一列

添加数据采用 put 命令，给 Tom 列族 course:math 添加数据，其格式如下：

hbase(main):006:0> put 'scores', 'Tom', 'course:math', '87'

0 row(s) in 0.0040 seconds

6. 给 Tom 这一行的数据的列族添加一列

给 Tom 列族 corse:art 添加数据，其格式如下：

hbase(main):007:0> put 'scores', 'Tom', 'course:art', '97'

0 row(s) in 0.0030 seconds

7. 加入一行数据，行名称为 Jerry，列族名称为 grade，列名称为 ""，其值为 2

采用 put 命令，格式如下：

hbase(main):008:0> put 'scores', 'Jerry', 'grade:', '2'

0 row(s) in 0.0040 seconds

8. 查看 scores 表中 Tom 的相关数据

采用 get 命令，查看表中行名为 "Tom" 的数据，其格式如下：

```
hbase(main):011:0> get 'scores', 'Tom'
COLUMN                    CELL
course:art                timestamp=1224726394286, value=97
course:math               timestamp=1224726377027, value=87
grade:                    timestamp=1224726360727, value=1
3 row(s) in 0.0070 seconds
```

9. 查看 scores 表中所有数据

采用 scan 命令，查看表中的所有数据，其格式如下：

```
hbase(main):012:0> scan 'scores'
ROW                       COLUMN+CELL
Tom                       column=course:art, timestamp=1224726394286, value=97
Tom                       column=course:math, timestamp=1224726377027, value=87
Tom                       column=grade:, timestamp=1224726360727, value=1
Jerry                     column=course:art, timestamp=1224726424967, value=80
Jerry                     column=course:math, timestamp=1224726416145, value=100
Jerry                     column=grade:, timestamp=1224726404965, value=2
6 row(s) in 0.0410 seconds
```

10. 查看 scores 表中 course 列族的所有数据

采用 scan 命令，查看表中列族为 course 的所有数据，格式如下：

hbase(main):013:0> scan 'scores', ['course:']

第 7 章 分布式数据库 HBase

ROW	COLUMN+CELL
Tom	column=course:art, timestamp=1224726394286, value=97
Tom	column=course:math, timestamp=1224726377027, value=87
Jerry	column=course:art, timestamp=1224726424967, value=80
Jerry	column=course:math, timestamp=1224726416145, value=100

4 row(s) in 0.0200 seconds

上面就是 HBase 中 shell 基本操作的一个例子，可以看出，HBase 的 shell 还是比较简单易用的，从中也可以看出 HBase shell 缺少很多传统 SQL 中的一些类似于 like 等相关操作。当然，HBase 作为 BigTable 的一个开源实现，而 BigTable 是作为 Google 业务的支持模型，很多 SQL 语句中的一些东西可能还真的不需要。

任务 2：常用的 HBase 的 shell 操作

在上一节中，以学生成绩表实例讲述了 Hbase 中 shell 的一些命令。现把常用的 HBase shell 操作进行归纳总结，如表 7.3 所示。

表 7.3 Hbase 常用的 Shell 操作命令

名 称	命令表达式
创建表	create '表名称','列名称 1','列名称 2',…,'列名称 N'
查看表结构	describe 命令
当前 HBase 里有哪些表	list 命令
添加记录	put '表名称','行名称','列名称:','值'
查看记录	get '表名称','行名称'
查看表中的记录总数	count '表名称'
删除记录	delete '表名','行名称','列名称'
删除一张表	先要屏蔽该表，才能对该表进行删除。 第一步 disable '表名称'； 第二步 drop '表名称'
查看所有记录	scan '表名称'
查看某个表某个列中所有 数据	scan '表名称',['列名称:']
更新记录	就是重写一遍进行覆盖

1. HBase shell 的常用操作命令

HBase shell 常用操作命令有 create、describe、disable、drop、list、scan、put、get、delete、deleteall、count、status 等，通过 help 可以看到它们详细的用法。HBase 的 shell 操作，在一般情况下，其命令格式的顺序就是操作关键词后跟表名，行名，列名这样的一个顺序，如果有其他条件再用花括号加上。

说明：所有的表名、列名都需要加上引号。

（1）create 命令。

create 命令是创建表的命令，它的使用方法如下：

create '表名称','列名称 1','列名称 2','列名称 N'

如：创建 ca 表，有 c1,c2 列族：

hbase(main):001:0> create 'ca','c1', 'c2'

（2）put 命令。

put 命令比较简单，只有这一种用法：

put 't1', 'r1', 'c1', 'value', ts1

参数分析：t1 指表名，r1 指行键名，c1 指列名，value 指单元格值。ts1 指时间戳（一般都省略掉了）。

如：往 c1 表中插入值：

put 'ca', 'Jim','course:','80'

put 'ca', 'Tom','course:math','97'

put 'ca', 'Tom','course:art','87'

注意：列族里可以自由添加子列很方便。如果列族下没有子列，加不加冒号都是可以的。

（3）get 命令。

get 命令是根据键值查询数据，它的使用方法如下：

get 't1', 'r1'

get 't1', 'r1', {TIMERANGE => [ts1, ts2]}

get 't1', 'r1', {COLUMN => 'c1'}

get 't1', 'r1', {COLUMN => ['c1', 'c2', 'c3']}

get 't1', 'r1', {COLUMN => 'c1', TIMESTAMP => ts1}

get 't1', 'r1', {COLUMN => 'c1', TIMERANGE => [ts1, ts2], VERSIONS => 4}

get 't1', 'r1', {COLUMN => 'c1', TIMESTAMP => ts1, VERSIONS => 4}

get 't1', 'r1', 'c1'

get 't1', 'r1', 'c1', 'c2'

get 't1', 'r1', ['c1', 'c2']

参数分析：t1 指表名，r1 指行键名，c1 指列名，value 指单元格值。ts1 指时间戳（一般都省略掉了）。

如：查询 jim：

get 'scores','Jim'

get 'scores','Jim','grade'

（4）scan 命令。

scan 命令指扫描所有数据，使用方法如下：

scan 'META'

scan 'META', {COLUMNS => 'info:regioninfo'}

scan 't1', {COLUMNS => ['c1', 'c2'], LIMIT => 10, STARTROW => 'xyz'}

scan 't1', {COLUMNS => 'c1', TIMERANGE => [1303668804, 1303668904]}

scan 't1', {FILTER =>"(PrefixFilter ('row2') AND (QualifierFilter (>=,'binary:xyz'))) AND

(TimestampsFilter (123, 456)) "}

　　scan 't1', {FILTER => org.apache.hadoop.hbase.filter.ColumnPaginationFilter.new(1, 0)}

scan 也可以指定一些修饰词：TIMERANGE、FILTER、LIMIT、STARTROW、STOPROW、TIMESTAMP、MAXLENGTH、COLUMNS。若没任何修饰词，就会显示所有数据行。

　　如：扫描 ca 表的所有数据：

scan 'ca'

（5）delete 命令。

delete 命令是指删除指定数据，代码如下：

delete 't1', 'r1', 'c1', ts1

　　如：删除 jim 数据：

delete 'ca','Jim','grade'
delete 'ca','Jim'

说明： 另外有一个 deleteall 命令，可以进行整行的范围的删除操作，慎用！

如果需要进行全表删除操作，就使用 truncate 命令，其实没有直接的全表删除命令，这个命令也是 disable、drop、create 三个命令组合出来的。

（6）disable 命令。

disable 命令是修改表结构的命令，使用方法如下：

disable '表名'
alter '表名',NAME=>'info'
enable '表名'

alter 命令使用如下（如果无法成功，需要先使用 disable 命令）。

➢ 改变或添加一个列族：

alter 't1', NAME => 'f1', VERSIONS => 5

➢ 删除一个列族：

alter 't1', NAME => 'f1', METHOD => 'delete'
alter 't1', 'delete' => 'f1'

➢ 修改表属性，如 MAX_FILESIZ、MEMSTORE_FLUSHSIZE、READONLY 和 DEFERRED_LOG_FLUSH：

alter 't1', METHOD => 'table_att', MAX_FILESIZE => '134217728'

➢ 添加一个表协同处理器：

alter 't1' METHOD => 'table_att', 'coprocessor'=> 'hdfs:///foo.jar|com.foo.FooRegionObserver|1001|arg1=1,arg2=2'

一个表上可以配置多个协同处理器，一个序列会自动增长进行标识。加载协同处理器（可以说是过滤程序）需要符合以下规则：

[coprocessor jar file location] | class name | [priority] | [arguments]

➢ 移除 coprocessor：

alter 't1', METHOD => 'table_att_unset', NAME => 'MAX_FILESIZE'

alter 't1', METHOD => 'table_att_unset', NAME => 'coprocessor$1'

➢ 可以一次执行多个 alter 命令：

alter 't1', {NAME => 'f1'}, {NAME => 'f2', METHOD => 'delete'}

（7）count 命令。

count 命令是统计行数，使用方法如下：

hbase> count 't1'

hbase> count 't1', INTERVAL => 100000

hbase> count 't1', CACHE => 1000

hbase> count 't1', INTERVAL => 10, CACHE => 1000

参数说明：INTERVAL 指时间间隔，CACHE 指缓存时间。

注意：count 一般会比较耗时，使用 MapReduce 进行统计，统计结果会缓存，默认是 10 行。统计间隔默认的是 1000 行（INTERVAL）。

（8）disable 和 enable 操作。

很多操作需要先暂停表的可用性，比如上边说的 alter 操作，删除表也需要这个操作。disable_all 和 enable_all 能够操作更多的表。

（9）drop 命令。

drop 命令是删除表的命令，使用时先停止表的可使用性，然后执行删除命令。使用方法如下：

drop 't1'

以上是一些 shell 的常用命令详解，所有 HBase 的 shell 命令如下，分了几个命令群，详细的用法使用 help "cmd" 进行了解。

```
COMMAND GROUPS:

Group name: general
Commands: status, version


Group name: ddl
Commands: alter, alter_async, alter_status, create, describe, disable, disable_all, drop, drop_all,
enable, enable_all, exists, is_disabled, is_enabled, list, show_filters


Group name: dml
Commands: count, delete, deleteall, get, get_counter, incr, put, scan, truncate


Group name: tools
Commands:assign, balance_switch, balancer, close_region, compact, flush, hlog_roll, major_compact,
move, split, unassign, zk_dump


Group name: replication
Commands: add_peer, disable_peer, enable_peer, list_peers, remove_peer, start_replication,
stop_replication


Group name: security
```

第 7 章　分布式数据库 HBase

Commands: grant, revoke, user_permission

如果你是一个新手，对 HBase 的一些命令还不算非常熟悉的话，可以进入 HBase 的 shell 模式中通过输入 help 命令来查看可以执行的命令和对该命令的说明。

2. HBase shell 脚本

既然是 shell 命令，当然也可以把所有的 HBase shell 命令写入到一个文件内，像 linux shell 脚本程序那样去顺序地执行所有命令。如同写 linux shell，把所有 HBase shell 命令书写在一个文件内，然后执行如下命令即可：

```
$ hbase shell test.hbaseshell
```

本章小结

HBase 是一个开源的非关系(NoSQL)的可伸缩性分布式数据库。

HBase 是面向列的，适合于存储超大型松散数据。HBase 适合于实时、随机对大数据进行读写操作的业务环境。

本章主要内容有 HBase 的安装配置（单机配置、伪分布模式、完全分布式模式）；以学生成绩表为实例，着重介绍 shell 操作。

本章习题

1. 为什么要采用分布式 HBase 数据库？
2. HBase 采用的是一种什么样的存储方式？
3. 启动 HBase 的命令是什么？
4. 什么是列存储？
5. 使用 HBase shell 创建如表 7.4 所示表结构。

表 7.4　表结构

Name	family:farther	family:mother	family:son
Tom	Jelly	Rose	Bity

6. 采用 Shell 命令往表中追加上题中的记录。
7. 简述读取一行记录 HBase 是如何进行工作的？
8. HBase 的主要部件包含：HBaseMaster、HRegion Server、HBase Client、HBase Thrift Server、HBase REST Server，简述它们各自的作用。

第 8 章 国内云计算平台

通过介绍国外的云计算平台，大家对云计算的基础知识已经有所了解了。那么国内有没有成熟的云平台呢？国内的云计算做得比较好的公司有盛大、阿里巴巴、百度、新浪、华为等。本章重点讲述国内云计算平台。

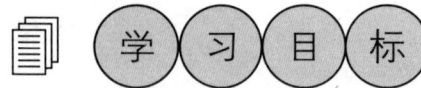

- ➢ 了解国内云计算平台的发展
- ➢ 了解盛大云平台
- ➢ 了解新浪云平台

引导案例

云计算平台是云计算产业发展的基础性资源，也是我国云计算发展的热点，目前国内已经有一些提供公共服务的云计算平台。国内的云平台按资源的提供方式和服务方式来划分，主要有资源云平台、资源整合云平台、应用服务云平台，其中前面的两个平台是跟资源有关的。随着云计算时代的到来，不少用户希望将自己企业的服务部署到云平台上，目前的情况是很多用户已经将服务部署到云平台上了。目前国内云计算做得比较好的公司有盛大、阿里巴巴、百度、新浪、华为等，国内云计算平台如图 8.1 所示。可以在这些公司的云平台上部署自己的 Web 应用，那么如何在这些公司里部署 Web 应用呢？

图 8.1　国内云计算平台

项目 1：新浪云计算

新浪公司是国内首家进行云计算的研究企业。2009 年 8 月，新浪公司的 SAE（Sina App Engine）就立项了，在同年的 11 月就发布了 Alpha 版本，是国内的第一个 PaaS 云计算平台。

新浪公司的研发中心专门成立了新浪云计算部门，它主要负责新浪公司云计算领域的发展规划、技术研发以及平台的运营工作。目前新浪云计算业务主要有云应用商店、应用开发托管以及新浪云计算企业服务，如图 8.2 所示。

图 8.2　新浪云计算

任务 1：云应用商店

新浪的云应用商店主要包括两种形式：开发者模式和非技术用户模式。其中开发者模式的主要思想是用户无需架构设计、无需运维管理，所付仅是所用的计费模式，零成本创业支持。非技术用户模式，主要是针对非技术用户而言，只要会逛淘宝就能建站，并无需实名认证就可以支持，如图 8.3 所示。

图 8.3　云应用商店

1. 非技术用户模式

在浏览器上输入网址 http://www.sinaapp.com/，进入到淘宝，点击非技术用户，进入到云商店。在这里有新浪提供的已经完成的系统，如博客系统、网店商城、独立网站、企业建站、社区论坛、内容管理系统、一些实用工具等。用户可根据自己的需求，选择不同的业务，按需付费。如图 8.4 所示。

图 8.4 云商店

2. 开发者模式

主要运用新浪的应用云平台 SAE（Sina App Engine），进行自主开发。开发者可以不需考虑架构、运维等因素。

任务 2：新浪云平台 SAE

新浪对外提供的主要产品是应用云平台 SAE 和云存储产品微盘，如图 8.5 所示。

新浪研发中心在 2009 年 8 月开始内部开发 SAE，在同年 11 月推出了第一个版本 Alpha，是国内首个公有的云计算平台，是新浪云计算战略的核心组成部分。它采用国内流行的 PHP 作为其首选开发语言，Web 开发者可以在不同操作系统（Windows/Linux/

图 8.5 新浪 SAE

Mac）上通过 SVN 或者 Web 版在线代码编辑器进行发布、部署、调试等，开发团队可以进行成员之间的协作，不同的角色对应着不同的权限。它还提供了分布式计算、存储服务、分布式文件存储、分布式集群、分布式缓存以及分布式定时服务等，这些服务为开发者降低了开发成本和运营风险。SAE 采用"所付即所用，所付仅所用"的经营理念。

1. SAE 平台提供的业务

新浪云平台 SAE 提供的主要业务有负载均衡、Web 服务器、缓存 Cache、数据库、安全、任务调度、存储服务、扩展服务等，如图 8.6 所示。

图 8.6　新浪 SAE 提供的服务

（1）负载均衡。

SAE 的服务器采用的是分布式部署的架构，主要作用是代理和转发，将用户的请求经过分析后转发到负载小的服务器上。

（2）Web 服务器。

SAE 的 Web 服务器主要采用分布式部署架构，开发者将代码部署到 SAE 的前端后，通过同步的方式，将代码部署到 Web 服务器，在每一台 Web 服务器上都有备份，如果一台服务器发生了故障，用户请求也会被转发到其他服务器上，这样大大提高了应用的稳定性。云平台的另一个重要因素就是隔离，SAE 的隔离性主要表现在代码和数据的隔离、链接数的隔离、内存隔离、CPU 隔离。

目前 SAE 支持的主要语言有 PHP、Java、Python，如图 8.7 所示。

图 8.7　SAE 支持的语言

2．在 SAE 上创建应用

在 SAE 上创建应用，首先要注册 SAE 的账号，如果用户有新浪的账号就可以直接使用新浪的账号，如果用户有新浪的微博账号，就可以直接使用新浪微博的账号。

（1）下载和安装 SVN。

SVN 是版本管理的工具，绝大多数开源软件使用 SVN 作为代码的管理软件。在如图 8.6 所示中，点击"新手指南"，可以详细地看到 SAE 的注意事项，需要下载和安装 SVN。打开网址 http://tortoisesvn.net/downloads.html 下载 SAE，如图 8.8 所示。

下载完成后，点击 SVN 的安装，安装完成后如图 8.9 所示。

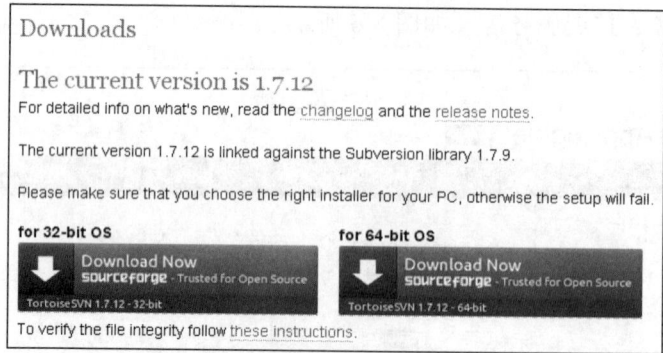

图 8.8　下载 SVN

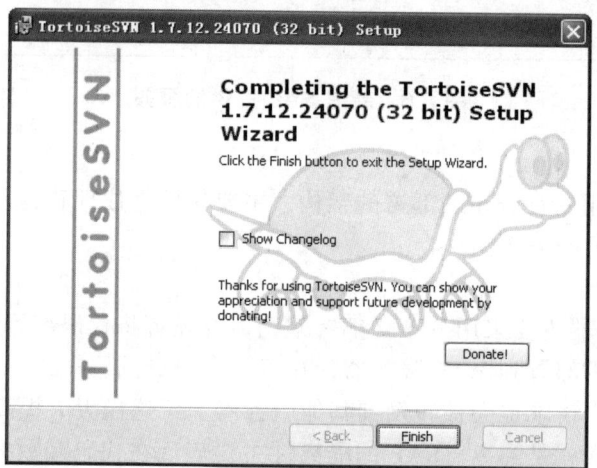

图 8.9　SVN 安装成功

（2）创建应用。

创建应用，首先要进入到"我的应用"中，如何进入到"我的应用"呢？在"新手指南"中，点击"我的应用"，如图 8.10 所示。

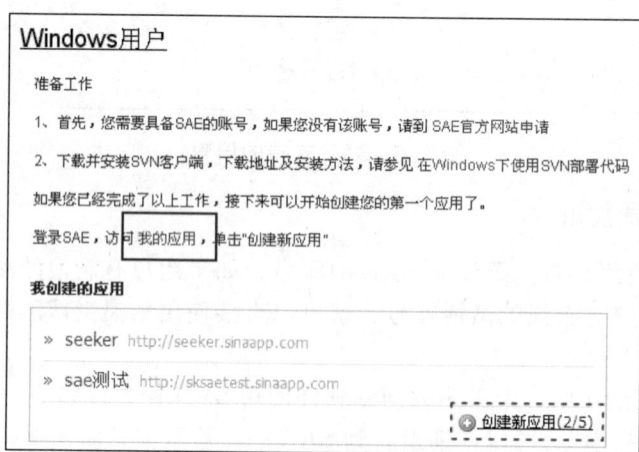

图 8.10　进入我的应用

进入到"我的应用"后，接下来就是创建自己的应用，填写二级域名和应用名称，选择何种开发语言。这里需要注意的是一旦开发语言选择了就不能更改,再选择应用的类型等,最后点击"创建应用"。如图 8.11 所示。

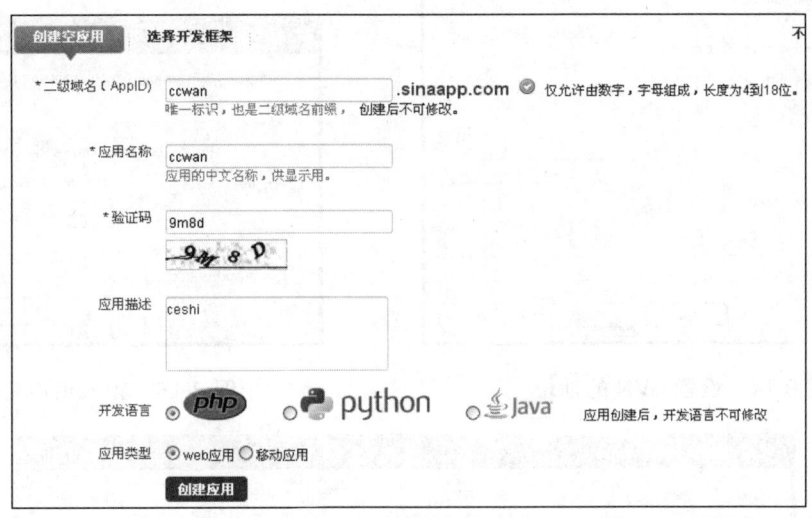

图 8.11　创建应用

创建应用成功后,会弹出一个对话框,如图 8.12 所示。该应用的地址为:http://ccwan.sinaapp.com/。

(3)配置 SVN 仓库的地址。

SAE 应用创建好后,接下来设置 SVN。现在可以关闭你的浏览器了,通过 SVN 在计算机上进行配置,如图 8.13 所示。

图 8.12　应用创建成功

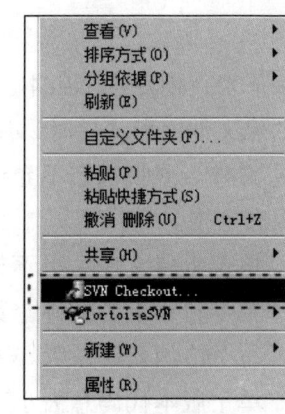

图 8.13　设置 SVN

首先配置 SVN 仓库的地址,仓库的地址为:https://svn.sinaapp.com/ccwan,其中 ccwan 就是前面创建应用使用的名字,如图 8.14 所示。

地址设置好后,接下来会弹出一个对话框,提示输入用户名和密码,用户名和密码就是注册的用户名和密码,如图 8.15 所示。

设置成功后,会弹出一个如图 8.16 所示的对话框。

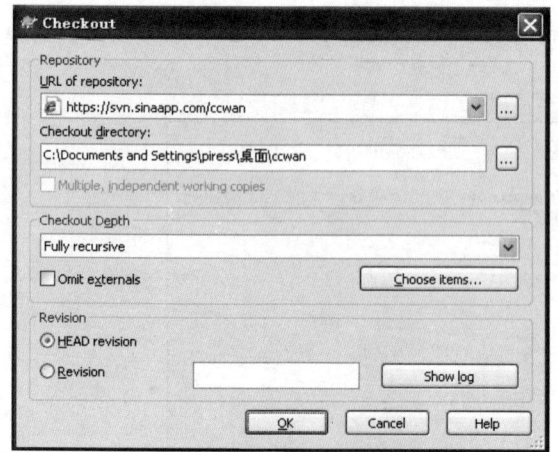

图 8.14 设置 SVN 的地址　　　　　　　图 8.15 输入用户名和密码

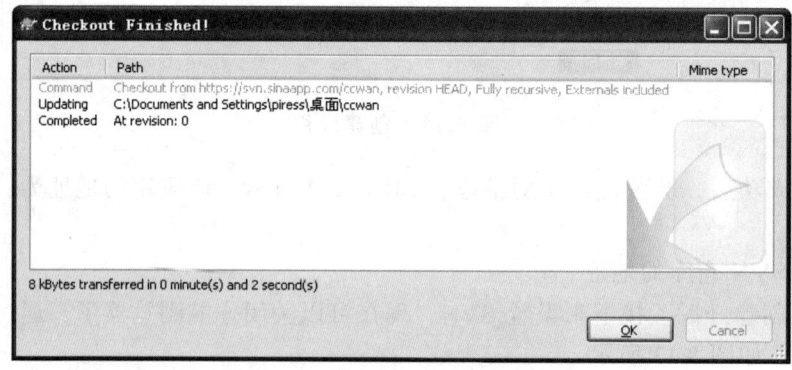

图 8.16 设置成功的对话框

接下来，创建一个版本。在该文件中创建一个新的文件夹作为版本号，这个版本号是正数。创建文件夹和文件时，注意事项如下：

➢ 文件名或目录名不允许含有以下字符：",*,?,<,>,|，另外文件或文件名的开始与结束也不允许有空格。

➢ 单个上传文件大小不超过 20M。

➢ 单个目录下的文件个数不能超过 2000 个。

➢ 每个应用代码总大小不超过 100M。

➢ 单个版本代码总大小不超过 50M。

➢ appname 目录下只允许存在 10 个以内的版本，并且版本号必须为正整数（也就是说 appname 下面只允许出现 10 个以内的正整数目录名，不允许有非目录文件存在）。

在该文件夹下创建第一个页面，如 index.php。该页面创建完成后，点击"右键"，在弹出的菜单栏中选择"TortoiseSVN" / "Add"，添加该文件。如图 8.17 所示。

添加文件完成后，选中该文件，点击"右键"，在弹出的菜单中选择"SVN Commit.."，如图 8.18 所示，执行提交该文件的操作。

第 8 章　国内云计算平台

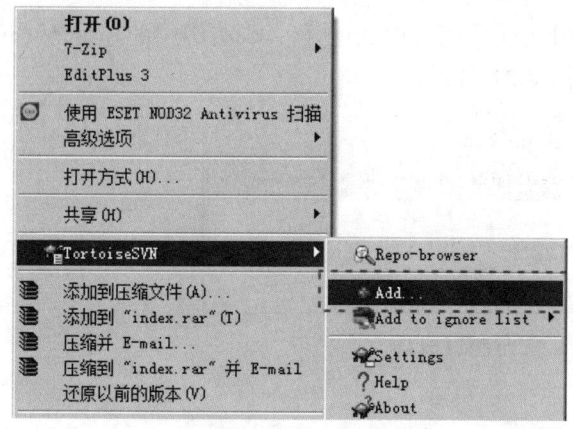

图 8.17　添加文件

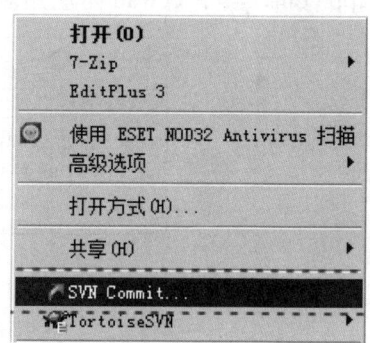

图 8.18　SVN Commit..

接下来会弹出一个窗口，在该窗口中填写更新的理由（必须填写，否则会导致失败），如图 8.19 所示。

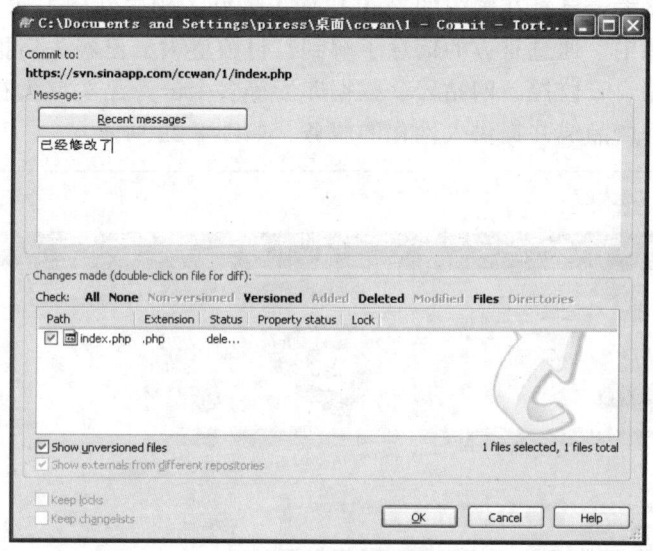

图 8.19　填写信息

文件上传成功后，显示如图 8.20 所示的信息。

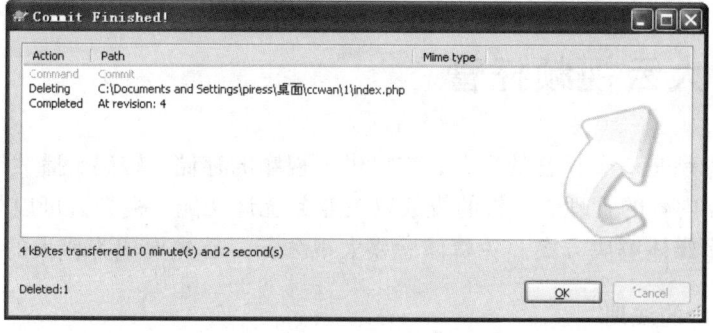

图 8.20　文件上传成功

文件上传成功后，在浏览器中输入应用地址，就可以访问了。本实例用的地址为 ccwan.sinaapp.com，其中 ccwan 是应用名称，如图 8.21 所示。

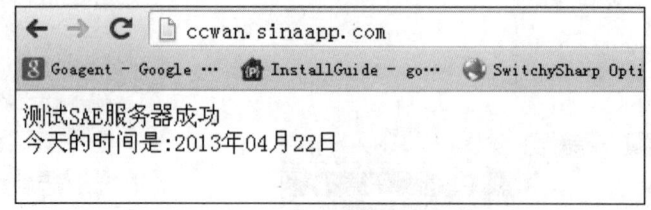

图 8.21 应用测试成功

项目 2：盛大云平台

盛大公司表示盛大云已经在国内的 IaaS 层面上做好了领先性的工作，并且盛大云目前已经投入到商业的运用中。通过官方的信息了解到，目前盛大云已经先后推出了云主机、云硬盘、云分发、云存储、云监控、网站云、数据库云等多个云产品。盛大在云计算领域中的规划是构建完成云计算产品线并提供人性化的服务，如图 8.22 所示。

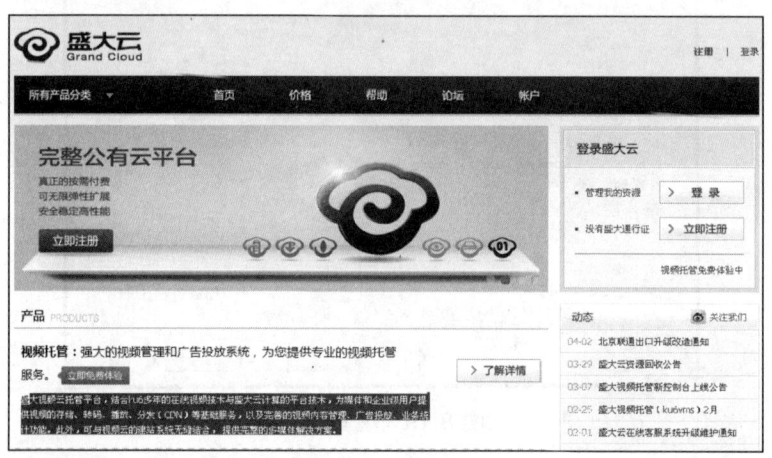

图 8.22 盛大云

任务 1：盛大云视频托管

目前盛大云视频是一个托管的平台，它提供了视频的存储、转码、播放以及分发等基础服务，也包含了视频内容的管理、广告的投放以及业务统计功能。视频云可以与网站实现无缝链接以提供完整的多媒体解决方案。免费体验盛大视频云，首先要成为盛大的注册会员。

1. 盛大云用户的注册

通过邮箱和手机就可以完成盛大云用户的注册，如图 8.23 所示。

第 8 章 国内云计算平台

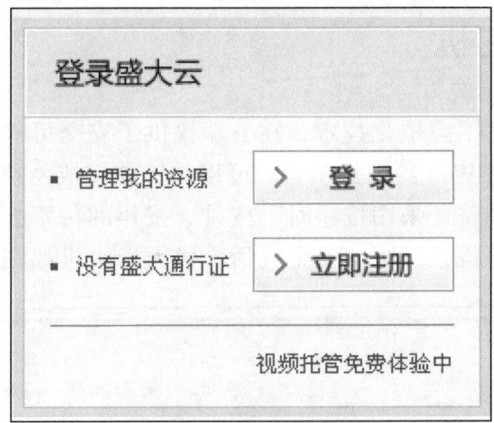

图 8.23 盛大云注册

2. 体验视频托管免费中心

用户注册成功后，登录就可以体验视频托管免费了。打开盛大云的网址 http://www.grandcloud.cn/，登录成功后，点击左上角的"视频托管免费体验中心"，进入到盛大云视频页面，如图 8.24 所示。

图 8.24 盛大云视频

点击如图 8.24 所示的免费试用，选择你的视频并进行上传，如图 8.25 所示。

图 8.25 上传视频

任务 2：盛大云主机

盛大的云主机服务采用了虚拟化技术，在云端提供了安全可靠的主机服务，可以租用，从而降低了成本。通过它的 Web 界面控制台，可以快速地完成主机和宽带的申请，并可以根据实际的需求在线灵活地调整，采用按小时、按月、按年的付费方式。同时，你的云盘可以挂载到任意的云主机上，使得数据更加安全灵活。盛大云主机如图 8.26 所示。

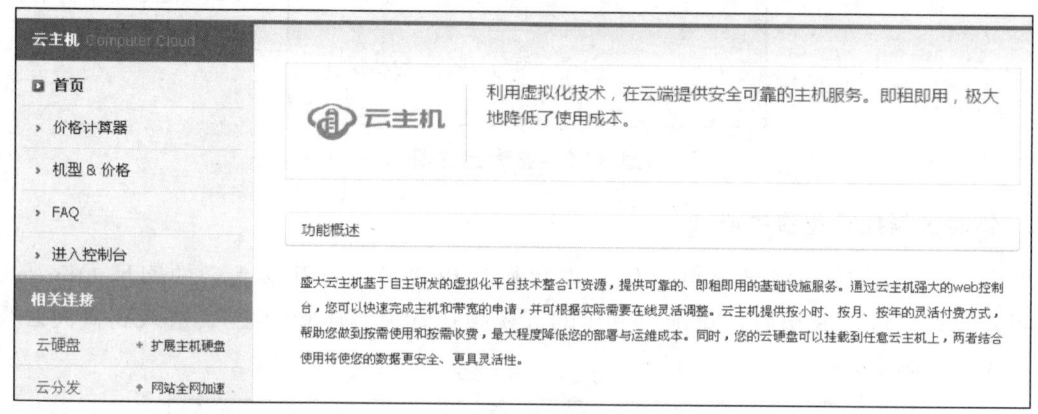

图 8.26　盛大云主机

本章小结

本章主要介绍了国内云计算的发展趋势和国内云计算企业发展状况，目前云计算是我国发展的热点，国内的很多企业已经开始着手部署。在本章中主要介绍了新浪云平台、盛大云平台。其中新浪云平台为 SAE，在 SAE 云平台上创建应用并且通过 SVN 代码管理工具可以在本地计算机中编写程序上传到新浪的应用中。盛大云计算平台主要介绍了盛大云视频和盛大云主机等。通过本章的学习使读者能使用新浪的 SAE 云平台和盛大云平台。

本章习题

1. 国内云计算发展的趋势。
2. 列举国内哪些企业在发展云计算。
3. 注册新浪 SAE 账户。
4. 下载安装 SVN。
5. 在 SAE 上创建一个应用。
6. 写一个简单的 PHP 程序，代码如下：

```
<?php
    echo "测试 SAE 服务器成功<br/>";
    echo "今天的时间是:".date("Y 年 m 月 d 日");
?>
```

7. 通过 SVN 将上题中的 php 部署到创建的应用中
8. 在盛大云中使用云视频

参 考 文 献

[1] [美]怀特. Hadoop 权威指南中文版[M]. 曾大聃，等译. 北京：清华大学出版社，2010.
[2] 刘鹏. 云计算[M]. 2 版. 北京：电子工业出版社，2011.
[3] 胡嘉玺. 虚拟智慧：VMware vSphere 运维实录[M]. 兆彬，吕方译. 北京：清华大学出版社，2011.